보이지 않는 무지개 (상)

지구 생명의 전기 현상과 환경 위기

아서 퍼스텐버그 지음
박석순 옮김

어문학사

| 역자 서문 |

지난 몇 년 동안 나는 거대한 물결처럼 지구촌을 엄습하는 새로운 환경 문제를 국내에 알리기 위하여 해외에서 주목받는 환경서 번역에 몰두했다. 2018년 『전자파 침묵의 봄』, 2019년 『전자파 환경성 질환과 예방법』, 그리고 이번에는 21세기 최고의 환경 역작이라 불리는 『보이지 않는 무지개』를 상하권으로 나누어 출간하게 되었다.

전자파의 유해성은 그동안 언론에서 자주 소개되었지만, 일반인들이 쉽게 볼 수 있는 책은 없었다. 『전자파 침묵의 봄』은 자연 생태계와 인체에서 나타난 충격적인 피해 사례를 보여주는 경고성 책이었고, 『전자파 환경성 질환과 예방법』은 무선통신 시대를 건강하게 살아가기 위해 일반인이 알아야 할 상식을 일목요연하게 정리한 책이었다. 나는 번역을 통해 새롭고 매우 중요한 지식을 알게 되었고 전자파에 관해 이 두 책 정도만 읽어도 충분하다고 나름대로 만족했었다.

하지만 『보이지 않는 무지개』를 읽어 본 후 생각이 달라졌다. 이 책을 본 나의 느낌은 "세상에 이런 책도 있었구나! 내 생애 이런 책을 읽지 못했다면 너무 억울할 뻔했다. 이 책이야말로 지속가능한 지구와 인류의 미래를 위해 꼭 필요하다."라는 등 한 마디로 감탄 그 자체였다. 이유는 이 책은 나로 하여금 지금 살아가고 있는 세상을 완전히 새로운 시각에서 보도록 했기 때문이다. 지구와 태양, 우주, 그리고 생명현상과 자연 생태계, 인체 건강과 환경 문제 등에 관한 나의 생각이 크게 변했다.

지금까지 내가 연구하고 강의한 환경은 물, 대기, 토양이라는 매체에서 일어나는 생물화학적 물질 반응과 순환에 바탕을 두고 있었으며, 모든 학문 대상은 물질이었다. 다시 말하면 환경 문제의 주원인은 물질이고 자연 생태계와 인체의 건강을 좌우하는 것도 물질이었다. 하지만 우리가 살아가는 이 세상에는 생물 무생물 구분할 것 없이 빛의 속도로 움직이는 지구의 전자기 현상이 있었다. 그리고 그 현상은 대자연을 지배하고, 지구의 모든 생명체는 이에 적응하고 이를 이용하면서 진화해왔다. 그래서 저자는 "The Visible Rainbow(보이는 햇빛의 무지개)"에 대비하여, 책의 제목을 "The Invisible Rainbow(보이지 않는 무지개)"라 하여 전자기 현상의 심오한 뜻을 표현하고 있다. 그 심오한 뜻은 다음에 나오는 저자 서문에 구체적으로 설명되어 있다.

인류는 오래전부터 천둥 번개, 마찰전기, 나침반 등을 통해 지구에서 일어나는 전자기 현상을 잘 알고 있었다. 그리고 산업 문명과 함께한 전자기 이용은 인류의 모든 활동을 지배하게 되었다. 하지만 무선

통신 시대에 접어들면서 그동안 문명의 이기로만 알고 있었던 것들이 살생의 부메랑으로 돌아왔다. 생태계에 이상 조짐이 나타나고 사람들은 원인 모를 질병에 시달리고 죽어갔다. 숲의 파괴, 벌떼 붕괴 현상, 새들의 떼죽음 등이 지구 곳곳에서 나타나고 전 세계 1억 명 이상의 사람들이 전자파 과민증으로 정상적인 생활이 불가능하게 되었다.

저자는 18세기 인류가 전기라는 신기한 현상을 호기심으로 탐구하던 시절로 돌아가 이야기를 시작한다. 마찰로 약한 전류를 만들어 병에 저장하고, 인체에서 느껴지는 짜릿한 쾌감을 놀이로 즐기고 의료용으로도 사용했던 수 세기 전의 역사기록이 지금 우리에게 특별한 메시지를 전하고 있기 때문이다. 당시 과학자들은 전기는 생명현상의 중요한 부분을 차지하고 있음을 인지하고 그 영향을 밝혀내고 있었다. 하지만 19세기 후반 전신과 전화, 전기 조명과 동력이 산업 문명을 주도하면서 생명현상과는 거리가 멀어졌다. 이후 전자기 현상이 지구 생명에 미치는 영향을 우리 모두 잊고 있었다.

책의 상권에는 이러한 내용과 함께 전신선과 송전선이 도시에 처음 깔렸을 때 발생했던 신경성 질환과 인플루엔자 대유행, 그리고 무선통신 시대와 1차 세계대전으로 시작된 스페인 독감의 미스터리한 현상을 상세히 파헤치고 있다. 또 식물의 전기 반응, 지구와 우주의 전기 원리, 생체 물질의 압전과 반도체 현상, 전자파로 인한 생태계 피해 등 신박하고 흥미진진한 이야기들로 가득하다. 특히 지구를 둘러싸고 있는 이온층이 생명체에 주는 전기 자양분 역할과 세포 대사

과정에 미치는 전자기장 영향은 지구와 생명의 원리에 대한 새로운 깨달음을 우리에게 준다. 뿐만 아니라 한의학의 침술, 인체의 기상 민감성, 동물들의 동면 주기와 같은 현상들이 지구와 생명의 전자기 현상에 기인한다는 신기한 사실도 여기서 소개하고 있다.

독자들은 이 책에서 그동안 현대과학으로 알고 있었던 사실과는 너무 다른 충격적인 내용을 여러 차례 접하게 될 것이다. 특히 18~19세기에 있었던 전기 치료, 지구 전자기장의 변화로 인한 인플루엔자 팬데믹, 하권에 나오는 심장병·당뇨·암·이명에 관한 내용 등을 읽으면, "설마 이럴 수가" 또는 "혹시 저자의 오기나 역자의 오역이 아닐까"하는 의구심도 가질 수 있을 것이다. 나 또한 번역하는 동안 이러한 의구심 때문에 여러 차례 이메일로 저자에게 확인하고 오역이 없도록 원저의 사실 여부를 분명히 했다.

저자는 자신의 경력에서 밝히고 있듯이 의과대학 재학 중 엑스레이에 과도하게 노출된 이후 의료기기에서 방출되는 전자파에 과민하게 반응하게 되어 학업을 중단하고 지금까지 40년에 가까운 세월을 생명 전기현상 연구에 몰두해왔다. 자신의 전자파 과민증에 대한 궁금증이 한평생 연구 주제가 되었고 이 책은 그 노력의 결과물이다. 이 책의 또 다른 독특함은 방대한 참고문헌이다. 지난 수 세기에 걸쳐 세계 곳곳에서 기록으로 남겨진 모든 자료들을 찾아서 정리하였으며 이를 바탕으로 책의 내용 하나하나를 철저히 검증해나가고 있다.(하권에서 계속됨)

| 저자 서문 |

아주 오랜 옛날, 폭풍이 몰아치고 난 다음 하늘에 모습을 드러낸 무지개는 모든 색채를 띠고 있었다. 우리의 지구는 그렇게 설계되었다. 우리 위로는 우주에서 오는 모든 엑스선과 감마선, 그리고 짧은 파장 자외선을 흡수하는 대기권이 있다. 오늘날 우리가 무선 통신을 위해 사용하는 대부분의 파장이 긴 장파는 과거에는 없었다. 좀 더 정확하게는 있어도 아주 극미량이었다. 그 장파는 태양과 별들로부터 왔지만, 그것의 에너지는 하늘에서 함께 내려오는 햇빛에 비해 수조 배나 약한 것이었다. 그 우주 장파는 너무나 미약해서 보이지 않았다. 그래서 우리 생명체에는 그 파를 볼 수 있는 어떤 신체 기관도 발달하지 않았다.

번개 칠 때 발생하는 훨씬 긴 파장의 저주파 진동 역시 보이지 않는다. 번개가 번쩍일 때 나오는 저주파는 대기를 가득 채우지만, 순식간에 사라지고 세상이 떠나갈 듯한 굉음을 메아리로 남긴다. 이 저주파도 햇빛보다 거의 100억 배나 더 약하다. 인체에는 번개 칠 때 나오는 저주파를 볼 수 있는 기관 또한 진화되지 않았다.

하지만 우리의 몸은 그 저주파도 색깔이 있다는 것을 인지하고 있다. 그 저주파수 영역에서 흐르는 인체 세포의 에너지는 아주 미미하지만 생명 현상에 없어서는 안 된다. 인간이 하는 모든 생각과 움직임은 저주파 진동의 속삭임으로 둘러싸여 있다. 그 속삭임은 1875년에 처음 발견되었고 생명 현상에 역시 필요하다.[1] 오늘날 우리가 아무 생각 없이 전선으로 보내고 무선으로 통신하는 전기는 1700년경에 이미 생명 현상의 성질로 확인되었다. 이후 과학자들은 전기를 생산하고 동력으로 사용하는 방법을 알게 되면서, 전기가 생명체에 주는 영향은 눈으로 볼 수 없었기 때문에 무시했다. 지금 전기는 태양 빛과 맞먹는 엄청난 강도와 다양한 파장과 주파수로 우리를 공격하고 있다. 하지만 생명이 시작할 때 그것은 존재하지 않았기 때문에 우리는 지금도 여전히 볼 수 없다.

오늘날 우리는 과거에는 없었던 수많은 치명적인 질병들과 함께 살고 있다. 우리는 그 질병의 기원은 알지도 못한 채, 질병을 당연한 것으로 여기며 더 이상 의문도 갖지 않는다. 질병이 없으면 느낄 수 있는 활력 넘치는 상태를 우리는 지금까지 완전히 잊고 있다.

현재 지구 인류의 6분의 1이 고통받는 "불안 장애"는 전신선이 처음으로 지구를 둘러쌌던 1860년 이전에는 아예 존재하지도 않았다.

---

1 1875년에 리차드 카톤(Richard Caton)이 최초로 뇌의 전기 활동을 기록하고 논문으로 발표했음.

1866년 이전의 의학계 문헌에는 그 병에 대한 어떤 암시조차 없었다.

지금과 같은 유형의 인플루엔자는 1889년에 교류전류와 함께 등장했다. 이후 인플루엔자는 항상 인류와 함께 낯익은 손님처럼 지내왔다. 너무 친하게 지내왔기 때문에 우리는 예전에는 그렇지 않았다는 사실을 잊어버렸다. 1889년 인플루엔자라는 대홍수에 직면한 의사들은 그 이전에는 누구도 그런 병을 본 적이 없었다.

1860년대 이전에는 당뇨병이 매우 드문 증상이었기 때문에 겨우 몇몇 의사들만이 평생에 겨우 한두 명의 환자를 볼 수 있었다. 당뇨병 또한 그 특성이 변했다. 한때는 당뇨 환자들이 해골처럼 야위었다. 비만한 사람은 절대로 당뇨병에 걸리지 않았다. 그 당시 심장병은 흔한 질병으로 25번째였다. 사고로 인한 익사 다음이었다. 심장병은 유아나 노인들의 질병이라서 다른 사람들이 걸리는 것은 상당히 예외적이었다. 암 역시 지극히 드문 경우였다. 전기가 없던 시대에는 담배를 피우는 사람조차 폐암에 걸리는 경우는 없었다.

이러한 것들은 문명이 가져온 질병으로 우리와 함께하는 동식물들에도 영향을 주며, 우리가 사용하는 전기의 영향을 인지하는 것을 거부하기 때문에 어쩔 수 없이 함께 살아야 하는 병이다. 우리 주택의 일반 전류, 컴퓨터의 초음파, 텔레비전의 라디오파, 휴대전화의 마이크로웨이브는 우리 혈관에 흐르고 우리를 살아있게 하는 보이지 않는 무지개의 왜곡에 지나지 않는다. 하지만 우리는 이 모든 것들을 잊고 있었다.

이제 우리 모두 명심하고 살아야 할 시간이 되었다.

아서 퍼스텐버그

차례

Fig. 4.
Fig. 5.

보이지 않는 무지개 (하)

전기통신 시대와 문명의 질병

이 책은 현대인이 생명 전기 현상을 무시한 결과로 나타난 건강 피해를 다루고 있다. 과거 희소병에 불과했던 심장병, 당뇨, 암 등이 전기통신 문명을 거치면서 어떻게 심각한 질병으로 변화했는지 밝혀내고 있다.

제1장

전기를 병에 담고 키스하다

레이든(Leyden)의 실험은 실로 엄청나서 전 유럽에서 열풍을 불러일으켰다. 어디를 가도 사람들은 레이든의 전기를 경험해본 적이 있는지 물어볼 지경이었다. 시간은 1746년, 장소는 영국, 프랑스, 독일, 네덜란드, 이탈리아의 모든 도시였다. 몇 년 후에는 미국에도 도착했다. 마치 대단한 신동이 갑자기 나타나듯 전기는 등장했고, 모든 서구 세계가 전기로 발칵 뒤집혔다.

클라이스트(Kleist), 쿠나에우스(Cunaeus), 알라만드(Allamand), 무센브룩(Musschenbroek)과 같은 과학자들이 전기라는 무서운 악동(enfant terrible)을 세상에 나오게 한 산파 역할을 했다. 그들은 전기가 주는 쇼크가 호흡을 멈추고 피를 끓게 하고 온몸을 마비시킬 수 있다고 경고했다. 일반 대중들은 그 경고를 주의 깊게 듣고 더욱 신중해져야 했다. 하지만 과학자들의 현란한 발표는 대중들을 전기 열풍에 빠지게 하는 것으로 끝났다. 어쩌면 이것이 당연한 일이다.

네덜란드 레이든대(University of Leyden)의 물리학 교수 피터 반 무센브룩(Pieter van Musschenbroek)은 자신의 일상적인 마찰 용기를 사용해 왔다. 그것은 유리로 된 지구본이었다. 그는 오늘날 우리가 정전기라 알고 있는 "전기 유체(Electric Fluid)"를 발생시키기 위해 지구본을 손으로 문지르면서 축을 중심으로 빠르게 회전시켰다. 천정에서 늘어뜨린 비단 줄에는 거의 구체와 맞닿을 정도로 철제 총구가 달려있었다. 이는 "주 전도체(Prime Conductor)"라 불렸고 회전하는 유리 구체를 문질러 나오는 정전기의 스파크를 일으키기 위해 보통 사용되었다.

하지만 초창기의 전기는 사용이 제한적이었다. 왜냐하면 전기는 항상 현장에서 만들어져야 했고 저장할 수 있는 방법이 없었기 때문이다. 그래서 무센브룩과 동료들은 세상을 영원히 바꿔놓은 기발한 실험을 계획했다. **무센브룩 연구팀은 주 전도체 끝에 철사를 연결하고 다른 쪽 끝은 물로 일부 채워진 유리병에 넣었다.** 그들은 전기 유체가 유리병에 저장될 수 있는지 보고 싶었던 것이었다. 그리고 그 실험은 예상 밖의 성공을 거두었다.

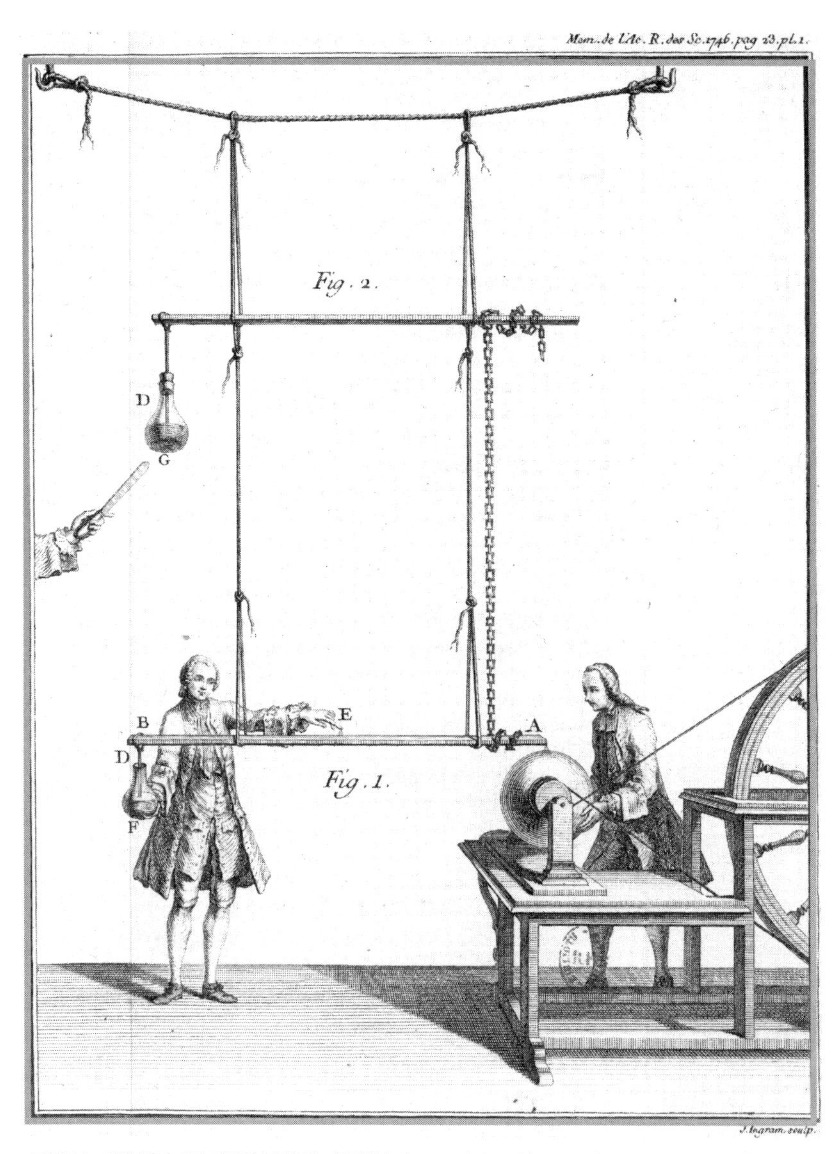

<그림 1-1> 마찰 전기 생산 과정을 보여주는 동판화 (*Mémoires de l'Académie Royale des Sciences*. 1746년, 23쪽)

감전의 고통과 충격

무센브룩은 파리에 있는 친구에게 편지를 썼다. "나는 그대에게 새롭고도 무시무시했던 실험에 관해 이야기하려 한다오. 내가 한마디 조언을 하니 이 실험은 절대 자신에게 하지 마시오. 실험을 한 나도 신의 가호로 겨우 살아남았고 다시 하지 않을 것이오. 프랑스 왕국을 위한다면 한 번 더 할 수는 있소." 그는 오른손으로 병을 잡고, 다른 손으로 총구에서 스파크를 일으키려고 했다. "갑자기 내 오른손은 어마어마한 힘으로 강타 당했고, 온몸은 벼락을 맞은 듯이 충격을 받았소. 그 유리병은 얇았지만 깨지지 않았고, 나의 손도 피해가 없었지만 내 팔과 온몸은 형언할 수 없을 정도로 심한 영향을 받았다오. 한마디로 내 인생은 그렇게 끝난 줄 알았소."[1] 그 발명에 함께했던 생물학자 장 니콜라스 세바스티엔 알라만드(Jean Nicolas Sébastien Allamand)는 그 실험을 했을 때 "엄청난 충격"을 느꼈다고 했다. "나는 거의 기절할 지경이어서 한동안 숨을 쉴 수가 없었다."라고 했다. 오른쪽 팔에 가해진 충격이 너무 강력해서 그는 평생 불구가 될까 두려웠을 정도였다.[2]

그러나 대중들에게는 겨우 절반 정도의 메시지만 알려지는 수준에 불과했다. 사람들이 이러한 실험들로 인해 일시적 또는 영구적인 불구가 되거나 생명을 잃을 수도 있다는 사실은 실험 뒤에 따라오는

---

1 Musschenbroek 1746.
2 알라만드가 장 놀레(Jean Antoine Nollet)에게 보낸 편지, Nollet(1746b pp.3~4.)에 일부 인용되었고 Trembly(1746)에 요약되어 있음.

흥분으로 사라졌음을 우리는 짐작해 볼 수 있다. 그 사실은 사라졌을 뿐만 아니라 곧이어 우스운 이야깃거리가 되고 믿지 않게 되었으며 결국 잊혀졌다. 그리고 오늘날처럼 전기는 위험한 것이라고 말하는 것은 사회적으로 받아들여지지 않았다. 불과 20년 후, 산소 발견으로 유명한 영국 과학자 조셉 프리슬리(Joseph Priestley)는 『전기의 역사와 현황(*History and Present State of Electricity*)』을 저술했다. 그는 이 책에서 "겁쟁이 교수" 무센브룩과 첫 번째 실험의 "과장된 해석"을 언급했다.[3]

전기 발명가들만이 대중에게 경고하려고 했던 것은 아니었다. 독일 라이프치히(Leipzig)의 그리스어와 라틴어 교수 요한 하인리히 윙클러(Johann Heinrich Winkler)는 전기에 관한 이야기를 듣자마자 실험을 시도했다. 그리고 그는 런던에 있는 친구에게 편지를 썼다. "내 몸이 엄청난 경련을 일으켰다네. 전기로 인해 내 몸의 혈액은 대혼란을 일으켰고, 고열에 시달릴까 두려워 해열제를 복용해야만 했다네. 내 머리는 돌덩이를 올려놓은 것처럼 아주 무겁게 느껴지고, 게다가 이유도 없이 코피를 두 번이나 쏟았지 않았겠나. 더군다나 내 아내는 고작 전기 섬광에 두 번 노출되었을 뿐인데도 몸에 힘이 없어 거의 걸을 수가 없었을 지경이었어. 일주일 뒤에 그녀는 전기 섬광에 단 한 번 노출되었는데 몇 분 뒤 코피를 흘렸다네."

그러한 경험을 통해 윙클러는 전기는 생명체에 영향을 주지 않는

3 Priestley 1767, pp.82-84.

다는 가르침으로부터 벗어나게 되었다. 그래서 그는 사용한 기구들을 커다란 경고의 상징으로 변환시켰다. 그는 다음과 같이 적고 있다. "나는 새에게 전기 섬광 실험을 해서 어마어마한 통증으로 시달리게 했다는 기사를 베를린에서 발간된 신문기사에서 읽었다. 나는 살아 있는 생명체에게 그러한 고통을 준다는 것은 잘못된 일이라 생각했기 때문에 이런 실험을 다시는 하지 않았다." 그는 또 다음과 같이 계속 적고 있다. "병 주변을 철로 된 체인으로 감고 총신 아래 있는 금속조각과 연결되게 했다. 전기가 발생했을 때, 금속 위 파이프에서 발생하는 스파크는 아주 크고 강렬하여 대낮에도 불꽃이 눈에 보일 지경이었고, 50미터나 떨어진 곳에서도 그 굉음이 들릴 정도였다. 그것은 한 줄기 작고 선명한 불길로 된 번개와도 같았고 사람들이 깜짝 놀랄 소리를 낸다."

감전의 쾌락과 놀이

하지만 일반 대중들은 그가 계획한 대로 움직여 주지는 않았다. 유럽 전역에서 수천 명에 이르는 전기 열광 팬들이 프랑스 왕립과학원(Royal Academy of Sciences)의 간행물로 나온 무센브룩의 보고서와 런던 왕립학회(Royal Society)의 학회지(*Philosophical Transactions*)에 게재된 윙클러의 보고서를 읽고 난 후 감전이 주는 쾌락을 맛보고자 줄을 이었다.

신학자에서 물리학자로 전환한 애브 장 앙투안 놀렛(Abbé Jean Antoine Nollet)은 레이든 병의 마법 같은 현상을 프랑스에 소개했다. 그는 수십, 수백 명의 사람들이 서로서로 손을 잡아 인간 사슬을 형성하고 양쪽 끝이 연결된 하나의 커다란 원을 만들도록 한 후 한꺼번에 감전되도록 하여 대중의 계속되는 욕구를 채우려고 했다. 그는 원의 마지막 끝에 있는 사람이 병을 쥐고 있을 때 자신은 다른 한쪽 끝에 자리를 잡고 섰다. 사전에 교육된 사회자가 플라스크에 삽입된 금속선을 손으로 만지는 순간, 인간 전선의 원은 완성되고 그 즉시 쇼크는 손잡고 있는 사람들이 동시에 느끼게 되어있었다. 전기는 사회적 관심사가 되었고, 몇몇 관측자들이 "전기 마니아"라 불렀던 자들에 의해 세상은 홀려있었다.

놀렛이 같은 장비로 물고기와 참새를 감전사시켰다는 사실도 대중들의 열광을 결코 중단시키지 못했다. 베르사이유 궁전에서 왕이 참석한 가운데 놀렛은 240여 명의 프랑스 경비대를 서로 손을 잡게 한 후 감전시켰다. 그는 파리에 있는 카르투시안(Carthusian) 수도원의 수사들에게 1마일(1.61km) 이상 되는 둥근 원을 만들어 각각의 옆 사람과 철사로 연결되게 한 후 감전시켰다.

이러한 체험은 아주 인기가 있어서 사람들은 줄을 서거나 의사와 상의하지 않고는 자신들이 감전의 쇼크로 인한 쾌감을 즐길 수 없다는 것에 대해 불평하기 시작했다. 누구라도 적당한 가격에 구입할 수 있고 한가한 시간에 즐길 수 있는 휴대용 장치에 대한 수요가 창출되었다. 그리하여 "잉겐하우스(Ingenhousz) 병"이 발명되었다. 우아한 모양의 케이스에 포장된 이 작은 레이던 병은 광택 처리된 실크 리본과 토끼 가죽과 연결되어 있으며, 이것으로 광택 처리된 부분을 문질러 병을 충전시킨다.[4]

누구나 구입할 수 있는 가격의 전기 지팡이가 판매되었다.[5] 이것들은 레이든 병을 교묘하게 지팡이 모양으로 보이게 한 것들이었다. 지팡이는 아무도 모르게 충전시킬 수 있었고, 의심하지 않는 친구들이나 지인들이 만졌을 때 장난을 칠 수도 있었다.

"전기 키스"는 일종의 레크리에이션 형태로 레이든 병(Leyden jar)이 발명되기 전에 이미 있었지만 그 후로 훨씬 자극적인 것이 되었다. 게팅겐(Göttingen) 대학의 생리학자 알브레흐트 폰 할러(Albrecht von Haller)는 그러한 실내 게임이 "당시 유행했던 카드리유(Quadrille) 춤의 자리를 차지해버렸다."는 사실을 믿기지 않는다는 듯이 밝히고 있다. 그는 "고래 뼈로 된 페티코트를 입고 있는 여인의 손가락에서 번개 같은 것이 뿜어져 나오고, 그렇게 매혹적인 입술로 집을 불살라버릴 수 있다면 누가 믿을 수 있겠는가?"라고 쓰고 있다.

독일 물리학자 게오르크 마티아스 보세(Georg Matthias Bose)는 "그녀는 백조처럼 하얗고 기다란 목과 터질 듯이 봉긋 솟아오른 가슴을 가진 천사였다. 천사 같은 그녀의 모습은 한눈에 당신의 마음을 훔쳐

---

4 Mangin 1874, p.50.
5 상동, p.50.

<그림 1-2> 전기 키스를 보여주는 동판화(1750년경 제작)
유르겐 테이크만(Jürgen Teichmann)의 저서 "호박에서 전자까지(*Vom Bernstein zum Elektron*), Deutsches Museum, 1982"에서 재인용

갈 것이다. 하지만 목숨 걸고 그녀에게 다가가야 할 것이다."라고 썼다. 그는 자신의 시에서 그녀를 "전기 비너스(Venus Electrificata)"라고 불렀다. 그 시는 당시 라틴어, 프랑스어, 독일어로 출간되어 유럽 전역에서 유명해졌다.

> 오로지 죽음만이 그녀의 손길을 느끼게 할 수 있다면
> 천사와 같은 그녀의 옷자락만이라도 스친다면
> 그 불꽃은 모든 사지를 일시에 태워버리건만
> 아무리 고통스러워도 그는 다시 찾으리다.

심지어 벤자민 프랭클린(Benjamin Franklin)도 지침을 내릴 수밖에 없다고 느꼈다. "A와 B를 왁스 위에 서게 하거나; A를 왁스 위에 서게 하고 B는 바닥에 서게 하고; 그중 한 사람은 전기가 흐르는 작은 병을 손에 들게 하고; 다른 한 사람은 그 금속선을 잡게 하면 작은 스파크가 일어날 것이다. 그러나 그들의 입술이 서로 닿게 되면 그들은 감전과 쇼크를 느낄 것이다."[6]

부유층 여인들은 집에서 그러한 놀이를 주최했다. 그들은 피아노처럼 보이는 크고 화려한 전기장치를 만들기 위해 기구 제작자들을 고용했다. 중산층 사람들은 크기, 스타일, 가격이 적절히 조합된 기성품을 구입했다.

---

6 Franklin 1774, pp. 176-77.

의료용 전기 사용과 치료법

오락과는 별개로, 전기는 생명력과 관련이 있거나 동일하다고 여겨졌으며 주로 의료 목적으로 사용되었다. 레이든 병과 기타 전기 장치들은 모두 병원과 당시 유행에 따르는 의사들의 사무실에서 사용되었다. 의학적인 수련을 받지 않은 상당수의 "전기기사"들 조차 사무실을 차려놓고 환자들을 치료하기 시작했다. 1740년대와 1750년대에 유럽의 주요 도시(파리, 몽펠리에, 제네바, 베니스, 토리노, 볼로냐, 라이프치히, 런던, 도체스터, 에딘버러, 슈루즈베리, 우스터, 뉴캐슬-업폰-타인, 웁살라, 스톡홀름, 리가, 빈, 보헤미아, 헤이그)에서 의사들의 의료용 전기 사용에 관한 기록이 있다.

그 유명한 프랑스 혁명가이자 의사인 장폴 마라(Jean-Paul Marat)는 전기 치료 전문이기도 했으며, 그는 『의료용 전기에 관한 회고록(*Mémoire sur l'électricité médicale*)』이라는 제목의 책을 저술했다.

피뢰침을 발명한 벤자민 프랭클린도 미국 필라델피아에서 전기로 환자를 치료했다. 그가 사용한 정전기 치료법 다수는 19세기에 "프랭클린 치료법(franklinization)"로 알려지게 되었다.

감리교 창립자 존 웨슬리(John Wesley)는 1759년에 『필요한 것, 쉽고 유용한 전기(*Desideratum; or, Electricity Made Plain and Useful*)』라는 제목의 72쪽짜리 소책자를 출판했다. 그는 전기를 신경계, 피부, 혈액, 호흡기, 신장 질환에 사용되는 "세상에서 오늘날까지 알려진 것 중 가장 고귀한 약"이라고 했다. 그리고 그는 "땅을 밟고 서 있는 사람은 송진(Rosin) 위에 서서 전기를 띄고 있는 사람과 쉽사리 키스해서는 안 된다."라고 충고하고 있다.[7] 웨슬리 자신도 감리교 중앙 본부와 런던 주변의 다른 지역에서 수천 명의 사람을 감전시켰다.

그리고 이렇게 유명한 사람들만 전기 치료원을 개업하는 것도 아니었다. 아주 많은 비전문 의료인들도 의료용으로 기계를 사거나 임대했었다. 그래서 런던의 물리학자 제임스 그레이엄(James Graham)은 1779년 다음과 같이 기술하고 있다. "나는 이 큰 도시 거의 모든 거리에서 이발사, 외과의사, 치과의사, 약재상, 일반 기계공 등이 전기기사로 변신한 경우를 목격할 때, 나는 이웃 생명들에 대한 염려로 몸이 떨렸다."[8]

전기가 자궁 수축을 유도할 수 있기 때문에, 전기는 암묵적으로 합의된 낙태 방법이 되었다. 일례로 당시 런던에서 많은 활동을 했던 전기기사 프란시스 로운데스(Francis Lowndes)는 가난한 여성들에게 무료로 "무월경증"을 치료한다고 광고했다.[9]

심지어 농부들도 그들의 농작물에 전기를 시험하기 시작했고 농업 생산을 증가시키는 수단으로 사용하려고 했다. 우리는 제6장에서 이를 보게 될 것이다.

18세기에는 살아있는 생명체에 전기를 사용하는 것은 유럽과 미국에서 매우 널리 퍼져 있었기 때문에 사람, 식물, 동물들에게 미치는

---

7 Wesley 1760, pp.42-43.

8 Graham 1779, p.185.

9 Lowndes 1787, pp.39-40. See discussion in Schiffer 2003, pp.155-56.

영향에 관한 가치 있는 지식들이 많이 쌓였지만 지금은 완전히 잊혀졌다. 그 지식들은 매우 광범위하고 상세하게 기록되어 있으나, 오늘날 의사들은 매일 환자들을 진료하면서도 환자에게 미치는 영향에 관해서는 인식도 못 하고, 과거에 그러한 지식들이 밝혀지고 기록되었다는 사실조차 모르고 있다. 그 때 자료들은 공식적 또는 비공식적인 것들로, 자신들의 경험을 기록한 개인 간의 편지, 신문과 잡지에 나온 기사, 의학 서적과 저작물, 관련 학회 발표 논문, 그리고 당시 새롭게 창간된 과학 저널에 게재된 논문 등이 있다.

1740년대만 해도, 학술지 "*Philosophical Transactions*"에서 게재된 전체 논문의 10%는 전기와 관련된 것이었다. 그리고 18세기의 마지막 10년 동안은, 저명한 라틴 저널인 "자연과학과 의학 논평, *Commentarii de rebus in scientis naturali et medicina gestis*"에 게재된 전체 논문의 70%가 전기에 관한 것으로, 주로 의학적 용도와 동물과 사람에 미치는 영향에 관한 것이었다.[10]

이후 수세기 동안 전기를 향한 열정의 급류는 계속되었다. 수문은 활짝 열려있었고 아무런 방해도 받지 않고 밀려들었다. 바위에 부딪히면 산산 조각이 날 것이라는 위험성 경고는 완전히 무시한 채 급류는 계속되었다. **계속되는 발명의 역사에서 그동안 쌓여온 전기에 관한 모든 지식의 기록들은 삭제되거나 미미한 각주 수준으로 무시되었다.**

10 Heilbron 1979, pp.490-91.

제2장

전기 목욕과 장애인 치료

버마 코끼리가 벌목장에서 일하든 숲속을 자유롭게 활보하든 이들은 같은 유전자 조합을 갖고 있다. 우리는 코끼리의 유전자를 통해 살아가는 방식을 자세히 알 수 있는 것은 아니다. 마찬가지로, 우리는 전자(전기의 유전자에 해당하는)를 통해 전기의 가장 흥미로운 현상이 무엇인지 알 수 없다. 하지만 우리는 전기도 코끼리처럼 잡아서 가두어 두고 무거운 짐을 나르게 하면서 그 특성을 다소 정확하게 파악해왔다. 그래도 우리가 이렇게 알아낸 중요한 모든 것을 야생 코끼리의 생활에도 그대로 일어날 것이라 믿어버리는 우를 범하지 말아야 한다. 즉, 우리가 조절할 수 없는 전기에서 일어나는 모든 것을 잡아 가두어 알아낸 그대로 믿을 수는 없는 것이다.

구름이 전하를 띄게 하고, 맹렬한 기세로 지면을 향해 방전하는 천둥과 번개를 일으키는 근원은 무엇일까? 과학은 여전히 알지 못한다. 지구에는 왜 자기장이 있는 것일까? 무엇 때문에 빗질하고 난 머리를 부시시하게 하고, 나일론들은 서로 들러붙게 하며, 파티 풍선들을 벽에 들러붙게 할까? 이러한 모든 전기 현상의 가장 흔한 부분이 여전히 제대로 이해되지 않고 있다. 우리의 뇌는 어떻게 작동하며, 우리의 신경은 어떻게 그 기능을 하고 있으며, 우리의 세포들은 서로 어떻게 정보를 주고받을까? 우리 신체의 성장은 어떻게 프로그램되어 있을까? 근본적으로 우리는 여전히 무지하다. 이 책에서 제기하고 있는 "전기가 생물체에 주는 영향은 무엇인가?"라는 질문은 현대 과학에서 의문조차 제기하고 있지 않은 것이다. 치명적이지 않은 전기의 영향에 관해서는 주류과학에서 더는 알고 싶어 하지 않는다. **하지만 18세기의 과학자들은 그러한 질문을 던졌을 뿐만 아니라 그에 대한 답을 내놓기 시작했다.**

초창기의 마찰 장치로는 약 1만 볼트 정도로 충전할 수 있었다. 이는 따끔따끔한 충격을 주기에는 충분했지만 그때나 지금이나 위험하다고 생각될 정도는 아니었다. 예를 들자면, 사람이 인조 카펫 위를 지나갈 때 인체에 약 3만 볼트 정도까지도 축적될 수 있다. 그 방전으로 인해 따끔거리기는 하지만 사람이 사망에 이를 정도는 아니다.

약 0.1줄(Joule)의 에너지를 함유한 1파인트(1pint=0.568261리터)짜리 레이든 병은 더욱 강력한 충격을 줄 수도 있다. 하지만 그 정도는 유해하다고 여겨지는 것보다 100배나 약하다. 그리고 심장박동이 정지된 사람을 회생시키는데 사용되는 제세동기가 인체에 규칙적으로 가하는 충격보다도 1,000배나 약하다. 오늘날의 주류과학에 따르면 18세기에 사용되었던 스파크, 충격, 그리고 미세 전류는 인체 건강에 아무런 영향을 줄 수 없었을 것이라 한다. 하지만 영향을 주었다.

당신이 1750년대에 관절염을 앓고 있는 환자라고 상상해보자. 당신을 치료하는 전기기사는 지면으로부터 효과적으로 절연되도록 다리가 유리로 된 의자에 앉힐 것이다. 이는 당신이 전기 마찰기(마찰로 전기를 만들어 내는 기계)를 잡고 있을 때 몸의 "전기 유체(electric fluid)"가 지면으로 빠져나가지 않고 체내 축적될 수 있도록 하기 위한 것이다. 당신이 앓고 있는 질병의 중증 정도, 전기에 대한 당신의 내성, 그리고 전기기사의 치료 방법에 따라 당신을 "전기화"하는 방법은 여러 가지가 있다. "전기 목욕"은 가장 부드럽게 방법으로 환자는 주도체와 연결된 봉을 손에 잡고 있기만 하면 그 기계는 몇 분이고 몇 시간이든 끊임없이 돌아간다. 이로 인해 몸 전체는 충전되고 환자의 몸 주변은 전기 "아우라(기운, Aura)"를 형성하게 된다. 만약 이것이 충분히 부드럽게 이루어졌다면 당신은 아무것도 느끼지 않을 것이다. 이는 마치 카펫 위에서 발을 이리저리 움직이고 있는 사람이 아무런 느낌 없이 몸에 전류를 축적할 수 있는 것과 같은 현상이다.

이렇게 "전기 목욕"을 하고 나면 기계는 멈추고 그 다음에는 "전기 바람" 치료를 받게 된다. 전기는 뾰족한 도체를 통하여 가장 쉽게 방출된다. 그러므로 접지된 뾰족한 금속이나 나무로 된 봉을 환자의 아픈 무릎 쪽으로 향하게 하면 몸에 축적된 전류가 무릎을 통해 접지된 봉을 따라 천천히 방출되면서 환자는 또 살짝 스치는 산들바람과 같은 느낌을 아주 미미하게 느낄 것이다.

좀 더 강력한 자극을 주기 위해 전기기사는 끝이 둥그런 봉을 사용할 것이며, 지속적인 전류 흐름 대신에 아픈 무릎에서 실제로 스파크를 일으킬 수도 있다. 만약 환자의 상태가 심각하다면, 예를 들어 마비되었다면, 전기기사는 작은 레이든 자를 충전시킨 후 환자의 다리에 강한 충격을 심하게 줄 수도 있다.

당시 전기는 두 가지로 만들어졌다. 유리를 문질러서 발생한 양전기(일명 "유리 전기")와 원래는 유황이나 여러 종류의 송진을 문질러서 발생한 음전기(일명 "송진 전기")다. 전기기사는 대부분 양전기를 이용하여 치료할 가능성이 크다. 이는 건강한 신체 표면에서 보통 나타나는 다양한 현상이기 때문이다.

전기치료법의 목표는 균형을 잃은 신체에 전기적 평형 상태를 회복시켜 건강을 촉진시키는 것이었다. 그러한 생각은 물론 새로운 것은 아니었다. 지구의 다른 지역에서는 자연계의 전기를 사용하는 방법이 수천 년에 걸쳐 정교한 기술로 발전되어왔다. 제9장에서 보게 될 침술은 바늘이 대기 중의 전기를 유도하여 인체 안으로 전달하는 것이다. 대기 중의 전기는 바늘을 따라 정확하게 이루어진 경로로 이동하며, 전기 회로를 완성하는 다른 바늘을 통해 마지막에는 다시 대기로 돌아가게 된다. 그에 비해 유럽과 미국의 전기 치료법은 개념적으로는 비슷하지만, 쇠망치 같은 공구나 사용하는 유아 수준의 과학이었다.

18세기 유럽의 의술은 쇠망치로 가득했었다. 류마티즘 치료를 위해 당시 전통적인 방식의 의사를 찾아갔다면, 아마도 출혈, 절단, 구토, 물집, 심지어 수은 투약까지 받게 되었을 것이다. 대신에 전기 치료사를 찾아가는 것은 아주 매력적인 대안이었을 것이다. 당시 시대적 상황을 상상해 보면 쉽게 이해된다. 그래서 전기치료는 20세기 초반까지 인기가 있었다.

반세기 이상의 인기가 멈추지 않고 계속된 이후, 전기 치료는 1800년대 초에 와서 어떤 특정 사이비 치료의 영향으로 인기가 잠시 떨어졌다. 그중 하나는 독일 의사 안톤 메스머(Anton Mesmer)의 "자석" 치료였고, 다른 하나는 미국 의사 엘리사 퍼킨스(Elisha Perkins)의 "전기" 추출이었다. 전기 추출은 약 8센티미터 길이의 금속(철과 놋쇠)으로 된 연필 같은 것을 환자의 아픈 부분 양쪽에 두면 전기가 빠져나온다고 주장하는 방법이었다. 두 사람 모두 실제로 자석이나 전기를 전혀 사용하지 않았다. 그들이 사용한 두 방법 모두 한동안 오명만 남겼다. 19세기 중반에 와서 전기 치료는 다시 주류를 이루었고 **1880년대에는 약 1만명의 미국 의사들이 환자들에게 전기 치료를 했다.**

20세기 초, 전기치료법은 마침내 사람들의 관심에서 멀어지게 되었다. 아마도 추측하건대 당시 세계 곳곳에서 일어나고 있던 상황과

양립할 수 없었기 때문일 것이다. 전기는 더 이상 살아있는 생명체에 영향을 주는 그러한 신비스러운 힘이 아니었다. 전기는 환자들을 치유하는 것이 아닌, 기관차를 움직이게 할 수 있고 죄수들을 처형할 수 있는 동력이었다. 마찰 기계로 스파크가 만들어지기 시작한지 150년이 지난 뒤 세계는 전선으로 연결되고 전기는 과거와 매우 다른 역할을 하게 되었다.

전기가 때로는 크고 작은 질병을 치료했었다는 것은 의심할 여지가 없다. 거의 2세기에 걸쳐 보도된 성공 사례들은 때로는 과장되기도 했었다. 하지만 성공 사례는 매우 많을 뿐만 아니라 때로는 아주 세밀하게 잘 증명되어있어 이 모든 사례들을 모두 무시할 수는 없다. 전기에 대한 인식이 별로 좋지 않았던 1800년대 초에도 전기치료에 관한 사례를 무시할 수 없다는 보도들이 계속 나왔다. 예를 들어, 런던 전기 진료소는 전기치료 목적으로 1793년 9월 29일부터 1819년 6월 4일 사이에 8,686명의 환자를 입원시켰다. 퇴원 시 입원 환자 중 3,962명은 "회복", 또 다른 3,308명은 "완화"로 나타나 84%의 성공률을 나타냈다.[1]

이장의 주요 내용은 반드시 유익하지만은 않은 전기의 영향에 관한 것이지만, 오늘날 우리 사회가 그렇듯 18세기의 사회에서는 왜 그렇게 전기에 사로잡히게 되었는지 돌아보는 것도 중요하다. 거의 300여 년 동안은 전기의 유익한 면만을 추구하고 해로운 면은 무시하는

---

1 La Beaume 1820, p. 25.

경향이었다. 그러나 1700년대와 1800년대에 전기가 의학에서 일상적으로 사용되었다는 사실은 적어도 전기가 생물학과 밀접하게 연관되어 있다는 점을 계속 상기시켜주었다. 서양에서는 생물과학으로서의 전기는 오늘날에도 아직 초기 단계에 머물러 있으며, 그 치료 효과조차 잊혀진지 오래다. 그중 하나를 회상해 보고자 한다.

청각장애인을 듣게 하다

1851년 위대한 신경학자 기욤 듀시엔(Guillaume Benjamin Duchene de Boulogne, 프랑스 불로뉴 출신)은 오늘날에도 기억되는 대단한 업적을 이루어냈다. 의학사에서도 유명한 인물인 그는 확실히 대단한 의사였다. 그는 오늘날에도 여전히 사용되고 있는 현대식 신체검사 방법을 세상에 처음 알렸다. 그는 질병 진단을 목적으로 산 사람에게 생체검사를 시행한 최초의 의사였다. 그는 최초로 소아마비에 관한 정확한 임상 의학적 증상을 발표했다. 그가 밝혀낸 다수의 질병이 그의 이름을 따라 지어졌으며 그중 가장 두드러진 것은 듀시엔 근육위축증(Duchenne Muscular Dystrophy)이다. 그가 이룩한 모든 업적으로 인해 그는 지금도 여전히 기억된다. 하지만 그가 생존했던 시기에 그는 청각장애인들과의 일로 인해 원치 않는 관심의 중심에 있었다.

듀시엔은 귀의 해부학적 구조를 매우 상세하게 알고 있었다. 사실은 중이를 통과하는 코다 팀파니(Chorda Tympani)라 불리는 신경의 기능을 자세히 기술할 목적으로 몇몇 청각장애인들에게 전기 임상 시험에 참여하도록 요청했었던 것이었다. 그런데 기대하지도 않았던 그들의 청력이 우연히 향상되자 청각장애인 협회에서는 듀시엔에게 파리로 와서 치료해 달라는 요청이 쇄도하게 되었다. 그래서 듀시엔은 자신의 연구를 위해 제작했던 것과 똑같은 장치를 사용하여 신경성 청각장애를 앓고 있는 많은 사람을 치료하기 시작했다. 그 장치는 외이도에 불편하지 않게 잘 맞고 자극을 주는 전극이 들어있었다.

듀시엔의 시술은, 오늘날 독자들 생각으로는 전혀 효과가 있을 것 같지 않을 것이다. 그는 한번 실시할 때 5초 동안 0.5초 간격으로 환자들을 아주 미약한 펄스 전류에 노출시켰다. 그리고 나서는 점차 전류의 강도를 높였지만, 결코 통증을 느끼는 정도까지는 가지 않았으며, 절대 한 번에 5초 이상 넘지 않았다. 듀시엔은 이런 방법으로 단 며칠 내지 몇 주만에 10세 이후로 청각장애인이 된 26세 청년, 9세때 홍역을 앓고 난 후 청각장애인이 된 21세의 청년, 말라리아 치료를 위해 키닌 과다복용으로 최근 청각장애인이 된 젊은 여성 그리고 부분적 또는 완전히 청력을 상실한 무수한 사람들을 정상적인 청력으로 회복시켰다.[2]

이보다 50년 먼저, 독일의 제버(Jever)에서는 요한 스프렌저(Johann Sprenger)라는 약제상이 비슷한 이유로 유럽 전역에서 유명해졌다. 그는 베를린의 청각 및 언어 장애 협회장으로부터 비난을 받았지만 정

2 Duchenne (de Boulogne) 1861, pp.988-1030.

작 치료를 요청하는 청각장애인들로 둘러싸였다. 그의 연구 성과는 법정 문서에서 입증되었고 그의 치료 방법은 당대의 의사들에 의해 채택되었다. 그는 선천성 청각장애를 갖고 있는 자들을 포함하여 40여명에 달하는 청각장애인들의 청력이 완전 또는 부분적으로 회복되었다고 스스로 밝혔다. 그의 방법은 듀시엔의 방법과 마찬가지로 매우 간단하고 부드러운 방법이었다. 그는 환자가 느끼는 민감도에 따라 전류의 강약을 조절했으며, 치료 때마다 한쪽 귀에 일초 간격으로 총 4분 동안 짧은 펄스 전기를 이용하였다. 전극은 귓구슬(귀 앞쪽의 연골이 나온 부분)에 1분간, 귓구멍 안쪽으로 2분간 그리고 귀 뒤의 유양돌기(Mastoid Process)에는 1분간 접촉했다.

독일의 스프렌저 보다 약 50년 전, 스웨덴 스톡홀름의 의사 요한 린드홀트(Johann Lindhult)는 약 32년간 청각장애였던 57세 남성, 청각장애가 생긴 지 얼마 안 되는 22세 청년, 선천성 청각장애였던 7세 여자아이, 11세 이후 거의 들리지 않았던 29세 젊은이, 그리고 청력 손실과 왼쪽 귀에 이명증이 있었던 남성 등이 약 두 달간 치료를 받고 부분 또는 완전 회복이 되었다고 보고했다. 린드홀트는 "모든 환자들은 단순 전류나 전기 바람과 같은 약한 전기를 이용한 치료를 받았다."라고 썼다. 1752년경 린드홀트는 마찰 기계를 사용하였다. 약 반세기 후, 스프렌저는 오늘날의 배터리 전신인 전퇴(Electric Pile)의 직류(Galvanic Currents)를 사용하였다. 그로부터 다시 반세기가 지난 후, 듀시엔은 유도 코일의 교류 전류를 사용했다. 영국 의사 마이클 라 비움도 1810년경에는 마찰 기계를 사용했지만 이후 직류를 사용하여 비슷한 성과를 얻었다. 그들의 공통점은 짧고 간단하게 그리고 고통 없도록 치료하는 것을 원칙으로 했다는 것이다.

전기를 눈으로 보고 맛을 보다

초기의 전기전문가들은 청각장애, 시각장애, 기타 질병을 치료하려는 시도 외에도, 전기가 오감에 직접 인식될 수 있는지에 관해 깊은 관심을 갖고 있었다. 이점에 대해서는 현대 엔지니어들은 전혀 관심이 없을 뿐 아니라 현대 의사들도 아는 것이 없다. 하지만 이것은 전기 민감성으로 고통 받고 있는 모든 현대인에게 관련이 있다.

장래 유명한 탐험가 알렉산더 홈볼트(Alexander von Humboldt)는 아직 20대 초반의 젊은 나이임에도 불구하고 이러한 미스터리를 밝히기 위해 자신의 몸을 내놓았다. 아마도 이때는 그가 장기간의 여행을 위해 유럽을 떠나기 몇 해 전일 것이다. 그는 별과 지구와 아마존 사람들의 문화를 체계적으로 관찰하기 위해 멀리 오리노코 강(Orinoco River)까지 거슬러 올라 침보라조 산(Mount Chimborazo) 꼭대기까지 가는 긴 여행을 하였고 가는 곳마다 식물을 채집했다. 이 후 반세기가 지난 뒤 그는 모든 과학적 지식을 통합하기 위해 다섯 권이나 되는 코스모스(Kosmos)라는 대작을 저술하는 작업을 시작했다. 하지만 홈볼트는 청년 시절 독일 바바리아 지방의 바이로이트 시에서

광산 작업을 감독하면서 여가 시간을 전기와 생명 간의 미스터리한 현상에 모두 투자하고 있었다.

사람들은 "전기는 정말 생명의 원동력일까?"라는 질문을 한다. 이 질문은 아이작 뉴튼(Isaac Newton) 이후 유럽인들의 영혼을 서서히 지배하던 것이 갑자기 사실인 듯 제기되었고, 철학의 고고한 영역에서 벗어나 일반 시민들의 저녁 식탁 토론 거리로 변했다. 그들은 후손들이 이에 대한 분명한 답을 가지고 살아야 할 것이라고 생각하고 토론을 마다하지 않았다. 전기 배터리는 서로 다른 금속의 접촉에 의해 전류를 발생시키는 것으로 당시 이탈리아에서 막 발명되었다. 전기 배터리의 영향은 실로 대단한 것이었다. 그동안 사용되었던 마찰기계는 크고, 비싸고, 신뢰할 수 없고, 대기 상태의 영향을 받았기 때문에 배터리가 나옴으로써 더 이상 필요치 않게 된 것이다. 전기통신(Telegraph) 시스템은, 이미 선견지명이 있는 사람들에 의해 디자인되었으며 그때쯤 실용 가능하게 되었을 것이다. 그리고 의문에 쌓였던 전기 유체의 성질은 답을 들을 수 있는 상황에 가까웠을 것이다.

1790년대 초, 훔볼트는 열정적으로 이 연구에 몰두했다. 그는 무엇보다도 이 새로운 형태의 전기를 자신의 눈, 귀, 코, 혀로 인식할 수 있는지를 알고 싶었다. 이탈리아의 알레산드로 볼타(Alessandro Volta), 영국의 조지 헌터(George Hunter)와 리차드 파울러(Richard Fowler), 독일의 크리스토프 파프(Christoph Pfaff), 덴마크의 피터 아빌가르드(Peter Abilgaard)도 당시 비슷한 실험을 하고 있었다. 하지만 그 누구도 홈볼트보다 더 성실하고 철두철미하게 연구하지는 않았다.

오늘날 우리가 9볼트짜리 배터리를 아무런 생각 없이 맨손으로 만지는 것에 익숙해졌다는 것을 생각해 보자. 또 수백만에 달하는 사람들이 입속에 치아 보철물로 금, 은, 동, 아연, 기타 금속을 넣고 돌아다니는 것을 생각해 보자. 그런 다음 훔볼트가 다음과 같이 한 조각의 아연과 은을 사용하여 1볼트가량의 전기를 생산하는 실험을 했다고 생각해 보자.

"아연 조각 하나를 큰 사냥개의 입천장에 대고 다른 아연 조각 하나를 혀에 놓고 서로 접촉하도록 했다. 그 사냥개는 천성적으로 게을러서 아주 참을성 있고 평온한 상태로 여기까지 따라했다. 하지만 은이 아주 살짝 사냥개의 혀에 닿자마자 개는 아주 우스꽝스러운 모양으로 혐오감을 나타냈다. 개는 윗입술을 오므리면서 경련을 일으켰고 오랫동안 자기 몸을 핥았다. 그 이후로 개에게 아연 조각을 보여주는 것만으로도 이 경련을 상기시키고 화나도록 하기에 충분했다."

인체가 전기를 얼마나 쉽게 또 다양하게 감지할 수 있는 가는 오늘날 대부분의 의사들에게는 깜작 놀랄 사실이 될지 모른다. 훔볼트가 아연 조각을 자신의 혀 윗부분에 대고 끝을 은 조각과 닿게 했을 때 강한 쓴맛을 느꼈다. 은 조각을 아래쪽으로 옮겼을 때 훔볼트의 혀는 화상을 입었다. 아연 조각을 좀 더 뒤쪽으로 옮기고 은을 앞으로 두었을 때는 그는 혀가 차갑게 느껴졌다. 그리고 아연 조각을 훨씬 더 뒤쪽으로 옮겼을 때는 속이 메스꺼워졌고 때에 따라서는 구토를 했다. 만약 두 금속이 같은 것이었다면 그런 느낌은 나타나지 않았을 것이다. 아연과 은으로 된 두 금속 조각들이 직접 접촉하자마자 그런 느낌이 즉시 나타났다.[3]

시각적으로는 1볼트짜리 배터리를 사용하여 다음 4가지 방법으로 쉽게 감지될 수 있었다. 즉, 은과 아연으로 된 두 전기자(배터리에 연결된 금속 조각)를 1)젖은 두 눈꺼풀에, 2)콧구멍과 눈에, 3)혀와 눈에, 4)혀와 위쪽 잇몸에 각각 대는 것이다. 각각의 경우, 두 금속이 서로 닿는 순간 훔볼트는 번쩍이는 빛을 보았다. 그가 실험을 지나치게 많이 반복할 때는 눈에 염증이 생겼다.

이탈리아에서는 전기 배터리 발명가 볼타가 한 쌍의 금속이 아닌 30개의 금속을 양쪽 귀에 있는 전극과 연결하여 소리로 감지해 내는 데 성공했다. 그는 물을 전해질로 하고 원래 사용했던 금속으로 파일을 만들었는데, 이것은 아마 약 20볼트는 되는 배터리였을 것이다. 볼타는 단지 타닥타닥하는 소리만 들을 수 있었는데 이는 아마도 그의 중이에 있는 뼈들의 구조적인 영향으로 인한 것이었을 것이다. 볼타는 그 전기 충격이 뇌에 미치는 영향이 위험할 수 있을 것 같아 그 실험을 다시 하지는 않았다.[4] 이것은 70년 뒤 독일 의사 루돌프 브레너(Rudolf Brenner)에게 여전히 연구 대상이 되었고, 제15장에서 볼 수 있듯이 그는 전기가 실질적으로 청각신경에 미치는 영향을 보여주기 위

3 Humboldt 1799, pp.304-5, 313-16.
4 Volta 1800, p.308.

해 더욱 정교한 장비와 약한 전류를 사용했다.

심장박동을 빠르게 또는 느리게 하다

독일의 훔볼트는 같은 아연과 은을 이용한 실험을 이번에는 심장으로 그의 관심을 돌렸다. 그는 자신의 형 빌헬름(Wilhelm)과 유명한 생리학자의 지도하에 여우의 심장을 꺼내고 그것의 신경섬유를 하나 따로 준비하여 전기자(아연과 은 조각)들이 심장 자체에는 닿지 않고 신경섬유에 접촉될 수 있도록 했다. "전기자가 접촉할 때마다 심장박동은 명확히 달라졌다; 심장박동 속도, 특히 박동의 세기와 높이는 더욱 증폭되었다."라고 그는 실험 결과를 기록하고 있다.

훔볼트 형제들은 다음에는 개구리, 도마뱀, 두꺼비 등을 대상으로 실험을 했다. 적출된 심장이 분당 21회 뛰었다면, 전기 충격 후에는 분당 38회에서 42회까지 박동했다. 심장박동이 약 5분간 정지된 경우에도 두 금속 조각과 접촉되자마자 다시 뛰기 시작했다.

훔볼트는 라이프치히(Leipzig)에 있는 친구와 함께 박동이 거의 멈춘(겨우 4분마다 한 번 뛰는) 잉어의 심장을 자극했다. 심장 마사지가 아무 효과가 없었던 경우에도 전기 충격요법은 분당 35회 속도로 회복시켰다. 두 친구는 금속 한 쌍(아연과 은)을 이용한 충격요법을 반복하여 거의 15분가량이나 심장을 뛰게 했다.

또 한 번은, 죽어가는 방울새를 훔볼트가 살려내기도 했다. 그 새는 발은 하늘로 뻗고 눈은 뒤로 감긴 채, 바늘로 콕콕 찔러도 반응이 없었다. "나는 급히 방울새의 부리에 아연 조각을 넣고 작은 은 조각을 새의 항문에 넣은 후 곧바로 쇠막대로 두 금속 사이에 전류가 흐르도록 했다. 접촉이 되는 순간 바로 새는 눈을 떴고 스스로 일어나 두 발로 서서 날갯짓하는 것을 보고 나는 무척 놀랐다. 새는 다시 6~8분 가량 호흡을 한 후에 조용히 숨을 거두었다."[5]

1볼트짜리 배터리가 인간의 심장을 다시 박동시킬 수 있다고는 아무도 증명하지 않았지만 다수의 관찰자들이 훔볼트 보다 먼저 전기가 인간의 맥박수를 증가시킨다고 보고했다. 이러한 지식을 오늘날의 의사들은 갖고 있지 않다. 독일의 의사 크리스티앙 크랫젠슈타인(Christian Gottlieb Kratzenstein)[6]과 칼 아브라함 게르하르트(Carl Abraham Gerhard),[7] 독일 물리학자 셀레스틴 스테글레너(Celestin Steiglehner),[8] 스위스 물리학자 장 잘라베르(Jean Jallabert),[9] 프랑스 의사 프랑수아 보이셰르(François Boissier de Sauvages de la Croix),[10] 피에르 마우두이트(Pierre Mauduyt de la Varenne),[11] 장 밥티스트 보네포이(Jean-Baptiste

5 Humboldt 1799, pp. 333, 342-46.
6 Kratzenstein 1745, p. 11.
7 Gerhard 1779, p. 148.
8 Steiglehner 1784, pp. 118-19.
9 Jallabert 1749, p. 83.
10 Sauvages de la Croix 1749, pp. 372-73.
11 Mauduyt de la Varenne 1779, p. 511.

Bonnefoy),[12] 프랑스 물리학자 조셉 시고트(Joseph Sigaud de la Fond),[13] 이탈리아 의사 에비오 스가리오(Eusebio Sguario)[14] 그리고 조반 베라티(Giovan Giuseppi Veratti)[15]가 그러한 관찰자들이다. 그들은 양전기가 사용 되었을 때 전기 목욕이 맥박수를 분당 5회에서 30회로 증가시켰다고 보고했다. 음전기는 반대 효과를 나타냈다. 1785년, 네덜란드 약사 빌렘 바네벨드(Willem van Barneveld)는 그의 환자 중 9세에서 60세에 이르는 남성, 여성, 어린이 43명을 대상으로 약 169건의 실험을 했다. 이 실험에 참가자가 양전기로 전기 목욕을 했을 경우 맥박수가 약 5% 정도 증가했고, 음전기로 목욕했을 경우는 3% 정도 감소했다.[16] 양전기 스파크가 발생했을 때는 맥박수가 20% 증가했다.

그러나 이러한 수치는 단지 평균일 뿐이며 누구도 전기에 똑같은 반응을 나타내지는 않는다. 어떤 사람은 맥박이 항상 분당 60회에서 90회로 증가했고, 또 어떤 사람은 항상 두 배로 증가했으며, 어떤 사람은 맥박이 매우 느려졌고, 어떤 사람은 전혀 반응을 나타내지 않았다. 바네벨드(Willem van Barneveld)의 실험 대상자 중 일부는 대부분의 사람들과는 전혀 반대되는 반응을 보였다. 즉, 양전기가 그들의 맥박을 느리게 하는 반면 음전기는 항상 맥박을 빠르게 했다.

---

12 Bonnefoy 1782, p.90.
13 Sigaud de la Fond 1781, pp.591-92.
14 Sguario 1756, pp.384-85.
15 Veratti 1750, pp.112, 118-19.
16 van Barneveld 1787, pp.46-55.

전기 치료의 부작용

이에 관한 관측들은 신속하고 다양하게 이루어졌다. 그래서 18세기 말에는 전기가 인체에 미치는 영향(대부분 긍정적인 것)에 관한 기본적인 지식 체계가 구축되었다. 이미 우리가 보았듯이 전기는 맥박의 수와 강도를 모두 증가시켰다. 전기는 인체의 모든 분비물을 증가시켰다. 전기는 침을 분비시키고 눈물과 땀을 흐르게 했다. 전기는 귀지와 콧물이 나게 했으며 위액 분비를 유발하여 식욕을 촉진시켰다. 또한, 젖과 생리혈을 나오게 했으며, 소변을 많이 보게 하고 대변도 보게 했다.

대부분의 이러한 작용에는 전기치료 요법이 도움이 되었으며 20세기 초까지 그런 식으로 계속되었다. 다른 영향들은 전혀 원치 않았다. 인체를 감전시키는 것은 거의 항상 어지러움, 때로는 정신적 혼란 같은 증상, 또는 이태리 말로 "istupidimento(망연자실)"을 초래했다.[17] 이는 일반적으로 두통, 메스꺼움, 허약함, 피로감, 그리고 가슴을 두근거리게 했다. 때로는 숨이 가빠지거나 기침이 나고, 천식처럼 쌕쌕거리는 소리를 내기도 했다. 감전은 종종 근육 관절통을 유발했고, 때로는 정신적 우울증을 일으키기도 했다. 보통은 전기가 변을 보게 했지만, 종종 설사를 유발했고, 반복적인 전기치료는 변비를 일으키기도 했다.

전기는 졸음과 불면증 둘 다 유발했다.

---

17 Sguario 1756, p.384.

홈볼트는 자신에게 한 실험에서 전기는 상처가 난 부위의 출혈을 증가시키고, 물집에서는 혈청이 많이 나게 하는 것을 발견했다.[18] 독일의 의사 칼 게르하르트(Carl Abraham Gerhard)는 갓 채혈한 1파운드(약 453g)의 혈액을 똑같이 둘로 나누어 나란히 놓은 다음 그중 하나를 감전시켰다. 그러자 감전된 혈액은 응고되는데 더 오래 걸렸다.[19] 파리의 유명한 병원 오텔듀(Hôtel-Dieu)의 약사 안토인 틸라예 플라텔(Antoine Thillaye-Platel)은 이 실험에 동의하여, 전기는 출혈이 있는 경우 사용이 금지된다고 말했다.[20] 이와 일치하는 것은 감전으로 인해 코피가 난다는 다수의 보고들이다. 앞서 언급했듯이 윙클러(Winkler)와 그의 부인은 레이든 병 쇼크로 인해 코피를 쏟았다. 1790년대에는 림프 시스템의 기능을 발견한 것으로 알려진 스코트랜드의 의사이자 해부학자 알렉산더 몬로(Alexander Monro)는 단 1볼트짜리 배터리로 자신의 눈에 있는 빛을 감지하려는 실험을 할 때마다 코피를 흘렸다. "몬로는 직류전기 치료법에 심취하여 자신의 콧구멍에 아연 조각을 넣은 상태에서 전기자를 혀에 접촉시키면 그는 코피를 흘렸다. 눈에 빛을 감지하는 순간마다 항상 출혈이 일어났다." 이러한 사실은 훔볼트에 의해 보고되었다.[21] 1800년대 초에는 스톡홀름의 콘라드 퀸슬(Conrad Quensel)은 직류전기 요법은 "빈번하게" 코피를 나게 했다는

18 Humboldt 1799, p.318.
19 Gerhard 1779, p.147.
20 Thillaye-Platel 1803, p.75.
21 Humboldt 1799, p.310.

기록을 남겼다.[22]

아베 놀렛(Abbé Nollet)은 이러한 전기 효과 중 하나인 땀이 나는 현상은 적어도 전기장 영역에 있는 것만으로도 나타날 수 있다는 것을 증명했다. 전기 마찰기와 실제로 접촉할 필요조차 없었다. 그는 고양이, 비둘기, 여러 종류의 명금(소리를 내는 새)을 전기 접촉 실험을 했고, 마지막에는 인간도 실험에 사용했다. 그는 현대적인 데이터 표를 사용하고 세심하게 통제된 반복적인 실험을 통해 감전 대상 동물의 피부에서 발생한 수분 증발로 인해 측정 가능한 체중감소가 일어났음을 보여주었다. 그는 심지어 500여 마리의 집파리를 거즈로 덮힌 병에 넣고 약 4시간 동안 전기 접촉했다. 그 결과 그는 전기 접촉된 집파리는 같은 시간 동안 대조군 집파리보다 0.26그램 정도 체중이 감소했음을 발견했다.

그리고 놀렛은 실험 대상들을 케이지 안에 넣어두는 대신 전류가 흐르는 금속 바닥 위에 놓고 실험을 했다. 그랬더니 여전히 체중은 줄어들었고, 실험 대상 자체에 전류가 흐르게 했을 때는 더 줄어들었다. 놀렛은 전류가 흐르는 화분에서 발아된 씨앗들의 성장이 더욱 빨라진다는 것을 관찰했다. 이 현상 역시 화분을 전류가 흐르는 바닥 위에 놓았을 때만 발생했다. 놀렛은 "나는 마침내 사람을 전류가 흐르는 금속 케이지 가까이 있는 테이블에 5시간가량 앉아있도록 했다."라고 기록하고 있다. 여기에 참가한 젊은 여성은 실제로 자신의 몸에 전류가 흐

22 Donovan 1847, p. 107.

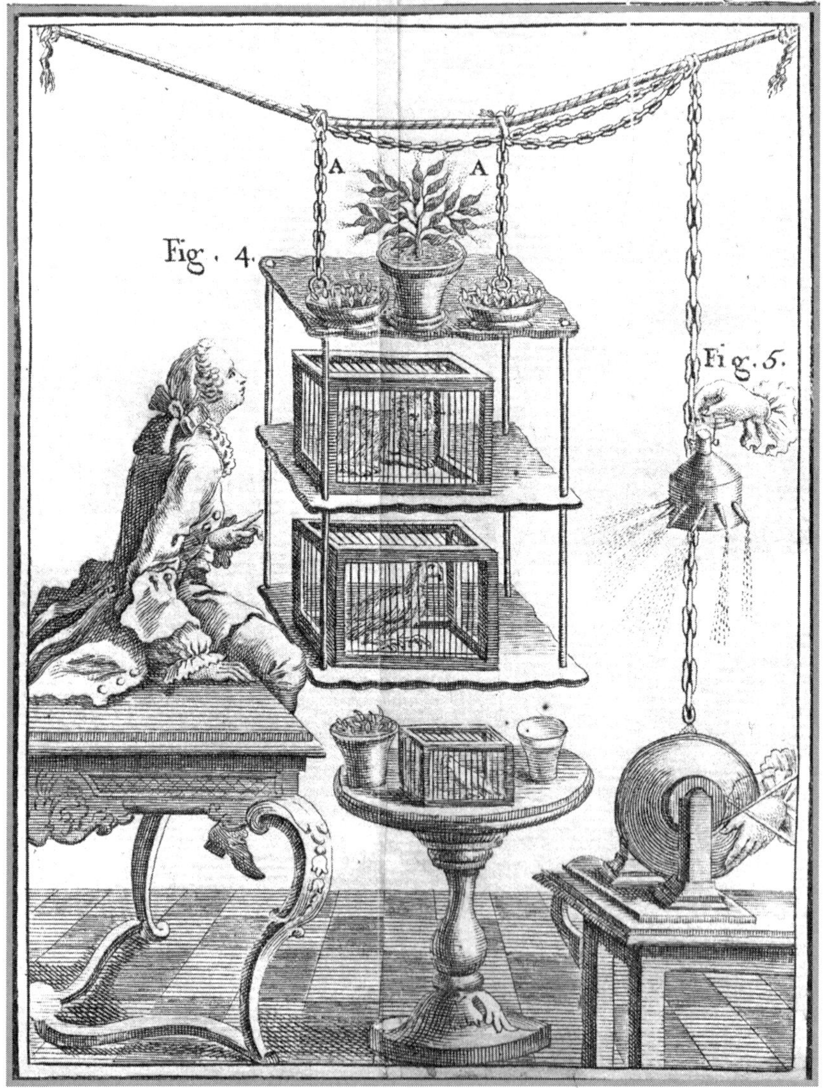

<그림 2-1> 동물 전기 접촉 실험을 보여주는 동판화
(Abbé Nollet, *Recherches sur les Causes Particulières des Phènomènes Électriques*, Paris: Frères Guérin, 1753년)

르게 했을 때보다 8.0그램이나 더 많이 체중이 줄었다.[23]

놀렛은 이렇게 해서 직류(DC) 전기장에 노출되면 심각한 생물학적 영향이 발생한다는 것을 보고한 최초의 사람이 된 것이다. 이때가 1753년이다. 그런데 오늘날 주류 과학은 이 전기장은 무조건 어떠한 영향도 없다고 하고 있다. 그의 실험은 후에 독일 바바리아 지방의 인골슈타트 대학(University of Ingolstadt)의 물리학 교수 스테글레너(Steiglehner)가 새를 대상으로 다시 이루어졌고 비슷한 결과를 얻었다.[24]

표2-1은 직류 전기의 약한 전류 또는 전기장이 인체에 미치는 영향으로 대부분 초창기 전기기술자들에 의해 보고된 것이다. 오늘날 전기에 민감한 사람들은 여기 나와 있는 현상 전부는 아니지만, 대부분 인식할 것이다

<표2-1> 18세기에 보고된 전기로 인한 인체 영향

구분	내용
치료 및 중립	맥박 변화, 맛·빛·소리 감각, 체온 상승, 통증 완화, 근육질의 회복, 식욕 자극, 정신적 흥분, 진정 작용, 발한 작용. 타액 분비. 귀지 분비, 점액 분비, 월경, 자궁 수축, 젖 분비, 눈물 분비, 배뇨, 배변
비치료 및 질환	어지럼증, 메스꺼움, 두통, 신경과민, 과민성, 정신 착란, 우울증, 불면증, 졸림, 피로, 허약, 무감각 및 따끔거림, 근육 관절통, 근육 경련과 경련 요통, 심장 두근거림, 흉통, 복통, 설사, 변비, 코피, 출혈, 가려움증, 떨림 발작, 마비, 열, 호흡기 감염, 호흡 곤란, 기침, 쌕쌕거리는 증상 및 천식 발생, 눈의 통증, 쇠약, 피로감, 이명, 금속성 맛

23 Nollet 1753, pp.390-99.

24 Steiglehner 1784, p.123.

제3장

전기 민감성과 날씨 민감성

"나는 모든 전기 실험을 거의 포기했었다." 이 말을 한 사람은 그 자신의 능력으로는 전기를 더 이상 감당할 수 없다는 것을 언급한 것이다. 주목할 점은 이것이 교류전기와 라디오파를 사용하는 지금 이 시대가 아닌 오직 정전기만 있었던 18세기 중반에 한 말이라는 것이다. 프랑스 식물학자 토마스-프랑수아 달리바드(Thomas-François Dalibard)는 1762년 2월 벤자민 프랭클린에게 보낸 편지에서 그 이유를 밝혔다. "첫째, 여러 가지 전기 충격이 내 신경계를 아주 강하게 자극하여 내 팔에는 경련성 수전증이 생겨 컵도 거의 입에 가져올 수 없을 정도였다. 내가 만약 지금 그런 전기 충격을 한 번 더 받게 된다면 앞으로 24시간 이내에는 내 이름조차 쓸 수 없을 거야. 내가 느낀 또 다른 것은 스페인산 왁스(Spanish Wax) 자체에서 발생하는 전기가 내 팔에 전달되어 경련을 심화시켜 편지조차 봉할 수가 없다는 것이야."

달리바드만 그런 것은 아니었다. 벤자민 윌슨(Benjamin Wilson)이 1752년에 저술한 『전기 논문집(*A Treatise on Electricity*)』은 영국(잉글랜드)에서 전기에 대한 인지도를 높이는데 일조하였지만 정작 그 자신은 그로 인한 혜택을 누리지 못했다. "몇 주 동안 한꺼번에 전기 충격을 계속 반복했더니 마침내 내 몸이 허약해져 병에 있는 아주 작은 양의 전기도 내게는 아주 심할 정도로 충격을 주었고 그동안 느끼지 못했던 통증을 일으킬 정도였다. 그래서 나는 할 수 없이 실험을 중단할 수밖에 없었다."라고 썼다. 당시 일반적인 전기 발생기인 유리 구체를 손으로 문지르기만 해도 그에게는 "매우 고통스러운 두통"을 초래하곤 했다.[1]

최초의 전기 순교자

오직 전기만 다룬 최초의 독일어 책 『경이로운 자연에서 새롭게 발견된 현상(*Neu-Entdeckte Phænomena von Bewunderns-würdigen Würckungen der Natur*)』(1744년)을 저술한 뉘른베르크의 수학 교수였던 요한 도펠마이어(Johann Doppelmayer)는 한쪽 몸이 점차 마비되었다. 최초의 전기 순교자로 불리는 그는 고집스럽게 자신의 연구를 계

---

1 Wilson 1752, p. 207.

속해 오다가 1750년 전기 실험 일부를 마치고 난 후 뇌졸중으로 사망했다.[2]

이들이 바로 세 명(도펠마이어, 달리바드, 윌슨)의 초기 희생자들이다. 이들은 인류 역사에서 전기 혁명이 태동하는데 기여했지만 그들 스스로는 그 혁명에 참여할 수 없었다.

심지어 프랭클린도 전기를 연구하는 동안 만성적인 신경질환에 걸렸고, 그 병은 한평생 주기적으로 재발했다. 그가 통풍으로 시달리기도 했었지만, 이 신경질환이 그를 더욱 괴롭혔다. 그가 1753년 3월 15일 두통에 관해 쓴 글을 보면 "제발 이 통증이 차라리 발에 있었으면 내가 조금은 더 수월하게 견딜 수 있을 것 같다."라고 적고 있다. 1757년 그가 런던에 있을 무렵 재발한 증상은 거의 5개월가량 계속됐다. 그가 의사에게 보낸 편지에는 "현기증과 어지러움", "윙윙거리는 소리", 시야를 방해하는 "희미한 불빛" 등을 언급하고 있다. 그의 편지에서 종종 나타나는 "아주 심한 감기"라는 표현에는 이 같은 통증, 어지러움, 시력 문제 등이 보통 함께 언급되고 있다.[3] 프랭클린은 그의 친구 달리바드와 달리 이것이 전기와 관련되어 있다는 것을 전혀 인식하지 못했다.

---

2 Gralath 1756, p.544, Nouvelle Bibliothèque Germanique 1746, p.439.

3 Letter of March 5, 1756 to Elizabeth Hubbart; letters of March 30, 1756, January 14, 1758, September 21, 1758, February 21, 1760, February 27, 1760, March 18, 1760, December 27, 1764, and August 5, 1767 to Deborah Franklin; letter of January 22, 1770 to Mary Stevenson; letter of March 23, 1774 to Jane Mecom.

1748년에 『전기에 관한 새로운 논문(*Nouvelle Dissertation sur l'Électricité*)』을 발표한 로얄 드 샤르트르(Royale de Chartres) 대학의 물리학 교수 장 모린(Jean Morin)은 어떠한 형태로든 전기에 노출되는 것은 결코 건강에 도움이 되는 일이 아니라 생각했다. 그는 이를 설명하기 위해 마찰 기계 대신 애완 고양이로 전기를 일으켜 실험했다. 그는 경험담을 다음과 같이 이야기하고 있다. "나는 커다란 고양이를 내 침대 커버 위에 펼쳐놓고 고양이를 막 문질렀다. 그러자 어둠 속에서 불꽃이 튀는 것을 보았다." 그는 30분이 넘도록 계속했다. "천여 개의 작은 불꽃들이 여기저기 날아다녔다. 계속해서 마찰을 일으키자 그 불꽃들은 도토리 크기의 동그란 원이나 공 같은 모양으로 커졌다. 내가 눈을 그 동그란 불꽃 가까이 대자마자 톡 쏘이듯 아픈 통증을 느꼈다. 내 몸의 다른 부분들은 전혀 충격이 없었다. 하지만 그 통증은 바로 현기증으로 이어졌고 나는 옆으로 쓰러졌다. 나는 힘이 빠졌지만 기절하지 않으려고 버티었다. 다시 기력을 회복하려고 애썼지만 몇 분 동안 꼼짝도 할 수 없었다."[4]

그러한 반응들은 단지 과학자들에게만 국한된 것은 아니었다. 오늘날 몇몇 의사들만 알고 있는 사실들은 18세기에는 전기기술자들에게 널리 알려져 있었으며, 이후 출현한 19세기 전기치료사들은 전기가 부작용이 있고 어떤 사람들은 일반인들보다도 매우 심각하고 설명할 수 없을 정도로 전기에 민감하다는 사실도 알았다. 1780년 랭귀

---

4 Morin 1748, pp.171-73.

도크(Languedoc) 출신의 물리학자 피에르 베르톨론(Pierre Bertholon)은 "미세한 쇼크, 순간적인 스파크, 전기 샤워 등 아주 미미한 인공적인 전기에도 매우 심각하고 지속적인 영향을 받는 사람들이 있다."라고 기록하고 있다. "나는 강한 전기 작용에도 전혀 영향을 받지 않는 사람들도 발견했다. 이 두 극단적인 경우를 보면 인류라는 생물종은 개개인들 사이에 미묘한 차이가 매우 다양하게 나타나고 있다."[5]

시가우드 드 라 폰드(Sigaud de la Fond)가 인간 사슬로 수많은 실험을 했지만 똑같은 결과가 두 번 반복되는 경우는 절대로 없었다. 그는 "어떤 사람들에게는 전기가 매우 유해하고 불행을 초래할 수 있다." 고 선언했다. "이는 전기를 느끼는 사람들이 갖는 장기의 특성과 신경계의 민감도, 또는 과민성과 관련이 있으며, 여러 사람으로 된 사슬에서 똑같은 강도의 충격을 느낄 수 있는 두 사람은 아마 존재하지 않을 것이다."[6]

1776년 마우듀이트(Mauduyt)라는 의사는 "체질의 특성은 기본적으로 뇌와 척수, 그리고 신경계는 서로 다른 부분 간 상호 신호 전달에 의해 크게 좌우되며, 이 신호 전달 체계가 원활하지 못하거나, 신경계 질환이 있는 사람들은 다른 사람들보다 더 큰 영향을 받는다." 는 의견을 제시했다.[7]

그 차이점을 설명하려고 시도하는 과학자들은 별로 없었다. 그들

5 Bertholon 1780, pp. 53-54.
6 Sigaud de la Fond 1781, pp. 572-3.
7 Mauduyt 1777, p. 511.

은 단지 어떤 사람은 뚱뚱하고 어떤 사람은 날씬하고, 어떤 사람은 키가 크고 어떤 사람은 키가 작다는 식의 아주 일반적인 사항들만 보고했다. 하지만 그들은 치료용으로 전기를 사용할 때는 이점을 유의해야 하고, 그렇지 않으면 사람들이 전기의 유해성에 노출된다는 사실을 지적하고 있다.

인간 사슬과 전기 대중화에 주도적 역할을 한 아베 놀렛(Abbé Nollet)도 처음부터 인체 조건의 다양성을 보고했다. 그는 1746년 "특히 임산부와 예민한 사람들은 전기에 노출되면 안 된다."라고 기록하고 있다. 그는 후에 "전기 자극을 즐기기 위해서나 전기에 노출되어 치료 효과를 얻기 위해서나 모든 사람들이 똑같은 정도로 전기 실험에 적합한 것은 아니다."라고 적고 있다.[8]

영국 내과 의사 윌리엄 스터클리(William Stukeley)는 전기의 부작용에 관해 오래전부터 너무 잘 알고 있었다. 그는 1749년 3월 8일 런던에서 지진이 발생한 이후 어떤 사람들은 전기 질환과 아주 똑같은 "관절통, 류마티즘, 구토, 두통, 척추 통증, 히스테리, 신경 장애를 보이고 심할 경우 사망에 이른다는 사실을 관찰했다."[9] **그래서 그는 지진이 발생할 때 전기 현상이 매우 중요한 역할을 하는 것이 확실하다는 결론을 내렸다.**

훔볼트는 전기 민감성의 개인적 차이에 놀라움을 금치 못해 1797

---

8 Nollet 1746a, p.134; 1753, pp.39-40.
9 Stukeley 1749, p.534.

년 다음과 같이 적고 있다. "전기 자극에 대한 민감성과 전도성은 살아있는 생명체와 죽은 물질의 현상만큼 개인에 따라 아주 큰 차이를 보인다는 사실이 관측됐다."[10]

오늘날 다시 사용되고 있는 "전기 민감성"이란 용어는 진실을 드러내기도 하지만 실체를 은폐하기도 한다. 여기서 진실이란 모든 사람이 전기를 느끼거나 전도하는 정도가 똑같지 않는다는 것이다. 만약 당시 사람들이 인체가 느끼는 전기 민감성의 스펙트럼이 매우 광범위하다는 것을 잘 알고 있었다면, 훔볼트가 왜 그렇게 놀랐는지 이해할 수 있었을 것이다. 사실 지금 나도 매우 놀랍다. 숨겨진 사실은 전기 민감성이 개인 간에 분명히 나타나는 차이가 아무리 크다고 할지라도, 전기는 우리가 살아가는데 반드시 필요한 물과 공기처럼 생명 현상에 기여하고 한 부분을 차지하고 있다는 것이다. **사람들이 전기를 느끼지 않는다고 해서 전기가 인체에 영향을 미치지 않는다고 생각하는 것은 어리석은 일이다.** 마치 우리가 목마르지 않다고 해서 혈액이 순환되지 않고 있는 것은 아닌 것처럼.

오늘날 전기에 민감한 사람들은 전선, 컴퓨터, 휴대전화에 불만을 토로한다. 오늘날 이 모든 종류의 테크놀로지로 인해 의도치 않게 일반인의 인체에 축적되는 전기 에너지 양은 18세기와 19세기 초 전기 기술자들이 사용하는 기계에 의해 의도적으로 축적되는 양보다 훨씬 많다. 예를 들어, 일반 휴대전화는 사람의 뇌에 매초 약 0.1줄(Joule)의

---

10 Humboldt 1799, p.154.

에너지를 축적시킨다. 한 시간 동안 통화하면 약 360줄이 된다. 1파인트(1pint = 0.568ℓ) 레이든 병이 전기를 완전히 방출하면 최대치가 겨우 0.1줄에 불과한 것과 비교해 보라. 볼타(Volta)가 외이도(ear canals)에 부착한 30개의 전기 파일에서 발생한 모든 에너지가 그의 몸에 흡수되었다 할지라도 한 시간에 150줄(Joule) 이상 인체로 들어갈 수는 없었을 것이다.

구형 데스크톱 컴퓨터나 새로운 무선 랩톱 컴퓨터 모두 사용 중에는 수천 볼트의 정전하가 컴퓨터 스크린에 축적된다는 사실을 생각해보라. 이러한 전하의 일부는 우리가 모니터 앞에 앉아 있을 때 신체 표면에 축적된다. 이는 아마 과거 전기 샤워에서 방출되는 것보다 적은 전하일 것이지만 누구도 일주일에 40시간이나 전기 샤워의 대상이 되는 것은 아니었다.

전기치료는 실로 시대착오적이다. 21세기를 사는 우리들은 좋든 싫든 간에 전기치료에 관련되어 있다. 가끔 사용하는 것이 어떤 사람들에게는 도움이 된다고 하더라도, 지속적으로 노출되는 것은 그다지 유익할 것 같지 않다. **전기의 생물학적 영향에 대해 밝히고자 하는 현대 연구원들은 물속에 살아가는 물고기에 대한 물의 영향을 밝히려고 하는 것과 비슷한 면이 있다.** 이미 모든 현대인들은 전기의 영향 속에 살아가고 있기 때문이다. 18세기에 전기의 생물학적 영향을 연구했던 사람들은 지금처럼 전 세계가 전기로 넘쳐나는 상태가 아니었기 때문에 훨씬 좋은 상황에 있었다.

홈볼트가 지적한 두 번째 현상 또한 현대 기술과 의학 모두 매우 중요한 의미가 있다. 사람에 따라 전기 민감도가 다를 뿐만 아니라 전기 전도력과 신체 표면에 전하를 축적하는 성향 또한 개인에 따라 매우 다르다는 것이다. 어떤 사람들은 어디에 있든지, 그저 움직이거나 호흡만 해도 전하가 축적되는 것을 어떻게 할 수가 없다. 그런 사람들은 걸어 다니는 스파크 발생기다. 스코틀랜드 작가 패트릭 브라이든(Patrick Brydone)은 여행하면서 들었던 스위스 여성이 그런 사람이라고 적고 있다. 그녀가 방출하는 스파크와 쇼크는 "맑은 날 또는 대기가 습기로 가득하여 천둥 번개가 지나갈 때 가장 강력했다."[11]라고 그는 기록했다. 그러한 개인은 생리학적으로 뭔가 다른 점이 있었다.

전기 무감각증과 비전도 현상

반대로, 전기가 전도되지 않는 사람도 있었다. 손에 충분한 습기가 있음에도 불구하고 전기가 거의 전도되지 않아 그런 사람이 인간 사슬에 끼어있는 경우는 전류 흐름이 방해됐다. 홈볼트는 이른바 "준비된 개구리"라는 형태의 실험을 많이 했다. 8명으로 구성된 사슬의 마지막에 있는 사람이 개구리 좌골 신경과 연결된 철사를 잡고 있을 때, 다른 쪽 끝에 있는 사람이 개구리 허벅지 근육과 연결된 철사를 잡아 그 회로가 완성되면 개구리 근육은 경련을 일으켰다. 하지만 그

---

11 Brydone 1773, vol. 1, pp. 219-20.

사슬의 어느 부분엔가 인간 비전도체가 위치하게 된다면 개구리 근육은 경련을 일으키지 않았다. 어느 날은 훔볼트 자신이 몸에 열이 나고 일시적으로 비전도체가 되었을 때 그 사슬에서의 전류 흐름이 끊어졌다. 그 날 훔볼트는 전류로 인해 눈에서 번쩍이는 불빛도 발산할 수 없었다.[12]

1786년 미국 철학회 논문집『*Transactions of the American Philosophical Society*』에는 헨리 플래그(Henry Flagg)가 리오 에스퀴보(Rio Essequibo, now Guyana, 지금의 가이아나)에서 여러 사람들이 연결된 하나의 사슬 양쪽 끝부분에서 전기뱀장어의 끝을 잡는 방식으로 한 실험 논문이 게재되었다. "만약 어떤 사람이 체질적으로 전기 흐름의 영향을 받지 않는 사람이 참여하고 있다면 전기뱀장어와 접촉하는 순간 발생하는 전기 충격을 받지 않았다."라고 적고 있다. 플래그는 훔볼트처럼 실험을 하는 당시 미열이 있었던 한 여성에 대해서도 언급했다.

이 실험은 18세기 일부 과학자들로 하여금 인체의 전기 민감성과 전도성은 개인의 전반적인 건강상태를 나타내는 지표가 된다고 가정하게 했다. 베르톨론(Bertholon)은 똑같은 레이든 자를 사용했을 때 미열이 있는 환자는 건강한 사람에 비해 스파크가 약하고 느리게 발생하는 것을 관찰했다. 몸이 춥고 오한을 느낄 때는 그 반대 현상이 나타났다: 그 환자는 정상인 보다 아주 강한 전도체로 된 것 같았고 방

---

12 Humboldt 1799, pp. 151-52.

출한 스파크도 훨씬 강력했다.

벤자민 마틴(Benjamin Martin)은 "천연두를 앓는 사람은 어떠한 방법으로도 감전시킬 수 없다."라고 적고 있다.[13]

그러나 이러한 관찰에도 불구하고, 전기민감성이나 전기전도성 역시 건강이 좋고 나쁨을 측정할 수 있는 믿을만한 지표는 아니었다. 대부분은 무작위적인 체질인 것 같았다. 무센브룩(Musschenbroek)은 자신의 물리학 강의(Cours de Physique)에서 어떤 경우에도 결코 전기를 느끼지 않는 세 사람을 예로 들어 언급했다. 한 사람은 활기차고 체력이 좋은 50세 남성이었고, 두 번째는 40세 건강한 미모의 두 아이 엄마였고, 세 번째는 신체가 마비된 23세 남성이었다.[14]

나이와 성별이 요인인 것 같았다. 베르톨론은 전기는 유아나 노인들보다는 성숙한 젊은 남성에게 더욱 큰 영향을 준다고 생각했다.[15] 프랑스 외과 의사 앙트완 루이(Antoine Louis)도 이에 동의했다. 그는 "25세의 남성이 어린이나 나이 많은 사람보다 훨씬 쉽게 전기화된다."고 했다.[16] 스와리오(Sguario)는 "일반적으로 여성은 남성보다 더 쉽고 부드러운 방식으로 전기화된다. 하지만 남녀를 불문하고 성질이 불같고 흥분하기 쉬운 사람들이 그렇지 않는 사람들 보다, 그리고

13 Martin 1746, p. 20.
14 Musschenbroek 1769, vol. 1, p. 343.
15 Bertholon 1786, vol. 1, p. 303.
16 Louis 1747, p. 32.

젊은 사람들이 나이 든 사람보다 더욱 쉽게 전기화된다."라고 했다.[17] 모린에 따르면 "성인과 좀 더 왕성한 기질, 뜨거운 혈기, 더욱 불같은 성향의 사람들 역시 전기 흐름에 더욱 민감하다."고 한다.[18] 혈기 왕성한 장년들이 어떤 면에서는 전기에 더욱 민감하다는 초기 전기시대의 관찰이 놀라워 보이는 것으로만 그칠 수 있다. 하지만 이 책 뒤에 가면 우리는 이러한 관찰이 현대 사회의 공중보건 문제에 중요하다는 사실(특히 인플루엔자 문제를 포함하여)을 알게 될 것이다.

벤자민 윌슨(Benjamin Wilson)이 그의 하인을 상대로 한 실험 보고서를 보면 전기에 민감한 사람들의 전형적인 반응을 좀 더 상세히 설명할 수 있다. 윌슨의 하인은 1748년 그가 25세일 때 전기화 실험 대상이 되고자 자원했다. 윌슨 자신이 전기에 민감했으므로 다른 동료들보다도 본능적으로 이러한 영향에 더욱 신경을 썼다. 오늘날 전기에 민감한 사람들은 며칠 동안 지속되는 후유증을 포함하여 대부분의 영향을 인식할 것이다.

윌슨은 하인에 한 실험에 관하여 다음과 같이 기록하고 있다. "첫 번째, 두 번째 실험이 끝난 후 그는 기분이 우울해지고 약간 메슥거린다고 불평했다. 4번째 실험이 끝난 후, 그의 몸이 매우 더워졌고 손과 얼굴의 혈관은 심각할 정도로 부어올랐다고 기록했다. 그의 맥박은 정상보다 빨리 뛰었고, 그는 심장에 격한 압박(그는 이렇게 말했다)

17 Sguario 1756, p.288.
18 Morin 1748, p.192.

을 호소했으며, 그 증상은 다른 증상들과 함께 거의 4시간 동안 지속되었다. 그의 가슴은 상당히 부어 올라있었다. 그는 심각할 정도의 두통을 느꼈으며, 눈과 심장은 바늘로 찌르는 듯 아프고 모든 관절에 통증을 호소했다. 그의 머리는 망치로 두드려 패는 듯 아주 심한 두통, 눈과 심장은 찌르듯 한 고통과 모든 마디마다 쑤시는 통증을 느꼈다고 했다. 혈관이 붓기 시작할 때 그는 목이 조이는 것처럼 느껴지거나 넥타이가 목을 너무 꽉 조이는 것과 같은 느낌이 든다고 했다. 이러한 실험이 끝나고 약 6시간 후에 대부분의 이러한 모든 증상은 사라졌다. 하지만 관절통은 다음날까지도 계속되었으며 체력이 고갈되고 기운이 없자 감기에 걸릴까 매우 우려했었다. 3일이 지나자 그는 거의 회복되었다.

"사람들이 재미로 전기 회로를 완성하기 위해 서로서로 손을 잡았을 때 일반적으로 받은 충격과 비교하면 그가 받은 충격은 오히려 하찮은 것이었다."라고 윌슨은 말하고 있다.[19]

모린(Morin)은 1748년 이전에 이미 자신이 직접 전기에 접하는 것을 중단했을 뿐만 아니라 전기가 신체에 주는 병리학적 영향을 비교적 상세히 지적했다. "호박(송진 덩어리)이나 모직 쿠션 등을 통해 전기화된 사람들이 종종 천식 환자처럼 되는 것"을 그는 목격했다. 그는 30대의 한 젊은이가 전기화된 후 약 36시간이나 고열에 시달렸을 뿐만 아니라 약 8일간 두통에 시달려야 했었던 사례를 보고했다. 모

19 Wilson 1752, p. 208.

린(Morin) 자신은 류머티즘 및 통풍 환자를 상대로 시행한 실험에서 "모두 치료 이전보다도 더욱 심한 고통에 시달리게 하고 말았다." 라고 결론을 내리면서 치료 목적으로 전기를 사용하는 것을 비난했다. "전기로 인한 상해를 치료하는 것이 항상 쉬운 것만은 아니기 때문에 증상을 초래할 전기에 자신을 노출시키는 것은 신중하지 못하다."라고 그는 말했다. 모린(Morin)은 손에 습진이 있는 남자가 겨우 2온스 정도의 물이 들어있는 작은 레이든 병의 전기 충격을 받은 후 한 달 이상 계속되는 통증에 시달려야 했던 사례를 이야기하면서, 레이든 병을 의료용으로 사용하는 것을 특별히 허용하지 않았다. 모린(Morin)은 "그 후 그는 더 이상 전기로 인한 희생양이 되고 싶지 않아 했다."라고 했다.[20]

전기가 인체에 유해한 점보다 유익한 점이 많은가 하는 것은 당시 사람들에게 사소한 문제가 아니었다.

전기에 민감한 모린(Morin)과 그와는 반대인 놀렛(Nollet)은 전기시대의 미래를 놓고 격론을 벌이게 되었다. 전기시대 초창기에 있었던 그들의 논쟁은 당시의 책과 잡지를 통해 일반인들에게 대대적으로 공개되었다. 무엇보다도 전기는 살아있다는 현상의 일부이며 생명을 유지하는데 반드시 필요한 것으로 알려지게 되었다는 사실이다. 모린(Morin)은 전기를 일종의 공기로 생각하여 살아있는 생명체를 포함한 모든 물체 주변을 둘러싸고 있고 가까운 곳에 있는 것끼리 서로 소

20 Morin 1748, pp.170-71, 192-97.

통하면서 발산하는 것으로 생각했다. 놀렛(Nollet)은 전기는 아마 한 방향으로 흘러가는 물질이고 어디에서 더욱 많은 전기가 흘러들어오지 않는 한 흘러나갈 수 없는 것이며, 인류는 이제 곧 전기를 가두고 원하는 대로 전 세계 어디든 보낼 수 있는 물질이라 주장했다. 모린은 놀렛의 이러한 주장에 무척 놀랐다. 이들의 논쟁은 레이든 병이 발명된 지 불과 2년 후인 1748년에 시작되었다.

놀렛은 놀라울 정도로 정확한 예언을 했다. "사람들이 상당히 멀리 떨어져 있다 하더라도 그들을 움직이거나 귀찮게 하지 않고서도, 많은 사람들이 동시에 전기의 영향을 느끼게 하는 것은 쉽다. 이유는 이 물질의 특성이 금속 파이프, 멀리까지 연결된 금속선과 같은 것들이 체인이나 인접한 매체 등을 통해 먼 거리까지 아주 쉽게 전달될 수 있다는 것을 우리가 알기 때문이다. 이보다 더 쉬운 방법들이 수천 가지가 있을 수 있으며, 일반 기업체도 쉽게 발명할 수 있었다. 전 세계를 이러한 영향의 영역 아래 두고 원하는 만큼 전기의 사용을 넓혀 나가는 것은 그다지 어려운 일이 아니었다."[21]

모린에게는 충격적이었다. 그는 즉시 "주변에 있는 사람들에게는 어떠한 일이 일어날까?"라는 의문이 생겼다. "특히 이 현상을 보고 있는 살아있는 생명체는 생기를 빠르게 잃어버리게 될 것이다. 생기란 생명을 불어넣는 빛과 불의 원리다." 또 "작은 전기 스파크나 쇠막대기 끝에 5~6인치(12.7~15.24cm) 정도의 밝은 빛을 내기 위해, 우

21 Nollet 1748, p. 197.

주 전체 또는 적어도 거대한 구의 최소한 일부만이라도 작동하고 움직이게 한다는 것은 너무 무의미한 소동을 일으키는 것이나 다름없다." 더구나 "밀도가 가장 높은 금속 안으로 전기 물질을 침투시키고, 아무 이유도 없이 다시 외부로 방출되게 하는 것을 세상 사람들은 아마 좋은 일이라고 할지 모르지만 그렇게 될 것이라고 아무도 동의하지 않을 것이다."[22]

놀렛(Nollet)은 빈정거리며 대응했다. "세상 한구석에서 내가 한 실험(전류를 주변으로부터 구체로 이동시킨)을 전 우주가 공감해야 하는지 나는 정말 모르겠다. 예를 들어, 중국에서도 공감해야 하나? 모린이라는 한 인간(Mr. Morin)이 살아있는 생명체, 주변 구경꾼에 대해 쉽게 말한 것처럼 과연 그렇게 될까?[23]

새로운 기술에 대하여 찬사 대신 경고를 외쳐대던 다른 예언자들처럼, 모린(Morin)은 당시 가장 인기 있는 과학자가 아니었다. 심지어 한 현대 역사학자가 그를 전기에 선견지명이 있는 놀렛에 "대적하는" "거만하고 비판적인", "검투사"라고 비난하는 일도 있었다.[24] 그러나 두 사람의 차이점은 그들의 사실 관계에 있는 것이 아니라 이론과 결론에 있는 것이었다. 전기의 부작용은 모든 사람에게 알려졌고, 그렇게 20세기 초까지 계속되었다.

조지 비어드(George Beard)와 알폰소 록웰(Alphonso Rockwell)은

---

22 Morin 1748, pp. 183-86.
23 Nollet 1753, pp. 90-91.
24 Heilbron 1979, p. 288.

1881년에 저술한 『의학 및 수술용 전기(*Medical and Surgical Electricity*)』라는 권위 있는 교과서에서 이 현상에 관해 10여 페이지를 할애했다. 그들은 전기에 쉽게 상처 입는 사람에 대해 "전기 과민성(electro-susceptibility)", 전기에 대해 놀라운 감지력을 가진 사람에 대해 "전기 민감성(electro-sensibility)"이라는 용어를 사용했다.

이 의사들은 모린이 최초로 경고한 지 130여 년이 지난 후에 다음과 같이 말했다. "세상에는 전기에 의해 항상 상해를 입는 사람들이 있다. 그들에게 미치는 영향의 정도를 결정하는 유일한 요인은 사용하는 전기의 강약 차이다. 약한 전기는 강한 전기 사용보다 상해를 적게 준다는 의미다." 어떤 환자들에게는 어떤 전기 치료요법과 체험도 효용이 없는 경우도 있다. 그들은 체질적으로 전기와 맞지 않는 것이다. 그들이 앓고 있는 마비, 신경통, 신경쇠약증, 히스테리, 특정 장기 질환의 증상이나 특이한 질병 같은 것이 문제 되는 것이 아니다. 그들에게는 이러한 증상에 대한 전기충격요법(galvanization)이나 감응전류요법(faradization)의 효과는 급성 또는 만성, 전신 또는 국소를 막론하고 단지 나쁜 영향만 줄 뿐이다. 눈여겨봐야 할 증상들은 지난 세기와 같았다: 즉, 두통과 요통; 조급증과 불면증; 일반적인 고질병; 흥분 또는 통증 증가; 과다 맥박; 감기에 걸린 듯한 오한; 쓰라림, 뻣뻣함, 묵직한 통증; 과다한 땀; 무감각증; 근육경련; 빛 또는 소리 과민증; 금속성 입맛; 이명.

베어드와 록웰은 전기 과민성은 가족 내의 유전이라고 했다. 그들은 나이와 성별에 대해 초기의 전기기술자들과 같은 관측 결과를 내놓았다. **일반적으로 여성들은 남성들보다 전기에 좀 더 민감하고, 20대에서 50대의 활동적인 성인들은 다른 연령대보다 전기에 더욱 취약했다.**

그들 역시 훔볼트처럼 전기 에너지에 무감각한 사람이 있다는 것에 대해 놀라움을 금치 못했다. "어떤 사람들은 전류의 강도에 무관하게 자주 접해도 잘 참아내고, 오랫동안 접해도 좋거나 나쁘거나 아무런 영향을 받지 않는 사실"도 추가되어야 한다고 했다. 또 이들에게 전기가 거의 무한대로 퍼부어져 흠뻑 젖을 수도 있지만, 이런 사람들은 그 전기 실험에서 좋거나 나쁘거나 하등의 차이도 없이 나올 수 있다." 하지만 그들은 어떤 사람들이 이처럼 전기로부터 아무런 영향을 받지 않는지(전기 호환성을 갖는지) 예측할 방법이 없다는 현실이 불만이었다. 그들은 "어떤 여성들은 매우 여리게 생겼음에도 불구하고 어마어마한 양의 전기를 견뎌낼 수 있는가 하면, 반면에 매우 건장하게 보이는 남성들이 전혀 견디지 못한다."는 것을 관측했다.[25]

전기는 대다수의 현대 의사들이 알고 있듯이 인체 건강에 아무런 영향을 주지 않는 일반적인 스트레스 요인에 불과한 것은 분명 아니다. 또 전기에 대한 취약성이 인체 건강상태를 측정할 수 있는 지표가 될 수 있다고 생각하는 것도 오해다.

베어드와 록웰은 전기와 호환이 되지 않는 사람들에 대한 추정치

---

25 Beard and Rockwell 1883, pp. 248-56.

를 전혀 언급하지는 않았다. 하지만 1892년 귀전문의 아우구스트 모렐(Auguste Morel)은 12% 정도의 건강한 사람들은 전기에서 발생하는 소리까지도 잘 들을 수 있다고 보고했다. **다시 말하면, 인구의 12% 정도는, 아마도 여전히 그렇겠지만, 어떤 식으로든 현저하게 낮은 전류의 소리를 들을 수 있다는 것이다.**

날씨 민감성과 생물기상학

전기 민감성과는 달리, 인간의 날씨 민감성에 관한 연구는 5000년 전의 메소포타미아 문명으로 거슬러 올라가는 유서 깊은 역사가 있다. 아마 중국과 이집트도 그와 같은 역사가 있을 것이다. 히포크라테스가 B.C 400여 년 전에 저술한 『공기, 물, 장소에 관하여(*Airs, Waters and Places*)』라는 인류 최초의 환경서는 생존의 조건은 거주하는 장소의 기후와 그 변동에 따라 대체로 결정된다고 하고 있다. 얼마든지 무시되고 평가 절하해도 이는 대체로 맞는 말에 해당하는 규율이다. 하지만 생물기상학(biometeorology)이라 불리는 과학은 공공연한 비밀을 한 가지 숨기고 있다. **그것은 이 학문의 몇몇 교과서에도 나오는 내용으로 어떤 인종이라도 약 30%는 그들의 민족적 기원과 상관없이 날씨에 민감하며 또 전기적으로도 민감하다는 사실이다.**[26]

국제생물기상학회는 1956년 네덜란드 지구물리학자 솔코 트롬프

26 Sulman 1980.

(Solco Tromp)에 의해 설립되었다. 본부는 레이든(Leyden)에 두었는데, 이곳은 약 2세기 전에 전기시대를 열었던 도시다. 이 후 40년 동안(휴대전화 회사들이 오랜 기간 확립되었던 과학적 규율을 완전히 부인하도록 연구원들에게 압력을 가하기 시작할 때까지)[27], 생물전기(bioelectricity)와 생물자기(biomagnetism)는 이 학회의 집중 연구 대상이었다. 특히 이 학회의 10개 항구적인 연구 분야 가운데 하나의 핵심 주제였다. 1972년, 네덜란드에서 "자연 현상에서 나타나는 전기, 자기 및 전자기장의 생물학적 영향"에 관한 국제 심포지엄이 개최되었다. 1985년 국제생물기상학 학회지 가을호는 공기 중의 이온과 대기 전기에 관한 논문만 다루었다.

예루살렘 하다사(Hadassah) 대학병원의 의사이자 의대 생물기후학과장인 펠릭스 술만(Felix Gad Sulman)은 "우리가 전기 과민증 환자들을 정신의학적으로 취급할 경우 그들을 매우 부당하게 대하는 것이다."라고 논문에 적고 있다. 1980년, 술만은『공기 이온화, 전기장, 대기와 기타 전기현상이 인간과 동물에 미치는 영향(*The Effects of Air Ionization, Electric Fields, Atmospherics and Other Electric Phenomena on Man and Animal*)』이라는 400쪽 분량의 단행본 논문집을 출간했다. 그는 각기 다른 의료 및 기술 분야에서 일하는 15명의 공저자와 함께 15년 동안 날씨에 민감한 증세를 보이는 935여 명의 환자에 관한 연구를 했다. 그중 가장 관심을 끄는 발견 중 하나가 환자들 가운데 80%

27 Michael Persinger, personal communication.

는 날씨 변화가 일어나기 12시간에서 48시간 전에 그 변화를 예측할 수 있다는 것이었다. "그렇게 '예측이 가능한' 환자들은 모두 날씨 변화가 오기 전에 발생하는 전기적 변화에 대해 모두 민감했다." 그리고 "환자들은 날씨가 느린 바람의 속도로 변화하기 전에 전기의 속도로 자연스럽게 도달하는 이온과 대기 상태에 세로토닌(serotonin)을 분비시킴으로 인해 반응이 나타났다."라고 그는 기록하고 있다.[28]

날씨 민감성은 수 세기에 걸쳐 의학적으로 부정확한 구전의 범주 안에서 알려져 오다 지난 20세기에 엄격한 실험 분석의 양지에 노출되었다. 하지만 이렇게 해서 탄생한 생물기상학은 새롭게 부상하는 기술적 총아(전기통신기술)와 충돌을 일으키게 되었다. 만약 지구 인구의 3분의 1이 부드러운 이온 흐름이나 대기의 약한 전자기장 변화에 민감하다면, 우리가 사용하는 컴퓨터 화면에서 끊임없이 방출되는 이온의 큰 흐름은 무엇이며, 우리가 사용하는 휴대전화, 라디오 중계탑, 송전선에서 폭풍 같은 거센 방출은 우리 모두에게 어떠한 영향을 주고 있는가?

하지만 오늘날 우리 사회는 관련성을 찾기를 거부하고 있다. 지난 2008년 도쿄에서 개최된 제19회 국제 생물기상학 회의에서, 스위스 연방 공과대학(Swiss Federal Institute of Technology) 물리학과 교수 한스 리치너(Hans Richner)는 동료들에게 자신만만하게 다음과 같이 말했다. 휴대전화에서 방출되는 전자기장이 대기 중에서 존재하는 것보

---

28 Sulman, pp. 11-12.

다 훨씬 강력하고 휴대전화가 위험한 것이 아니기 때문에 지난 수십 년에 걸친 연구는 잘못된 것이고 생물기상학자들은 더 이상 전기장과 인간의 상호작용을 연구하지 말아야 한다고 했다.[29] 다시 말하면, 우리 모두 휴대전화를 사용하고 있기 때문에 우리는 휴대전화가 안전하다고 생각해야 했고, 수많은 실험실에서 연구 발표되어왔던 대기의 하찮은 전자기장이 인간과 동식물에 미치는 영향은 어느 것도 일어나지 않았던 것이다! 오랫동안 생물기상학을 연구했던 온타리오 로렌시아 대학(Laurentian University)의 마이클 퍼싱어(Michael Persinger) 교수가 과학적인 방법은 그동안 폐기되어왔었다고 말하는 것은 놀랄만한 일이 아니다.[30]

이와는 달리 지난 18세기 전기기술자들은 그 관련성을 밝혔다. 그들의 환자들이 마찰 기계(전기 발생 장치)에 보인 반응은 오랜 미스터리에 한줄기 새로운 빛을 밝혔다. 이 의문점은 무듀이트(Mauduyt)에 의해 해결의 실마리를 찾았다. 그는 다음과 같이 설명한다. "인간이나 동물들은 비바람이 치는 날이면 왠지 나른하고 쳐지는 느낌을 경험한다. 이 느낌은 폭풍이 발생하기 전 최고조에 이르고, 폭풍이 발생하고 난 직후에는 바로 감소하게 된다. 특히 어느 정도의 비가 내리면 그 증상은 점점 사라지고 비가 그치면 함께 끝난다. 이렇게 널리 알려지고 중요한 현상에 대해 충분히 해명할 근거를 마련하지 못한 채 오

---

29 *ICB 2008*. Proceedings of the 18th International Congress of Biometeorology, 22-26 Sept. 2008, Tokyo, p. 128.

30 Michael Persinger, 개인 교신.

랜 기간 의사들의 뇌리를 차지하고 있었다."[31]

버틀론(Bertholon)은 그 답이 지금 우리 손에 있다고 말했다. "대기 전기와 인공 전기는 하나가 되어 동물의 상태에 따라 다양한 영향을 유발한다. 절연된 상태에서 전기 목욕을 통하여 전기화된 사람은 지면이 과도하게 전기화되었을 때 대지 위에 서 있는 사람을 나타낸다. 이는 두 경우 모두 전기 유체에 과잉 충전된 것이다. 대기 전기와 인공 전기는 같은 방식으로 그들을 충전시킨다."[32] 인공적인 전기 회로는 하늘과 땅에 의해 만들어진 거대한 회로의 작은 축소판이었다.

이탈리아 물리학자 지암바티스타 베카리아(Giambatista Beccaria)는 놀랍게도 지구의 전기 회로를 현대적 용어로 서술했다(9장 참조). 그는 다음과 같이 적고 있다. "비 오기 직전, 지구로부터 많은 양의 전기 성질을 띤 물질들이 방출되고, 지역에 따라 전기 물질이 더 많이 배출된 곳에서는 더 높은 층 대기로 올라가게 된다. 비를 몰고 오는 구름은 전기 열기로 가득한 지구 표면에서부터 전기 성질이 고갈된 지면에 이르기까지 비를 내림으로써 지구의 전기 평형을 회복하게 된다."[33]

18세기 과학자들이 이것을 처음으로 발견한 것은 아니다. 중국의 경우, 기원전 4세기에 쓰인 『황제의 내과 의학 고전(*Yellow Emperor's Classic of Internal Medicine*)』에서 기록된 내용이 이와 유사하다. 실제

---

31 Mauduyt 1777, p.509.
32 Bertholon 1786, vol. 1, p.61.
33 Priestley 1775, pp.429-30.

로, "기(Qi)"는 전기이고, "음(Yin)"과 "양(Yang)"이 음극(-)과 양극(+)이라는 것을 이해한다면 그 언어는 거의 일치한다. "밝은 양은 하늘을 형성하고, 어두운 음은 지구를 형성한다. 지구의 기가 하늘로 올라가 구름이 되고, 하늘의 기는 내려와 비가 된다."[34]

날씨에 민감하기로 유명한 사람들로(즉, 전기에 민감하다고 할 수 있는) 로드 바이런(Lord Byron), 크리스토퍼 콜럼버스(Christopher Columbus), 단테(Dante), 찰스 다윈(Charles Darwin), 벤자민 프랭클린(Benjamin Franklin), 괴테(Goethe), 빅토르 휴고(Victor Hugo), 레오나르도 다 빈치(Leonardo da Vinci), 마틴 루터(Martin Luther), 미켈란젤로(Michelangelo), 모차르트(Mozart), 나폴레옹(Napoleon), 루소(Rousseau), 볼테르(Voltaire) 등이 있다.[35]

---

34 *Yellow Emperor's Classic of Internal Medicine*, chap.5. Translation by Zhang Wenzhi, Center for Zhouyi and Ancient Chinese Philosophy, Shanding University, Jinan, China.

35 Faust 1978, p.326; Mygge 1919.

제4장

가지 않은 생명 전기의 길

1790년대 유럽의 과학은 정체성 위기에 직면했다. 당시 철학자들은 수백 년 동안 지구에 생명을 불어넣는 네 가지 불가사의한 것(빛, 전기, 자기, 열)의 성질에 대해 깊이 사고해왔다. 이 네 가지는 어떻게든 서로 연관되어 있지만, 그중 전기가 생명현상과 가장 확실히 관련이 있다는 것이 주된 생각이었다. 전기는 그 자체로 신경과 근육을 움직이게 하고, 심장에는 맥박을 불어넣었다. 전기는 하늘에서 천둥 번개로 내려오고 바람을 일으키고 구름을 이동시키며 대지에 비를 뿌렸다. 생명은 살아 움직이는 것이었고 전기는 사물을 움직이게 했다.

전기에는 "자극과 탄력의 성질"이 있다. "모든 신경 감각들이 이를 통해 자극을 받고, 의지에 따라 동물의 부위들이 움직인다. 즉, 이러한 성질이 진동하면 신경계의 필라멘트를 따라 외주 감각기관에서 뇌로, 뇌에서 각 근육으로 상호 전파된다."[1] 이것은 아이작 뉴튼(Isaac Newton)이 1713년에 한 말이다. 이후 수백 년 동안 이 말에 반대하는 사람은 거의 없었다.

전기는
"우리가 호흡하는 바로 그 공기보다 우리에게 더욱 밀접한 요소다."

아베 놀렛(Abbé Nollet), 1746[2]

"동물이 움직이는 원리이자, 의지의 도구이며, 감각의 매개체다."

프랑스 물리학자
마르셀린 뒤칼라-보니파스(Marcelin Ducarla-Bonifas), 1779[3]

"그 불(전기)은 모든 신체 부위에 필요하며 생명을 불어넣는다...
전기와 생명은 붙어있지만 서로 별개다."

볼테르(Voltaire), 1772[4]

"초목이 성장하는 자연의 법칙 중 하나다; 땅과 포도나무, 과수원을 비옥하게 하고, 깊은 물속까지 풍요로운 번식력을 가져다준다."

의사 장폴 마라(Jean-Paul Marat, M.D.), 1782[5]

---

1 Newton 1713, p.547.
2 Nollet 1746, p.33.
3 Marcelin Du Carla-Bonifas, Cosmogonie, Bertholon 1786, vol. 1, p.86.
4 Voltaire 1772, pp.90-91.
5 Marat 1782, p.362.

동물과 식물뿐만 아니라 모든 자연의 생명체를 탄생시키고 지속시키는 "우주의 영혼"이다.

감리교 창립자 존 웨슬리(John Wesley), 1760[6]

갈바니와 볼타의 전기 대립

놋쇠 고리로 철사를 살짝 건드리기만 해도 개구리 다리가 수축한다는 루이지 갈바니의 놀라운 발표가 나왔다. 볼로냐 과학원(Institute of Sciences of Bologna)의 평범한 산부인과 교수 갈바니는 이것이 생리학의 중요한 사실(각각의 근섬유가 분명 인체의 레이든 병과 같은 역할을 한다)을 증명했다고 생각했다. 그는 금속회로에 비교하여 생체전기는 뇌에서 생산되어 근육에 저장된다고 추론했다. 신경 조직은 저장된 전기를 방출하는 기능을 하며, 서로 다른 금속을 근육에 직접 접촉하는 것은 어쨌든 동물 신경의 자연적인 기능을 모방한 것이다.

하지만 갈바니와 같은 나라 사람이었던 알렉산드로 볼타(Alessandro Volta)는 이와 반대되고 당시로서는 이단적인 견해를 갖고 있었다. 그는 전류가 동물에서 발생하는 것이 아니라 서로 다른 두 개의 금속 자체에서 발생하는 것이라 주장했다. 볼타는 개구리가 일으킨 경련은 완전히 외부자극에 의한 것이었다고 했다. 더욱이 볼타는 "동물 전기(animal electricity)"라는 것은 존재조차 하지 않는다고

6 Wesley 1760, p.1.

단정했다. 그리고 이를 증명하기 위해 볼타는 동물의 개입 없이 서로 다른 금속의 접촉에 의해서도 전류가 발생할 수 있다는 중대한 시연을 했다.

이 둘은 세상을 보는 두 가지 서로 다른 관점을 대표하는 대결자였다. 의사로 교육된 갈바니는 생물학으로 설명하려 했다. 그에게 금속이란 살아있는 생명체에 부속된 것이었다. 독학으로 물리학자가 된 볼타는, 개구리는 생명력이 없는 금속회로의 단순한 일부에 지나지 않는다는 매우 상반된 관점에서 바라보았다. 볼타는 두 개의 서로 다른 도체의 접촉은 충분히 전류의 발생원이 될 수 있다고 생각했다. 그는 동물 생체내의 전기도 근육과 신경은 단지 습기가 있는 전도체에 지나지 않는 그저 일종의 전기 배터리에 불과하다고 했다.

그들의 논쟁은 단지 과학자 간의 충돌이나 이론의 충돌이 아니라, 세기와 세기의 대립이었고 메커니즘과 이념의 충돌이었다. 이것은 1790년대 후반의 서구 문명체제를 산산이 조각내는 실존적 투쟁으로 이어졌다. 당시 섬유 기계에 대항하여 수직 공들이 반란을 일으키는 러다이트(Luddite) 운동이 잠시 나타났으나 그들은 패배할 수밖에 없는 운명이었다. 생명을 다루는 과학에서도 물질이 생기와 활력을 대체하고 애매하게 만들었다.

볼타의 승리와 밀려난 생기론

물론 당시는 볼타가 승리했다. 그의 전기 배터리 발명은 산업혁명에 엄청난 동력을 제공했을 뿐만 아니라, 전기는 살아있는 유기체와는 전혀 관련이 없다는 그의 주장 또한 그러한 방향으로 몰아가는 데 일조했다. 이러한 착각은 당시 사회가 산업 분야에 전기 사용을 가능하게 했을 뿐만 아니라 놀렛(Nollet)이 예상한 바와 같이 세상을 전선으로 연결해 나갔다. 이 거대한 작업이 가져오는 생물학적 영향에 관해서는 아무런 걱정도 하지 않았다. 이러한 사회 현상은 당시 사람들로 하여금 18세기 전기기술자들에 의해 축적된 지식을 무시하도록 했다.

관련 교과서를 읽어보면 알겠지만, 결국 이탈리아 물리학자 레오폴도 노빌리(Leopoldo Nobili)와 카를로 마테우치(Carlo Matteucci), 그리고 독일의 생리학자 에밀 뒤 보이스 레이몬드(Emil du Bois-Reymond)가 전기는 생명과 관련이 있고 신경과 근육은 단순히 물기가 있는 전도체에 불과한 것이 아니라는 것을 함께 증명하게 되었다. 하지만 기계론적 도그마는 이미 고착되어 전기와 생명의 밀접한 관계를 적절히 복원하려는 모든 시도는 저항에 부딪히게 되었다. 생기론(Vitalism, 생명현상은 물질 반응 이상이 요구된다는 이론)은 종교적이고 비현실적인 영역으로 밀려나고 진지하게 탐구해야 할 과학적 범주로부터 영원히 단절되었다.

생명력이 존재한다면 그것은 실험의 대상이 될 수 없다. 분명 그것은 전기 모터를 돌리고 전구를 밝히며 구리선을 통하여 수천 킬로미터를 이동하는 것과 다르다. 그렇다, 마침내 전기가 신경과 근육에서 발견되었지만, 그 작용은 단지 나트륨(Na) 이온과 칼륨(K) 이온의 세포막 통과와 시냅스(synapses)에서 신경전달물질 이동의 부산물에 불과한 것이었다. 화학이라는 학문이 바로 모든 생물학과 생리학을 성장시킨 끝이 없어 보이는 비옥한 과학적 토양이었다. 하지만 길게 이어지는 생명력은 주목하지 않았다. 더욱 심각한 또 다른 변화는 1800년대 이후에 발생했다. 점차 사람들은 전기의 본성이 무엇인지 의구심을 갖는 것조차 망각하기에 이르렀다. 사람들은 영구적인 전기 구조물을 짓기 시작했다. 그 결과, 전기의 촉수는 사방 어디든 뚫고 다니게 되었지만, 그것이 가져올 문제점은 따져 보지도 않았고, 아예 생각해 보지도 않았다. 그런데 희한한 일은 그들은 오히려 그 문제점을 자신들이 만든 전기 구조물과 관련이 있다는 사실도 모른 채 상세히 기록해 두었다는 사실이다.

전기통신 시대와 환경성 질환

1859년 당시 250만이 거주하는 영국 런던에 놀랄만한 변화가 일어났다. 얼기설기 엉켜진 전깃줄들이 거리, 상가, 주택가 지붕 위로 피할 겨를도 없이 갑자기 밀려 들어왔다. 당시 생생한 목격자였던 유명한 영국 소설가로부터 그 이야기를 들어보자.

소설가 찰스 디킨스는 다음과 같이 적고 있다. "약 12년 전" 술집에서 맥주와 샌드위치를 세트 메뉴값으로 판매하는 것이 매우 일반화될 무렵, 교외의 작은 선술집 주인이 자신은 에일 맥주 한잔과 전기쇼크를 묶어 4펜스에 제공한다고 공표함으로 세트 메뉴 시스템에 농을 섞어 우스꽝스럽게 만들었다. 그가 정말로 과학과 음료를 세트 메뉴로 팔았다는 것은 극히 의심스럽다. 분명 그의 목적은 남다른 재치로 매상을 올리고자 한 것이 틀림없다. 그의 유머를 자극한 동기가 무엇이든, 그가 시대에 상당히 앞섰다는 사실은 분명 기록에 남아야 한다. 자신들이 모르는 분야의 얘기로 사람들을 웃겼던 대다수의 용감한 해학가들 보다, 그의 재미있는 발상이 몇 년 후에는 과학을 진지하게 만들 것이라고는 그는 아마 생각하지 못했을 것이다. 유명한 윌킨스(John Wilkins) 주교의 우주 항행 담론(A Discourse Concerning a New Planet, 1640)을 읽는 독자들이 달나라로 여행할 시기는 아직 도래하지 않았지만, 맥주 가게 주인의 기발한 발상이 친숙한 일상으로 다가올 날이 가까워졌다. 에일 맥주 한잔과 전기 쇼크는 조만간 4펜스에 팔려나갈 것이며, 저렴한 가격의 과학적인 부분은 단순히 인간의 신경을 자극하는 것 이상으로 유용한 것이 될 것이다. 그것은 지붕 꼭대기의 거미줄 같은 전신선 망을 통하여 120개 전신국에 메시지를 전하고 다시 도시 전체에 뿌려지는 전기 충격이 될 것이다.

"당시 활발히 추진되고 있었던 산업화는 런던 전신(London District Telegraph Company)이라는 상업적인 회사를 통하여 조용히 효과적으로 거대한 통신망을 거미줄처럼 형성해 나갔다. 160마일(256km)이나 되는 전신선이 난간을 따라, 나무들 사이로, 다락방 위로, 굴뚝 꼭대기로 그리고 강의 남쪽에 있는 도로 건너편에도 설치되었다. 조만간 추가로 120여 마일(192km)이 같은 방식으로 북부지역에도 설치될 것이다. 작업이 진행됨에 따라 어려움은 점점 줄어들게 된다. 건실한 영국인들은 수백명의 이웃들이 이미 앞장 서가고 있었다는 것을 알았을 때 과학적 관심과 공공의 이익을 위해 그들이 거주하는 지붕을 기꺼이 내어놓을 준비가 되어있었다."

영국 시민들은 전신선이 자신들의 집에 설치된다는 것에 대해 반드시 환영하지는 않았다. "영국의 가구주들은 볼타 배터리 때문에 소가 죽는 것을 전혀 본 적이 없다."라고 디킨스는 썼다. "하지만 그들은 볼타 배터리에 의해 충분히 그럴 수 있다고 들었다. 대부분의 경우 전신은 강력한 볼타 배터리로 작동했기 때문에 번개에 대한 일반적인 두려움이 있었던 영국 가구주들은 필연적으로 그러한 기기들을 멀리 두었다." 그럼에도 불구하고 런던 전신회사의 직원들은 런던 전역을 가로지르는 280여 마일(451km)에 달하는 전신선을 설치하려고 약 3500여 가구에 달하는 주택 소유주들을 일일이 설득하여 지붕을 사용할 수 있도록 했으며, 이는 곧 식품점, 약국, 도시 전역의 술집 주인에게도 설치 요청을 했다고 디킨스는 우리에게 말했다.[1]

일 년 후, 유니버설 전신회사가 설립되자 런던 주택 위의 전신선망은 더욱 촘촘한 그물이 되어갔다. 공공사업 부문에서만 전신국이 받아들여졌던 첫 번째 회사와는 달리, 유니버설은 전신 설비를 개인과 사기업에 임대했다. 하나에 백여 개의 전신선이 들어있는 케이블은 그 시스템의 주축을 이루었고, 각 전신선은 마지막 대상 지점까지 가장 가까운 곳의 연결로부터 시작된다. 1869년까지 이 두 번째 회사는 도시 전역에 흩어져있는 약 1,500명의 가입자에게 서비스를 제공

1 Charles Dickens, "House-Top Telegraphs," *All the Year Round*, Nov. 26, 1859.

하기 위해 2,500마일(4,023km) 이상의 케이블을 런던 주민들의 머리 위와 발 아래에 몇 배나 많은 전신선을 연결했다.

세계 곳곳에서 비슷한 변화가 일어나고 있었다. 이러한 변화에 대한 속도와 강도는 오늘날 제대로 평가되지 않고 있다.

유럽의 체계적인 전기화는 1839년 웨스트 드레이튼(West Drayton)과 런던 사이의 그레이트 웨스턴 철도에 자기 전신이 개통되면서 시작되었다. 미국의 전기화는 그로부터 몇 년 후인 1844년 사무엘 모스(Samuel Morse)의 첫 전신선이 볼티모어와 오하이오 간 철도를 따라 볼티모어에서 워싱턴까지 설치되면서 시작되었다. 그보다 더 이른 시기에, 전기초인종과 호출장치들이 가정, 사무실, 호텔 등에 장식되기 시작했고, 최초의 전체 시스템이 1829년 보스톤의 트레몬트 하우스에 설치되었다. 이 호텔의 170개 객실은 중앙 사무실에 있는 벨 시스템과 전신선으로 연결되었다.

1847년에 이르러 영국에서는 전기 도난 경보기의 사용이 가능해졌고, 곧이어 미국에서도 사용할 수 있게 되었다.

1850년경에 남극을 제외한 모든 대륙에서 전신선이 설치되고 있었다. 미국에서는 2만2천마일(35,406km)의 전신선이 사용되고 있었고, 인도에서는 4천마일(6,437km)의 전신선이 있었다. 인도에서는 "원숭이와 엄청난 새떼가" 전신선에 내려앉았다.[2] 멕시코 시티로부터 1천마일(1,609km)의 전신선이 세 방향으로 뻗어 나가고 있었다.

---

2 Highton 1851, pp.151-52.

1860년경에 이르러 오스트레일리아, 자바, 싱가포르, 인디아의 해저 전신선이 연결되었다. 1875년경에는 3만마일(48,280km)의 해저 케이블이 해양 통신장벽을 허물었다. 지칠 줄 모르는 전신선 공급자들은 지구표면 위에 있는 70만마일(1,126,540km)이나 되는 구리선을 전기화했다. **이는 지구를 거의 30번이나 일주할 수 있는 거리에 해당하는 전신선이다.**

또한, 통신 전류의 이동 속도는 전신선의 수 증가보다 더욱 가속화되었다. 처음에는 2배속, 다음에는 4배속, 그리고 자동입력은 전류가 항상 흐르게 하는 것을 의미했다. 이는 메시지가 전송될 때뿐만이 아니라, 점점 빠른 속도로 같은 전신선을 통해 여러 개의 메시지가 동시에 전송될 수 있다는 것을 의미했다.

거의 초창기부터, 일반 도시 거주자들도 일상생활에서 전신을 사용했다. 전신은 철도나 신문에 부속된 것은 아니었다. 전화가 사용되기 이전에는, 소방서와 경찰서에 먼저 전신기가 설치되었고, 다음에는 증권 거래소, 이후 심부름(Messenger service) 센터, 그리고 곧이어 호텔, 사기업, 가정에 설치되었다. 뉴욕의 첫 번째 시립 전신 시스템은 헨리 벤틀리(Henry Bentley)에 의해 1855년에 설치되었고 맨해튼과 브루클린에 있는 15개 사무실을 연결했다. 1867년에 설립된 골드 앤스톡 전신사(The Gold and Stock Telegraph Company)는 수백명의 가입자들에게 주식, 금, 환전의 가격 견적을 전신으로 즉시 제공했다. 1869년 개인과 기업에 사설 전신선을 공급하기 위해 아메리칸 전신사(the American Printing Telegraph Company)가 설립되었다. 그로부터 2년 뒤에 맨해튼 전신사(The Manhattan Telegraph Company)라는 경쟁사가 설립되었다. 1877년에 이르러 골드앤스톡 전신사는 이 두 회사를 인수하고 1천2백마일(1,931km)에 달하는 전신선을 운영하고 있었다. 1885년경에는 약 3만 가구와 기업체를 연결하는 전신선이 뉴욕 상공을 거미줄처럼 덮고 있었다. 이때 뉴욕은 디킨스가 말했던 런던보다 더욱 복잡하게 도시 상공을 전신선으로 덮었다.

전신망 확장과 신경쇠약 팬데믹

이 변화의 와중에서, 조지 비어드(George Miller Beard)라는 의사는 뉴욕의 한 신경과 병원에서 과거에는 없었던 새로운 질병에 관한 그의 첫 번째 임상 관찰을 기록했다. 성직자의 아들이었던 그는 호리호리한 체격에 귀가 약간 먹었고 의대를 졸업한 지 3년밖에 되지 않았다. 그의 논문은 유명한 보스턴 의학 및 외과 학술지(*Boston Medical and Surgical Journal* 후에 *New England Journal of Medicine*로 변경됨)에 승인받아 1869년 게재되었다.

침착함과 숨겨진 유머 감각이 있고 자신감 넘치는 청년은 그 자체로 사람들을 끌어들이기에 충분했다. 비어드는 경력이 짧았지만 새로운 의학 지식을 개척해 나가는 것을 두려워하지 않았다. 그의 동료 중 한 사람은 그가 죽은 지 여러 해가 지난 후 다음과 같이 말했다.[3] 비어드는 가끔 그의 새로운 아이디어 때문에 선배들로부터 놀림을 받기도 했지만, 그는 절대로 남에게 나쁜 말을 한 적이 없었다. 비어드는 이 새로운 질병 외에도 전기요법과 최면요법 전문의였다. 두 가지 요법 모두 자석 치료로 오명을 남겼던 독일 의사 안톤 메스머(Anton Mesmer, 2장 참고)가 사망한 지 반세기가 지난 후 다시 좋은 명성을 회복하는데 비어드가 중요한 역할을 했다. 또한, 비어드는 꽃가루 알레르기와 뱃멀미의 원인과 치료에 관한 연구에 기여했다. 1875년 그는 토머스 에디슨과 함께 "에테르 힘(Etheric Force)"을 공동 연구한 적 있다. **에테르 힘은 에디슨이 발견한 것으로 유선으로 연결된 회로가 없어도 공기를 통해 전달되어 가까이에 있는 물체에 스파크를 일으키게 하는 현상이다.** 비어드는 헤르츠(Hertz)보다 10년 전에, 마르코니(Marconi)보다 20여 년 전에 이것은 고주파 전기이고 언젠가는 전신에 커다란 대변혁을 일으키리라는 것을 정확하게 예측했다.[4]

조지 비어드(1839-1883)
(George Miller Beard, M.D.)

1869년 언급했던 새로운 질병에 관해서는 비어드도 그 원인을 추측하지 못했다. 그는 단순하게 그 이전에는 흔치 않았던 스트레스로

3 Dana 1923, p. 429.
4 Beard 1875.

인한 현대 문명 질병 정도로 생각했다. 그가 명명한 "신경쇠약증"은 단지 "약한 신경"을 의미했을 뿐이다. 증상 일부가 다른 질병들과 유사했지만, 신경쇠약증은 아무런 원인도 없이 무작위로 발병했을 뿐 아니라 아무도 그로 인해 사망하리라 생각지도 못했다. 비어드는 환자가 전기를 감당할 수만 있다면 신경쇠약을 치료하는데 전기 사용을 선호했기 때문에 당연히 전기가 질병의 원인이라고 생각하지 않았다. 1883년 비어드가 사망할 무렵에도 실망스럽게도 신경쇠약의 원인은 여전히 밝혀지지 않았다. 하지만 전 세계 대부분의 나라에서는 "신경쇠약(Neurasthenia)"은 의사들 사이에서 여전히 일상 용어로 사용되고 있다. 이 용어는 미국 외에서도 대부분의 나라에서 사용되고 있고 오늘날에는 전기가 신경쇠약의 원인 중 하나라고 인정되고 있다. **1860년대 어디선지도 모르게 신경쇠약이 발병하여 이후 수십 년 동안 팬데믹(세계적인 유행병)이 된 것도 분명 전신선 때문이다.**

오늘날, 100만볼트의 고압선이 시골을 통과하고, 1만2천볼트의 전신선이 모든 마을로 배분되고, 모든 가구에는 30암페어 회로 차단기가 있기 때문에, 우리는 원래 자연이란 정말 어떠했는지 잊어버리는 경향이 있다. 우리 중 아무도 전기 없는 세상에서 사는 것이 어떠한 느낌일지 상상조차 할 수 없다. 제임스 폴크(James Polk, 미국 제11대 대통령, 1845~1849) 이후 우리의 세포는 보이지 않는 끈에 매달린 꼭두각시 인형처럼 전기의 영향으로부터 단 1초도 자유로울 수 없었다. 지난 한 세기 반 동안 전압이 점차 증가한 것은 단지 정도의 문제일 뿐이었다. 하지만 과학기술이 무질서하게 발달하던 처음 몇십 년 동안 지구 생태계에 갑작스럽게 밀어닥친 불가항력은 생명체 고유의 특성에 엄청난 영향을 미쳤다.

초기 전신사들은 도시나 시골을 막론하고 단 하나의 선으로 통신망을 만들었고, 지구는 별개로 자체 완성된 전기 회로를 갖는 형태였다. 오늘날의 전기 시스템처럼 전선을 따라 흐르는 귀환전류가 없었기 때문에, 귀환전류는 예측할 수 없는 경로를 따라 지면으로 흘러 들어갔다.

25피트(7.62m)의 나무 전신주는 마을과 마을 사이를 지나는 전신선을 지지하고 있었다. 도시에서는 다수의 통신사가 고객 확보를 위해 경쟁하고 있었다. 공간이 품귀 상태였기 때문에 전신선이 지붕 꼭대기, 교회 첨탑, 굴뚝 사이로 엉클어진 넝쿨처럼 엮여 숲을 이루었다. 넝쿨처럼 엉켜진 전신선 숲으로부터 발생한 전기장이 도로와 샛길, 주택 사이 공간에도 짙게 깔렸다.

기록으로 남아 있는 숫자들이 무슨 일이 일어났었는지 단서를 제공한다. 조지 프레스콧(George Prescott)이 1860년에 저술한 『전기통신(*Electric Telegraph*)』이라는 책에 따르면, 미국에서 100마일(161km)짜리 전신선에 사용된 보통 배터리는 아연과 백금 판 50쌍이며, 이는 약 80볼트의 전기를 생산할 수 있는 재료였다.[5] 최초의 시스템에서는, 통신 기사가 송신키를 누를 때만 전류가 흘렀다. 단어당 5개의 글

---

5 Prescott 1860, pp.84, 270, 274.

자가 들어갔고, 모르스 부호에서는 글자당 평균 3개의 점이나 파선이 사용되었다. 즉, 분당 평균 30단어를 치는 능숙한 기사는 초당 7.5타의 리듬으로 키를 누르는 것이었다. 이는 생물권의 기본적인 공명 주파수(7.8Hz)와 매우 근접한 것으로, 제9장에서 볼 수 있듯이 모든 생명체는 이 주파수에 맞춰져 있고, 평균 강도는 미터당 1/3밀리볼트로 교과서에 나와 있다. 이 간단한 가정을 이용하면 그 주파수에서는 지구의 자연 전기장 보다 초기 전신선에서 발생하는 자기장이 최대 3만 배나 강하다는 것을 쉽게 계산할 수 있다. 실제로 전신을 치면서 급속하게 생기는 단절은 매우 넓은 범위의 무선 주파수 고조파를 발생시키고, 이는 전신선을 따라 이동하면서 대기 중으로 방사되었다.

자기장 또한 추정할 수 있다. 사무엘 모스(Samuel Morse)에 의해 주어진 전신선과 절연체에 관한 전기 저항값에 따르면,[6] 일반적인 장거리 전신선의 전류량은 길이와 날씨에 따라 0.015에서 0.1암페어까지 다양하다. 절연체의 결함으로 인해 일부 전류가 각각의 전신주를 타고 대지로 흘러들었고, 비가 내리면 이런 흐름이 증가하였다. 그리고 8Hz 주파수에 대한 지구 자기장 10^{-8}가우스(문헌에 나와 있는 값)를 적용하면, 단선만을 사용하던 초기 전신선에서 방출되는 자기장이 그 주파수에서 전신선의 양쪽 2~12마일(3~19km) 거리는 지구의 자연 자기장을 초과했을 것이라는 계산이 나온다. 또한, 지구는 균일하지 않고 지하수, 철 성분 퇴적물, 그리고 그 외 전도성 경로들이 있기 때문

6 Morse 1870, p.613.

에 이 경로를 통해 귀환전류가 이동할 수 있다. 따라서 사람들은 다양하게 변화하는 이 새로운 자기장 영역에 노출되기 마련이다.

도시에서 각 전신선은 0.02암페어를 전송하고 노출은 곳곳에서 이루어졌다. 예를 들어 런던통신사(The London District Telegraph Company)는 보통 최대 10개의 전신선 묶음을, 유니버설통신사(The Universal Private Telegraph Company)는 최대 100여 개의 전신선 묶음을 도시 전반에 걸쳐 도로와 지붕 위에 설치했다. 런던에서 사용된 장치와 부호는 미국에서 사용된 것과 다르지만, 전신선을 통해 흐르는 전류의 변동은 거의 유사하여 통신 기사가 분당 30단어를 전송하는 경우 초당 7.2의 진동을 나타낸다.[7] 유니버설 방식의 다이얼 전신은 실제로 전신선을 통해 교류전류를 보내는 수동 크랭크 방식의 자기 전기 기계였다.

존 트로우브릿지(John Trowbridge)라는 기업가 정신이 투철한 하버드대 물리학 교수는 양 끝이 접지된 전신선을 타고 흐르는 신호는 지정된 경로에서 이탈하여 멀리 떨어진 곳에서도 쉽게 감지될 수 있다는 자신의 확신을 실험해 보기로 마음먹었다. 그가 실험한 것은 하버드대의 시계탑에서 나오는 시간 신호가 케임브리지에서 보스턴까지 4마일(6.4km)의 거리를 유선으로 전송되는 과정이었다. 그가 사용한 수신기는 새로 발명된 전화였고, 길이가 500피트(152.4m)나 되는

7 당시 런던통신사는 단발성 기구(single-needle apparatus)와 한 글자당 평균 2.9 바늘 위치를 요구하는 알파벳 코드를 사용하고 있었다.

전신선 양쪽 끝은 접지되어 있었다. 트로우브릿지는 이런 식으로 지면을 두드리면 보스턴 방향만이 아닌 1마일(1.61km)에 이르는 다양한 지점에서도 시계탑 시계의 똑딱거리는 소리를 명확하게 들을 수 있다는 사실을 발견했다. 실험을 통하여 트로우브릿지는 땅이 표류전류에 의해 심각하게 오염되어있다는 결론을 내렸다. 그는 북미 대륙의 전신 시스템에서 발생하는 전기신호는 대서양 건너편에서도 감지될 수 있다는 것을 계산을 통해 밝혔다. 그는 충분히 강한 모스 신호가 양 끝이 접지된 와이어를 통해 캐나다 노바스코샤에서 미국 플로리다로 전송되었다면, 프랑스 연안에 있는 누군가도 그가 이용하는 것과 같은 방법으로 지면을 두드려서 그 신호를 들을 수 있어야 한다고 했다.

이 분야를 깊이 있게 연구하지 않은 많은 의사학(의학 역사) 전문가들은 신경쇠약증은 새로운 질병이 아니며, 아무것도 변하지 않았고, 19세기 말과 20세기 초의 상류층은 일종의 집단 히스테리로 고통받고 있다고 주장했다.[8]

잘 알려진 미국의 신경쇠약증자 명단은 마치 당시의 문학, 예술 및 정치 분야의 유명 인사처럼 보였다. 이 명단에는 프랭크 라이트(Frank Lloyd Wright), 윌리엄, 앨리스, 헨리 제임스(William, Alice and Henry James), 샬롯 길먼(Charlotte Perkins Gilman), 헨리 아담스(Henry Brooks Adams), 케이트 쇼팽(Kate Chopin), 프랭크 노리스(Frank

8 Gosling 1987; Lutz 1991; Shorter 1992; Winter 2004.

Norris), 에디스 와튼(Edith Wharton), 잭 런던(Jack London), 테오도르 드레저(Theodore Dreiser), 엠마 골드만(Emma Goldman), 조지 산타야나(George Santayana), 새뮤얼 클레멘스(Samuel Clemens), 테오도르 루즈벨트(Theodore Roosevelt), 우드로 윌슨(Woodrow Wilson), 그리고 그 밖의 유명한 인물들이 포함되어 있다.

옛날 교과서에서 신경쇠약증(neurasthenia)에 관한 내용을 접한 사학자들은 의학적 특수 용어의 변화로 인해 혼란스러웠다. 그러한 변화는 150년 전의 우리 사회에 어떠한 변화가 있었는지 이해하는 것을 어렵게 했다. 일례로, "신경과민(nervous)"이라는 용어는 프로이드(Freud)의 정의에 따라 함축된 의미가 포함되지 않은 상태로 몇백 년 동안 사용되었다. 오늘날의 언어에서는 단순히 "신경에 관련된(neurological)"을 의미한다. 죠지 샤인(George Chine)은 1733년 저서 『영국의 만성 질병(*The English Malady*)』에서 "신경 장애(nervous disorder)"라는 용어를 간질, 마비, 떨림, 경련, 수축, 감각 상실, 지능 약화, 말라리아 합병증, 알코올 중독에 적용했다. 로버트 와이트(Robert Whytt)의 1764년 "신경 장애"에 관한 논문은 신경학에서는 고전적이다. 이 논문을 보면 통풍, 파상풍, 공수병, 일종의 시각장애나 청각장애 등을 "신경장애"로 혼돈했을 수 있다. 이 혼돈은 임상의학에서 "신경에 관련된(neurological)"것 이라는 용어가 "신경이 과민한(Nervous)"을 대체하지 않았던 19세기 후반까지 계속되었다. 또 당시 "신경학(Neurology)"은 오늘날의 "신경해부학(neuroanatomy)"을 의

미했다.

오늘날 독자들에게 또 다른 혼란을 불러일으킬 수 있는 것은 마음(Mind)이 아닌 몸의 신경 상태를 나타내기 위해 오래전에 사용된 히스테리(hysterical)와 심기증(건강염려증, hypochondriac)이라는 용어다. "hypochondria(하이퍼콘드리아)"는 복부를 의미했고, "hystera(히스테라)"는 그리스어로 자궁을 뜻했다. 와이트(Whytt)는 논문에서 "hysterical"과 "hypochondriac" 장애는 내부 장기의 신경 질병이며, "hysterical"은 전통적으로 여성 질환에, "hypochondriac"은 남성 질환에 적용되는 것으로 설명하고 있다. 다시 말하면, 위, 장, 소화기관에 문제가 생겼을 때 환자 성별에 따라 "hypochondriac" 또는 "hysterical"이라고 불렀다. 환자가 발작을 일으키거나 졸도, 경련 또는 심계항진(심장 떨림) 증상이 생겼으나 장기에는 영향을 받지 않는 경우 그 증상은 그냥 "nervous"라 불렀다.

이러한 혼란을 더욱 가중시키는 것은 드라코니안 치료법(Draconian treatments) 이었다. 이것은 19세기까지 표준 의료행위였지만 그 자체가 종종 심각한 신경 문제를 일으켰다. 이러한 것들은 히포크라테스에 의해 기원전 5세기에 제시된 체액 병리학 이론에 기초한 것이다. 수천 년 동안 모든 질병은 담액, 황색 담액, 흑색 담액, 혈액 등 4가지 체액의 불균형으로 인해 발생한다고 믿어왔기 때문에 의학적 치료 목적은 부족한 체액을 보강하고 과다한 체액은 배출시키는 것이었다. 따라서 모든 환자는 질병의 경중을 막론하고 가스 제거, 음식 토하기, 땀 배출, 출혈, 약물 및 식이 요법 등을 결합하여 치료하는 것이었다. 약물들은 조제 과정에서 안티몬, 납 및 수은과 같은 중금속을 함유하고 있으므로 신경독을 유발하기 쉬웠다.

19세기 초에 이르자 일부 의사들은 체액 병리 이론에 의구심을 갖기 시작했다. 하지만 "신경학(neurology)"이라는 용어는 아직 현대적인 의미를 갖지 못했다. 당시 많은 질병이 자궁이나 내부 장기에 아무런 이상이 없음에도 여전히 "hysterical"과 "hypochondriac"이라 불리고 있는 것을 알게 된 많은 의사들은 신경계 질환에 관한 새로운 병명을 시도하게 되었다. 18세기 프랑스 의사 피에르 폼므(Pierre Pomme)의 "신체 증기 증상(vaporous conditions)"에는 생리통, 경련, 구토, 현기증이 있었다. 이 환자들 가운데 일부는 소변 불능, 각혈, 열, 천연두, 뇌졸중, 위독한 중병에 걸린 사람도 있었다. 질병이 목숨을 앗아가지 않으면 잦은 출혈로 인해 사망하기도 했다. 1807년에 발간된 토마스 트로터(Thomas Trotter)의 『신경과민 체질 개요(*A View of the Nervous Temperament*)』에는 기생충, 무도병(몸이 갑자기 제멋대로 움직이는 병), 떨림, 통풍, 빈혈, 생리불순, 중금속 중독, 열병, 죽음에 이르는 경련이 포함됐다. 이후 일련의 프랑스 의사들은 "다변형 신경 장애(proteiform neuropathy)", "신경 과잉 민감성(nervous hyperexcitability)", "신경 상태(nervous state)"와 같은 병명을 시도하기도 했다. 1851년 클라우드 산드라(Claude Sandras)가 저술한 『실용적 치료법(*Traité Pratique des Maladies Nerveuses*)』은 신경학의 전통적인 교과서다. 유진 뷰슈(Eugène Bouchut)가 1860년 저술한 『신경 상태(*l'état nerveux*)』는 사혈(죽은 피의 뭉침), 제3기 매독, 장티푸스, 유산, 빈혈, 하지마비, 기타 원인이 규명된 급만성 질환, 일부 치명적인 질병으로 고통받고 있는 환자들의 많은 병력을 포함하고 있다. 하지만 비어드(Beard)가 말한 신경쇠약증(neurasthenia)은 언급하지 않고 있다.

비어드가 세계의 이목을 집중시킨 그 질병에 관한 최초의 언급은 사실 1866년 뉴욕에서 출간된 오스틴 플린트(Austin Flint)의 의학 교과서에 있다. 벨뷰의대(Bellevue Hospital Medical College) 교수 플린트는 자신의 교과서에 신경쇠약에 관한 간추린 내용을 2쪽에 할애했는데 이는 3년 후 비어드가 대중화하려고 했던 것과 거의 같은 병명이었다. 그가 명명한 "신경쇠약증(nervous asthenia)" 환자들은 "나른함, 무기력감, 회복력 결핍, 팔다리 통증, 우울증을 호소한다. 그 환자들은 밤에 잠을 자꾸 깨다가 피로감을 느끼는 채로 일상생활을 한다."[9]

환자들은 빈혈이나 아무 장기 질환도 없었다. 그렇다고 그들이 그 병으로 죽는 것도 아니었다. 오히려 그들은 일반 급성 질환으로부터 보호받고 다른 사람들보다 평균적으로 더 오래 사는 것처럼 보였다. 이러한 사실은 후에 비어드와 다른 의사들에 의해 관찰되었다.

이러한 초기 출판물들은 눈사태의 시작인 셈이었다. 1889년 조르주 길레스 데 라 투레테(Georges Gilles de la Tourette)는 "지난 10년 동안 이루어진 신경쇠약증에 관한 연구 발표는, 예를 들어 지난 백 년

---

9 Flint 1866, pp.640-41.

동안 간질이나 히스테리아에 관하여 이루어진 연구 발표보다도 더 많다."라고 말했다.[10]

독자들로 하여금 그 질병과 원인에 관해 잘 알도록 하는 방법은 뉴욕의 저명한 여의사 자신이 그 질병으로 인해 고통받던 사례를 이야기하는 것이다. 그 당시 그녀의 사례를 미국 의학 전문지에 게재하고 거의 반세기 동안 그 원인을 밝히고자 노력했지만 아무런 결론을 얻지 못하고 결국 그 질환은 심리적인 문제에 기인한 것으로 결론 내렸다.

마가렛 클리브스(Margaret Abigail Cleaves)는 위스콘신 주에서 태어났고, 1879년 의대를 졸업했다. 그녀는 졸업 후 첫 직장으로 아이오와주 마운트 플레즌트(Mt. Pleasant)에 있는 주립병원 정신과 병동에서 근무했다. 1880년에서 1883년까지는 펜실베이니아 주립 루나틱 병원(Pennsylvania State Lunatic Hospital)의 여성 환자 담당 의사로 근무했다. 1890년에는 대도시로 이주하여 산부인과 및 정신과 전문 개인병원을 열었다. 1894년 나이 46세에 이르렀을 때 그녀는 신경과민증 진단을 받았다. 이때 달라진 것은 그녀가 전문 전기치료 요법을 시작하여 자신에게 과도한 전기 노출이 있었다

마가렛 클리브스(1848-1917)
(Margaret Abigail Cleaves, M.D.)

---

10 Tourette 1889, p.61.

는 것이다. 그 후 그녀는 1895년에는 실험실과 조제실을 둔 뉴욕 전기 치료 클리닉을 열었으나 그로부터 몇 달 지나지 않아 "건강이 완전히 상실된 상태"를 겪게 되었다고 말했다.

그녀가 시간대별로 기록하며 저술한 『신경쇠약증 환자의 자서전(*Autobiography of a Neurasthene*)』에 기술된 자세한 사항들은 이미 약 반세기 전에 비어드가 제시했던 전형적인 증상들을 묘사하고 있다. "나는 평화도 평안함도 밤도 낮도 알지 못한다." "나는 항상 신경 줄기와 말초신경의 통증, 신체의 지나친 민감성, 나비의 날개가 스치는 촉감마저도 견딜 수 없는 것, 불면증, 무기력함, 반복되는 정신적인 우울증, 글을 쓰고 학습할 때도 내가 원하는 대로 두뇌를 사용할 수 없는 증상으로 시달렸다."라고 했다.

한번은 그녀가 "일상적으로 해오던 칼질은 불가능할 뿐 아니라 식탁에서 나이프와 포크를 사용하는 것조차도 몹시 어려운 일이었다."라고 했다.

그녀는 만성피로, 소화불량, 두통, 심장 두근거림, 이명으로 시달리고 있었다. 도시의 소음도 견딜 수 없었고, 인(phosphorus)의 냄새와 맛을 느꼈다. 그녀는 햇빛에 매우 민감해져서 어두운 방에서 지내야 했으며 밤에만 밖으로 나갈 수 있었다. 그녀의 한쪽 귀는 점점 청력을 상실하고 있었다. 그녀는 대기 전기에 매우 민감한 영향을 받게 되어 좌골 신경통, 안면 통증, 강렬한 불안감, 공포감 및 "육신을 땅으로 짓누르는 것 같은 무게감"을 통해 기상 변화를 24시간에서 72시간 전에 예측할 수 있었다. "다가오는 전기 태풍의 영향으로 나의 뇌는 작동하지 않았다."라고 기록하고 있다.[11]

그녀의 생애 마지막 날까지 고통으로 시달렸음에도 불구하고, 그녀는 자신을 날마다 다양한 형태의 전기와 방사선에 노출시키면서 자신의 직업에 전념하였다. 그녀는 미국 전기치료요법 협회를 설립했고 매우 활동적인 회원이었다. 그녀의 저서 『빛 에너지(*Light Energy*)』에서는 치료적 요법으로 태양광, 아크등 불빛, 백열등 불빛, 형광등 불빛, 엑스선, 방사성 원소 등을 사용하는 방법을 다루고 있다. 그녀는 라듐을 암 치료에 사용한 최초의 의사였다.

그렇게 쉬웠음에도 어떻게 그녀가 모를 수가 있었을까? 그녀가 살았던 그때나 지금이나, 전기는 질병을 유발하지 않고, 신경쇠약은 마음이나 감정에 기인한다고 최종적인 결론이 나있다.

전신과 철도 근로자의 직업병

19세기 말과 20세기 초에는 그와 관련된 질병들이 언급되기도 했는데 일례로 전기 가까이에서 근무하는 사람들이 직업병으로 고통당하고 있다는 것이다. 예를 들어 프랑스 사람들이 말하는 "교환수의 경련(Telegrapher's cramp)"은, 고통이 교환수의 손에만 한정되지 않았기 때문에 보다 정확하게 말하면 "통신 질환(telegraphic sickness)"이

11 Cleaves 1910, pp.9, 80, 96, 168-69.

라는 직업병이다. 어니스트 오니무스(Ernest Onimus)는 1870년대 파리에서 있었던 고통스런 질병에 관해 진술했다. 환자들은 심장 두근거림, 현기증, 불면증, 약해진 시력, "공작용 집게가 뒤통수를 꽉 잡고 있는 듯한 느낌"으로 고통 받고 있었다. 그들은 탈진, 우울증, 기억상실 등으로 고통 받았으며, 몇몇 사람들은 통신 기사로 근무한 지 몇 년 후에 정신이상이 되기도 했다. 1903년 베를린의 의사 크론바흐(E. Cronbach)는 자신이 치료했던 17명의 통신직업 환자들의 사례를 발표했다. 6명은 손, 발, 전신에 과도한 땀이나 지나친 건조 증상이 있었으며 다섯 명은 불면증으로 시달렸다. 다섯 명은 점점 시력이 악화되었으며 다섯 명은 혀가 떨리는 증상이 나타났다. 4명은 청력을 상실했고, 3명은 불규칙한 심장박동 증상이 나타났다. 10명은 가정과 직장에서 불안하고 안절부절못하는 증상이 있었다. 1905년 익명의 통신 기사는 "우리의 신경은 산산이 부서지고 말았다. 활기차고 건강했던 느낌은 병적인 나약함, 정신적 우울증, 완전 탈진 상태가 되었다. 우리는 항상 질병과 건강 사이를 오락가락하며 완전한 인간이 아니라 겨우 반쪽짜리 인간에 불과했다. 젊음은 이미 고갈되어 늙어버렸고 그러한 우리에게 삶이란 고통스러운 짐이 되어버렸다. 우리의 기력은 이미 바닥이 나버렸고, 우리의 감각이나 기억력은 둔화되었고, 우리의 감수성은 줄어들었다."라고 했다. 한 익명의 근로자는 "잠잘 때 방출되는 전기가 건강의 위험을 초래했습니까?"라고 물었다.[12] 1882

12 Anonymous 1905.

년 에드먼드 로빈슨(Edmund Robinson)은 리드(Leeds)에 있는 우체국(당시 전화 교환수들이 근무했던 곳)에서 오는 환자들 가운데 유사한 증상을 나타내고 있다는 것을 알게 되었다. 그가 환자들에게 전기치료를 권장하자 그들은 "그런 종류의 어떤 치료도 거부했다."

그보다 훨씬 이전에 디킨스의 한 일화가 경고의 역할을 할 수도 있었다. 디킨스는 세인트 루크 정신 병원을 방문한 적이 있었다. 그는 다음과 같이 적고 있다. "우리는 듣지도 못하고 말도 못 하는 남자가 치료 불가능한 정신병으로 시달리는 것을 보고 그가 과거 어떤 직업에 종사하고 있었는지 물었다." 담당 의사였던 서덜랜드(Sutherland)는 "네, 그것이 무엇보다도 가장 중요한 것이지요, 디킨스 씨. 그 환자는 전신 메시지를 전송하는 일에 종사하고 있었지요."라고 했다. 1858년 1월 15일의 일이다.[13]

전화 교환수들 역시 평생 회복할 수 없는 건강 악화로 고통 받는 일이 허다했다. 언스트 베이어(Ernst Beyer)는 지난 5년간 그가 치료해온 35명의 전화 교환수들 가운데 단 한 명도 다시 직장으로 복귀하지 못했다고 기록했다. 헤르만 엥겔(Hermann Engel)은 그런 상태의 환자들이 119명 있었고, 베른하르트(P. Bernhardt)의 환자는 200명이 넘었다. 독일 의사들은 공공연하게 병의 원인이 전기에 기인한다고 했다. 1915년 칼 실링(Karl Schilling)은 관련 출판물 수십 편을 검토한 후 만성적 전기 노출에 대한 진단과 예방, 치료에 관한 임상 논문을 출간

13 Letter to W. Wilkie Collins, Jan. 17, 1858.

했다. 환자들은 전형적으로 두통과 어지러움, 이명증, 눈 안의 낀 물질, 맥박 항진, 심장 부위 통증, 심장 두근거림 증상이 있었다. 또 몸이 허하고 기진맥진하여 집중할 수 없었다. 잠을 잘 수가 없었고, 우울증과 불안감에 시달렸으며 떨리는 증상도 있었다. 과잉 반사작용이 나타났고 감각은 극도로 예민했다. 때로는 갑상선이 과민 반응했다. 드물게는 오랜 투병 끝에 심비대증이 나타나기도 했다. 이와 유사한 언급은 20세기 전반에 걸쳐 네덜란드, 벨기에, 덴마크, 오스트리아, 이태리, 스위스, 미국, 캐나다 의사들로부터 나오곤 했다.[14] 1956년 루이스 르 길란트(Louis Le Guillant)와 그의 동료들은 파리에서는 "이런 신경쇠약을 어느 정도 겪어 보지 않은 전화 교환수는 단 한 명도 없다."라고 보고하고 있다. 의사들은 기억에 구멍 난 환자(단편적 기억 장애 환자)를 기록했다. 환자들은 대화를 계속 이어갈 수 없거나 책을 계속 읽을 수 없었고, 아무 이유 없이 남편과 싸웠다든지 아이들에게 소리를 지르고, 복부 통증, 두통, 어지럼증, 흉부 압박, 이명, 시각장애, 체중 감량을 겪었다. 환자들의 1/3은 우울증이 있거나 자살했으며, 거의 대부분은 불안 장애가 있고, 절반 이상은 잠을 제대로 자지 못했다.

1989년 말경에 애날리 야시(Annalee Yassi)는 캐나다 마니토바 주 위니퍼그와 온타리오 주 세인트 캐더린에서 근무하는 전신 교환수 사

---

14 Gellé 1889; Castex 1897a, b; Politzer 1901; Tommasi 1904; Blegvad 1907; Department of Labour, Canada 1907; Heijermans 1908; Julliard 1910; Thébault 1910; Butler 1911; Capart 1911; Fontègne 1918; Picaud 1949; Le Guillant 1956; Yassi 1989.

이에 "심인성 질병(정신으로 인한 질병)"이 만연하고 있음을 발표했다. 그리고 몬터리올에 있는 캐나다 전화회사(Bell Canada)는 교환수 47%도 그들 직업과 연관된 두통, 피로, 근육통을 호소했다고 보고했다.

그리고 이것보다 좀 더 일찍 1862년에 영국의 유명 의학전문지 란셋(Lancet)이 만든 위원회가 조사한 "철도 척추병(railway spine)"이 있었다. 이 병은 사실 병명이 잘못됐다. 당시 위원들은 병의 원인이 열차의 진동과 소음, 속도, 나쁜 실내공기, 선로 이탈 불안감 때문이라 여겼다. 물론 이런 요소들이 열차에 있었고 그 증상에 일정 기여도 했다. 하지만 위원들이 생각하지 못한 더 중요한 것이 있었다. 1862년 무렵의 모든 철도는 위로 지나가는 하나 이상의 전화선과 그 선에서 발생하여 바로 밑으로 흐르는 회귀전류 사이의 샌드위치가 되어있었다. 회귀전류 일부는 금속으로 된 철도를 따라 흘렀고 그 위로 사람을 실은 열차가 지나갔다. 승객과 열차 기관원들도 일반적으로 통신 기사와 전화 교환수들이 불만을 제기했던 피로감, 불안감, 두통, 만성적인 현기증, 메스꺼움, 불면증, 이명, 나약함, 무감각증 등과 같은 고통에 시달렸다. 그들에게 빠른 심장박동, 도약 맥박, 안면 홍조, 흉부 통증, 우울증, 성 기능 장애 등이 나타났다. 어떤 이는 매우 심각하게 과체중이 되었고, 또 어떤 이는 코피를 흘리거나 피를 내뱉기도 했다. 그들은 안구가 안으로 빨려 들어가는 것처럼 잡아당기는 듯한 안구 통증이 있었다. 그들의 시력과 청력은 점차 나빠지고, 그러다 일부 사람들은 시각장애인이나 청각장애인이 되기도 했다. 당시 대다수 철도 직원들이 그랬던 것처럼 그들도 10년 후에는 신경쇠약 진단을 받았을 것이다.

신경쇠약증에 관해 비어드와 19세기 후반 의학계가 이룩한 가장 눈에 띄는 관찰은 다음과 같다.

- 그것은 철도 노선과 전신선을 따라 퍼져나갔다.
- 그것은 남녀, 가난한 자와 부유한 자, 지식인과 농부 모두에게 영향을 끼쳤다.
- 그것으로 고통 받는 사람들은 날씨에도 자주 민감했다.
- 그것은 때로는 보통 감기나 인플루엔자 증상과 비슷했다. 가족 전체에 영향이 나타났다.
- 그것은 일반적으로 가장 혈기왕성한 시기의 사람들에게 발생했다. 비어드에 따르면 15~45세, 클리브스에 의하면 15~50세, 데스로시어스(H. E. Desrosiers)는 20~40세,[15] 찰스 다나(Charles Dana)는 20~50세에 이르는 연령대로 보고했다.
- 그것은 술과 마약에 대한 내성을 약하게 했다.
- 그것은 사람들에게 알레르기와 당뇨병에 걸리기 쉽게 했다. 신경쇠약자는 평균보다 더 오래 사는 경향이 있었다.
- 때로는 신경쇠약증이 있는 사람들이 붉거나 짙은 갈색 소변을 배출하기도 했다.

심할 경우 나타나는 증상에 대해서는 제10장에서 다루어질 것

15 Desrosiers 1879, citing Jaccoud.

이다.

신경쇠약증과 전기 사이의 연관성을 마침내 밝혀낸 사람은 독일 의사 루돌프 아른트(Rudolf Arndt)였다. 전기를 도저히 견뎌내지 못하는 자신의 환자에 대해 그는 강한 호기심을 갖게 되었다. 그는 "너무 약해서 전류 측정기 바늘조차도 거의 움직이지 않고 다른 사람들은 전혀 느끼지도 못할 정도의 가장 약한 직류 전기에도 그들은 극도의 고통을 느꼈다."라고 기록하고 있다. 그는 1885년에 "전기민감성은 높은 수준의 신경쇠약증이다."라고 제안했다. 그리고 그는 전기민감성이 "지금 영문을 알 수 없고 설명하기 어려워 보이는 현상을 해명하는데 적잖은 기여를 할 것이다."라고 예언했다.

그가 이 글을 쓴 시기는 심지어 전기를 숭배하다시피 하면서 무조건적인 전기 수용에 사로잡혀, 세계 곳곳에 전신선을 설치하기 위해 집중적인 박차를 끊임없이 가하던 한창 때였다. 그는 이러한 글이 자신의 명예를 위험하게 한다는 것을 알고 있으면서도 쓴 것이다. 그가 제안했던 신경쇠약을 제대로 연구하는 데 있어 커다란 장애가 되었던 것은 전기에 별로 민감하지 않았던 사람들이 그 영향을 전혀 심각하게 받아들이지 않는다는 것이었다. 대신 그들은 신경쇠약증을 "신통력, 독심술, 영매가 결합된" 미신의 영역으로 간주했다.[16]

그 발전의 장애는 오늘날에도 여전히 우리 앞을 막고 있다.

---

16 Arndt 1885, pp.102-4.

새로운 병명 "공황장애"

1894년 12월, 전도유망한 비엔나의 한 정신과 의사는 대단한 영향을 준 논문을 썼다. 그 논문의 결과는 후대 사람들에게 엄청나고 불행한 것이었다. 그 의사 때문에 오늘날 흔한 신경쇠약은 사람이 살아가는데 보통 있을 수 있는 정상적인 요소로 인정되었고 외부 요인을 달리 찾을 필요가 없게 되었다. 또 환경성 질환, 즉 독성환경으로 생기는 질환은 존재하지 않는 것으로 널리 인정되고, 나타나는 증상은 잘못된 생각과 통제할 수 없는 감정에 기인하는 것으로 자동 인증된 것도 그 정신과 의사 때문이다. 오늘날 우리가 환경을 청결하게 하는 대신 수백만명의 사람들에게 자낙스(Xanax, 신경안정제), 프로작(Prozac, 항우울제), 졸로프트(Zoloft, 항우울제)를 복용시키는 것도 그 의사가 관련되어 있다. 백년전 전기가 통신뿐만 아니라 조명, 동력, 전차 등 모든 분야에서 최대로 사용되었던 축복의 여명기에, 지그문트 프로이트(Sigmund Freud)는 신경쇠약을 "불안 신경증"과 최악의 상태를 "불안 발작"이라는 새로운 병명으로 개명하였다. 오늘날 우리는 이것을 "공황장애"라 부르기도 한다.

불안증 외에도 프로이드가 열거한 증상들은 다음과 같다. 이 증상들은 의사들과 모든 "불안증" 환자, 그리고 전기 민감증이 있는 모든 사람들은 잘 알고 있을 것이다: 과민성(화를 잘 냄); 심장 두근거림, 부정맥, 흉부 통증; 숨 가쁨, 천식 발작; 다한증; 몸 떨림과 오한; 극심한 배고픔; 설사; 어지럼증; 혈관 순환장애(안면 홍조 및 사지 냉증 등); 무감각증과 따끔거림; 불면증; 메슥거림 및 구토; 빈뇨; 류머티즘 통증; 나약함; 기진맥진.

프로이드는 신경쇠약(Neurasthenia)을 정신질환으로 재분류하면서 그것의 물리적 원인을 밝히는 것을 중단했다. 그리고 거의 모든 경우를 "불안 신경증"으로 지정하고 그에 관해 종지부를 찍었다. 비록 그가 신경쇠약을 별개의 신경질환으로 구분한 듯했으나 관련된 다양한 증상을 남기지 않았다. 이후 서방 국가에서는 그 질환이 거의 잊혀졌다. 일부 영역에서는 그 질환이 원인 모르는 "만성피로 증후군"으로 전해 내려오고 있다. 많은 의사들 또한 심리적인 것으로 믿고 대부분 심각하게 여기지 않고 있다. 미국에서는 신경쇠약(Neurasthenia)이 흔히 "신경 이상(nervous breakdown)"이라고만 불리면서 그 명맥을 유지하고 있으나 그 기원은 아무도 기억하지 못한다.

국제질병분류(International Classification of Diseases, ICD-10)에는 신경쇠약 질환에 관한 고유번호 F48.0이 있지만, 미국 질병분류(ICD-10-CM)에서는 F48.0이 삭제되었다. 미국 분류에서 신경쇠약은 "그 외의 비심리적 정신질환(non-psychotic mental disorder)" 목록 중 하나에 불과하며 거의 한 번도 진단되지 않았다. 미국 병원에서 정신질환에 코드를 부여하는 공식적 시스템인 "진단과 통계 설명서(DSM-V)"에도 신경쇠약에 관한 코드는 없다.

하지만 그것은 북미와 서부 유럽에서만 내려진 죽음의 보증서였다. 여전히 전 세계의 반은 비어드가 의도한 방식으로 신경쇠약을 진단하고 있다. 아시아, 동유럽, 러시아, 구소련연방 공화국에서 신경쇠약은 일반 의료행위에서도 가장 많이 진단되는 질병 가운데 하나일 뿐만 아니라 오늘날 모든 정신질환 중 가장 흔한 질병이다.[17] 이것은 종종 만성적인 독성질환 증상으로 여겨진다.[18]

서구세계에서 신경쇠약이라는 용어가 점차 사라지는 1920년대에 중국에서는 처음으로 사용되기 시작했다.[19] 그 이유는 중국이 그때 막 산업화가 시작된 것이다. 유럽과 미국에서 19세기 말에 시작된 그 질환이 그 당시에는 아직 중국에 도달하지 못한 것이다.

러시아는 1880년대에 이르러 후발 유럽 국가와 함께 산업화되기 시작하면서 신경쇠약이 급속히 확산되었다.[20] 19세기 러시아 의학과 심리학은 신경생리학자인 이반 세케노프(Ivan Sechenov)의 영향을 많이 받았다. 그는 몸과 마음의 작용에 미치는 외부 자극과 환경적인 요인을 강조했다. 세케노프와 그의 뒤를 이은 제자 이반 파블로브(Ivan Pavlov)의 영향으로 러시아에서는 프로이드가 신경쇠약을 "신경 불안증(anxiety neurosis)"으로 재정의한 것을 받아들이지 않았다. 20세기 러시아 의사들은 신경쇠약을 유발하는 여러 가지 환경적 원인을 발견했다. 그중 가장 두드러진 것이 다양한 형태의 전기와 전자기 방사선

17 Kleinman 1988, p.103; World Psychiatric Association 2002, p.9. Flaskerud 2007, p.658 reports that neurasthenia is the second most common psychiatric diagnosis in China.
18 World Psychiatric Association 2002, p.10.
19 Tsung-Yi Lin 1989b, p.112.
20 Goering 2003, p.35.

이었다. 또 1930년대 초에 이르러 그들은 그 원인을 찾고 있었고 서방 국가는 그렇지 않았기 때문에, 러시아에서 "전파 질환(radio wave sickness)"이라 불리는 새로운 의학적 치료 대상이 발견되었다. **이 질환은 오늘날 현대화된 용어로 구소련의 의학 교과서 전반에 걸쳐 포함되어 있다. 하지만 서방 국가에서는 지금까지 무시되고 있다.** 여기에 관해서는 다음 장에서 언급하려고 한다. 전파 질환의 초기 증세는 신경쇠약 증상과 같다.

살아있는 생명체로서, 우리는 몸과 마음이 있고 그 둘을 결합하는 신경도 있다. **우리의 신경은 한때 그렇게 믿어왔던 것처럼 우주에서 발생한 전류 흐름이 오가는 단순한 통로만도 아니고, 오늘날 생각하는 것처럼 화학물질을 근육에 전달하는 정교한 전달자의 역할만 하는 것도 아니다. 우리의 신경은 두 작용 모두 한다.** 이제 곧 알게 될 것이다. 전달자의 역할로서 신경계는 독성화학물질에 의해 중독될 수 있다. 전류 흐름의 네트워크로는 신경계는 강력하거나 익숙하지 않은 전기 부하에 의해 쉽게 손상을 입거나 균형이 깨질 수 있다. 전기 부하는 우리의 신체와 정신 모두에 영향을 주고, 그 결과를 지금 우리는 불안 장애(anxiety disorder)로 알고 있다.

제6장

식물의 놀라운 전자파 감지력

나는 자가디스 보스(Jagadis Chunder Bose)의 연구를 처음 본 순간 놀라움을 금치 못했다. 인도 동벵골(East Bengal)의 공무원의 아들로 태어난 보스는 영국 케임브리지대에 입학하여 자연과학 학위를 받은 후 고국으로 돌아갔다. 물리학과 식물학의 천재였던 그는 예리한 관찰력과 정밀 측정기계 설계에 남다른 재능이 있었다. 모든 생명체는 같은 기본 원칙을 공유한다는 직관력을 가졌던 그는 일반 식물들의 움직임을 1억배나 크게 확대하고 자동으로 기록할 수 있는 정밀 기계를 만들어 동물학자들이 동물의 행동을 연구하는 방법으로 식물의 행동을 연구했다. 그 결과 그는 특별히 미모사나 파리지옥처럼 움직이는 식물이 아닌, "일반적인" 식물에서도 신경을 찾아낼 수 있었다. 그는 실제로 식물의 신경을 분리했고 동물의 신경처럼 행동 잠재력이 있다는 것을 증명했다. 그는 생리학자들이 개구리의 좌골신경에 했던 것과 같은 방법으로 양치류 식물의 신경에 전기 전도실험을 했다.

자가디스 천더 보스 경(1858-1937)
(Sir Jagadis Chunder Bose)

보스는 식물 줄기에 수액을 뿜어 올리는 것을 담당하며 특별한 전기 성격을 띠고 있는 맥동 세포(pulsating cell)의 위치를 찾아냈다. 그는 맥동을 1,000만 배 확대하는 자성 맥동 기록기(magnetic sphygmograph)라는 것을 만들고 수액의 압력 변화를 측정했다.

나는 지금의 식물학 교과서에는 식물도 심장, 신경계와 같은 기관을 갖고 있음을 나타내는 암시조차 없음을 알고 놀라지 않을 수 없었다. 보스가 저술한 『식물의 반응(*Plant Response, 1902*)』, 『식물의 신경 기작(*The Nervous Mechanism of Plants, 1926*)』, 『수액 상승 원리(*Physiology of the Ascent of Sap, 1923*)』, 『밝혀진 식물의 특성(*Plant Autographs and Their Revelations, 1927*)』과 같은 책은 도서관 자료 열람 목록에서 점차 사라지고 있다.

전기 자극과 농업 생산량 변화

하지만 보스는 단지 식물의 신경을 발견한 것 이상의 업적을 남겼다. 그는 식물의 신경에 전기와 전파가 미치는 영향을 시연했고, 개구리의 좌골신경에서 있었던 것과 유사한 결과를 도출해냄으로써 모든 생명체는 전자기 자극에 예민하게 반응하는 것을 증명했다. 이 분야에서 보스의 전문성은 의심할 여지가 없었다. 보스는 1885년 인도 캘커타(Calcutta) 프레지던시 대학(Presidency College)의 물리학 교수로 임명되었다. 그는 고체 물리학 분야에도 기여했고 마르코니(Marconi)가 대서양을 가로질러 보낸 최초의 무선 메시지 해독에 사용된 무선 전신용 검파기(Coherer)를 발명했다. 사실 보스는 마르코니가 영국 솔즈베리 평원에서 처음으로 시연하기 1년 전인, 1895년에 캘커타 강연장에서 무선 통신에 관해 대중 앞에서 공개 시연했다. 하지만 그는 특허도 내지 않았고, 발명에 관해 대중의 관심을 추구하지 않았다. 대신 그는 여생을 식물의 행동에 관한 보잘것없는 연구를 위해 그러한 기술적인 추구를 포기했다.

보스는 식물에 전기를 적용하는 것에 관하여 이미 150년이나 된 전통을 세운 것이다.

마찰 기계로 식물에 처음 전기 자극을 실험한 사람은 스코틀랜드 에딘버러(Edinburgh)의 메인브레이(Mainbray) 박사였다. 그는 두 그루의 도금양(myrtle) 나무를 1746년 10월 내내 마찰 기계와 연결시켜 놓았다. 그러자 그해 가을에 마치 봄인 것처럼 새로운 가지와 꽃봉오리가 생겨났다. 이듬해 10월, 이 소식을 접한 아베 놀렛(Abbé Nollet)은 파리에서 더욱 엄격한 일련의 실험을 시작했다. 놀렛은 카르투지안

(Carthusian) 수도승과 프랑스 근위대 병사들과 함께 그의 실험실 양철 그릇에서 싹을 틔운 겨자씨에 전기 자극을 주었다. 전기 자극을 받은 싹은 보통보다 4배가 더 컸지만 줄기는 훨씬 약하고 더 가늘었다.[1]

그해 12월 크리스마스 무렵, 장 잘라베트(Jean Jallabert)는 노랑 수선화(jonquil), 히아신스(hyacinth), 그리고 물병에 담겨있는 수선화(narcissus) 알뿌리에 전기 자극을 주었다.[2] 다음 해 조지 보스(Georg Bose)는[3] 독일 비텐베르그(Wittenberg)에서 아베 메논(Abbé Menon)은[4] 프랑스 앙제스(Angers)에서 식물에 전기 자극을 주었다. 그리고 나머지 18세기 식물 성장과 관련한 시연은 마찰 전기를 연구하는 과학자들 사이에서 매우 활발하게 일어났다. 항상 그런 것은 아니지만 일반적으로 그렇게 생기를 얻은 식물들은 더 일찍 싹을 틔우고, 더 빠르게 성장하고 오래 살았으며, 더 빨리 꽃이 피었고, 더 많은 잎새가 나오고, 더 튼튼했다.

장폴 마라(Jean-Paul Marat)는 대기 온도가 영상 2°C 정도인 12월에도 전기 자극을 받은 상추 씨앗은 발아하는 것을 관찰했다.[5]

1775년, 이태리 토리노(Turin)의 지암바티스타 베카리아(Giambattista Beccaria)는 이 효과를 농업에 유익하게 사용할 것을 제안한 최초의 사람이다. 곧이어 같은 토리노의 프란시스코 가르디니(Francesco

1 Nollet 1753, pp.356-61.
2 Jallabert 1749, pp.91-92.
3 Bose 1747, p.20.
4 Bertholon 1783, p.154.
5 Marat 1782, pp.359-60.

Gardini)는 우연히 그 반대에 해당하는 나쁜 영향을 발견하게 되었다. 즉 자연 대기의 전기장을 상실한 식물 또한 성장이 저조하다는 것이었다. 대기 전기를 측정하기 위하여 지면 위로 철사를 연결하여 만든 망를 설치했다. 하지만 그 철망이 우연히 수도원의 정원 위로 지나가게 되어 측정하려고 했던 대기 전기를 차단하게 되었다. 철망이 설치되었던 3년 동안, 그곳을 관리했던 정원사들은 과일과 곡식의 수확이 다른 곳에 비해 50~70%나 적다고 불평했다. 그래서 철망은 제거되었고 수확량은 다시 정상으로 돌아왔다. 가르디니는 주목할 만한 추론을 얻어내고는 다음과 같이 말했다. "키가 큰 식물들은 그 밑에 있는 식물들에 대해 빛과 열을 차단할 뿐 아니라 대기장 전기를 흡수하기 때문에 성장에 해로운 영향을 준다."[6]

로스(W. Ross)는 작물 재배에 전기를 활용했던 많은 사람 중 첫 번째에 해당한다. 1844년 그는 훔볼트가 빛과 맛의 감각을 매우 성공적으로 도출해 냈던 것과 유사한 방법으로, 단지 부피만 큰 1볼트짜리 배터리를 이용하여 작물을 크게 하려는 시도를 했다. 로스는 길이 5피트(1.52m) 폭 14인치(35.6cm) 구리판을 감자 이랑의 한쪽 끝부분에 묻고, 200피트(61m) 떨어진 다른 한쪽에는 아연판을 묻은 다음 구리판과 아연판을 전선으로 연결했다. 그리고 로스는 7월에 전기가 설치된 이랑에서는 평균 지름 2.5인치(6.4cm) 감자를 수확하고 전기가 설

6 Quotation in Hull 1898, pp. 4-5.

치되지 않은 이랑에서는 겨우 1.5인치(3.8cm) 감자를 수확했다.[7] 1880년 핀란드 헬싱포르(Helsingfors) 대학 셀림 렘스트롬(Selim Lemström) 교수는 전기를 일으키는 마찰 기계(friction machine)를 이용하여 작물에 대한 대규모 실험을 했다. 그는 작물 위로 마찰 기계의 양(+)극에 연결된 뾰족한 철선 망을 걸어두었다. 그는 몇 년 동안 실험을 계속한 결과 작물의 종에 따라 성장과 촉진을 달리한다는 사실을 발견했다.

성장 촉진 작물	밀, 호밀, 보리, 귀리, 사탕무(beets), 파스닙(parsnips), 감자, 샐러리(celeriac), 콩, 부추(leeks), 산딸기(raspberries), 딸기
성장 억제 작물	완두콩, 당근, 콜라비(kohlrabi), 루타베가(rutabagas, 순무의 일종), 순무(turnips), 양배추, 담배

1890년, 프랑스 보바이스(Beauvais)에 있는 농업연구소 소장인 브로더 폴린(Brother Paulin)은 벤자민 프랭클린(Benjamin Franklin)이 연을 이용했던 것과 같은 방식으로 대기 전기를 끌어내기 위해 "게오마그테티페레(géomagnétifère)"라는 장비를 발명했다. 40~65피트(12.2~19.8m) 높이의 기둥 꼭대기에는 쇠로 된 전기 수집 막대가 있고 이것은 뾰족한 다섯 갈래로 나누어졌다. 경작지 1헥타르(1만 m^2)마다 그 기둥이 4개씩 설치되었고 수집된 전기는 토양으로 전달되고 땅속 전선에 의해 작물로 분배되었다.

당대 신문기사에 따르면 그 효과는 시각적으로 가히 놀라운 것이

7 Stone 1911, p.30.

었다. 수퍼 작물처럼, 구획 안의 감자들은 주변 작물들보다 훨씬 푸르고 컸으며, "두 배나 왕성하게 자랐다." 전기가 통하는 구역 내의 감자 수확량은 바깥보다 50~70%나 높았다. 포도밭에서 같은 실험을 한 결과 당도가 17%나 더 높은 포도 주스와 알코올 함량이 매우 높은 와인이 생산되었다. 시금치, 샐러리, 무우, 순무 농장에서 이루어진 실험도 마찬가지로 대단히 효과적이었다. 다른 농장주들도 유사한 장치를 사용하여 밀, 호밀, 보리, 귀리, 건초의 생산량을 향상시켰다.[8]

마찰전기, 아주 약한 전기 배터리, 대기 전기장과 관련된 모든 실험을 통해 우리는 식물에 영향을 주기 위해서는 크게 높은 전류가 필요하지 않다는 사실에 의구심을 갖게 될 수도 있다. 하지만 19세기 말까지 그러한 실험은 정밀도가 부족했고 정확한 측정도 할 수가 없었다.

그럼 여기서 다시 자가디스 보스 이야기로 돌아 가보자.

1859년, 에두아르 푸뤼거(Eduard Pflüger)는 전류가 동물의 신경에 어떻게 영향을 미치는가를 설명하는 간단한 법칙을 만들었다. 만약 두 전극이 신경에 부착되고 갑자기 전류가 켜지게 되면, 음전극(또는 음극)은 순간적으로 주변의 신경 부분을 자극하게 된다. 반면 양전극(또는 양극)은 감쇄(자극을 줄이는) 효과를 가져온다. 전류가 끊어지는 순간 반대 현상이 발생한다. 푸뤼거는 음극의 자극성은 전류가 흐를 때 증가하고 끊어지면 감소한다. 양극은 그 반대다. 전류가 계속 흐르기만 하고 변하지 않는 한, 아마 신경 활동은 전류가 무엇이든 영향을

8 Paulin 1890; Crépeaux 1892; Hull 1898, pp.9-10.

받지 않을 것이다. 150년 전에 만들어진 푸뤼거의 법칙(Pflüger's Law)은 지금까지 널리 인정되고 있으며 전기 회로의 연결 및 차단 시 충격을 예방하도록 설계된 현대 전기안전 규정의 기초가 되지만, 체내로 들어오는 저준위의 연속적인 전류는 대수롭지 않다고 추정되기 때문에 막아주지 못한다.

불행하게도 푸뤼거의 법칙은 사실이 아니다. 그리고 보스가 그것을 처음으로 증명했다. 푸뤼거 법칙의 한가지 문제점은 1밀리암페어 단위의 비교적 강한 전류를 이용한 실험에 기초했다는 것이다. 하지만 보스가 보여준 바와 같이 그 수준에서도 그것은 정확하지 않았다.[9] 보스는 백년전 훔볼트가 했던 것과 같은 방식으로 자신에게 실험을 하면서 2볼트짜리 기전력을 피부 상처에 적용한 결과 놀랍게도 음극은 전류 연결이 시작될 때와 흐르고 있는 동안, 두 경우 모두 상처를 더욱 고통스럽게 했다. 양극은 전류 연결이 시작될 때와 흐르고 있는 동안, 두 경우 모두 상처를 진정시켰다. 하지만 훨씬 낮은 전압을 적용했을 때는 정반대 현상이 나타났다. 3분의 1볼트를 적용했을 때는 음극은 진정시켰고 양극은 자극했다.

자신의 신체에 실험한 보스는 식물학자로서 식물에 유사한 실험을 시도했다. 보스는 20센티미터 길이의 양치식물(고사리)의 신경을 채취한 후, 단 10분의 1볼트의 기전력을 양 끝에 적용했다. 이것은 신경을 통해 약 3천만 분의 1암페어 전류를 보냈거나 또는 대부분의 현

9 Bose 1907, pp.578-86, "Inadequacy of Pflüger's Law."

대 생리학자들과 안전규정을 만드는 사람들이 생각하는 수준의 전류보다 1천 배나 낮은 전류를 보낸 것이다. 다시 말하면, 이렇게 낮은 수준의 전류에서 보스는 푸뤼거의 법칙과 극명하게 반대되는 것을 발견했다. 즉 양극은 신경을 자극하고 음극은 반응을 감소시켰다. 분명히, 동물뿐만 아니라 식물에서도 전기는 전류의 강도에 따라 정반대의 영향을 줄 수도 있다.

특정 조건에서는 효과가 어느 방식으로도 일관성이 없었기 때문에 보스는 여전히 만족할 수 없었다. 보스는 아마도 푸뤼거의 법칙이 틀렸을 뿐만 아니라 지나치게 단순하다고 추측했다. 그는 적용된 전류가 신경이 반응하는 역치(threshold)를 변화시키는 것이 아니라 신경의 전도성을 변화시킨다고 추측했다. 보스는 신경 기능은 수용액에 있는 화학물질에만 의존해서 나타나는 깔끔한 양자택일(all-or-nothing) 반응이라는 당시 사회적 통념에 의문을 제기했다.

보스는 계속되는 실험을 통해 의구심을 극적으로 확신시켰다. 신경이 어떻게 작동하는지에 대하여 지금의 21세기까지 여전히 존재하는 기존 이론과는 달리, 계속해서 가해지는 전류는 그것이 아무리 미미한 것이라도 동물과 식물의 신경 전도성을 심각하게 변화시킨다는 사실을 보스는 실험으로 밝혀냈다. 만약 가해진 전류가 신경작동과 같은 방향이라면, 그 작동의 속도는 점차 느려졌다. 특히 동물의 경우 자극에 대한 근육 반응이 점차 약해졌다. 만약 가해진 전류가 반대 방향이었다면, 신경작동은 더 빠르게 전달되고 근육은 더욱 격렬하게 반응했다. 보스는 전류의 강도와 방향을 조절함으로써 동물과 식물에서 신경을 자극에 더욱 또는 덜 민감하게 하거나 전도 자체를 완전히 차단하여 신경 전도를 원하는 대로 조절할 수 있다는 것을 발견했다. 그리고 전류가 차단된 후에는 되돌아오는 효과가 관찰되었다. 만일 주어진 전류의 양이 전도성을 감소시켰다면 신경은 전류가 차단된 후에 과민 반응하게 되고 일정 기간 그 상태를 유지하게 된다. 한 실험에서는 3마이크로암페어의 짧은 전류흐름이 신경 과민성을 40초 동안 유발했다.

전류 세기에 따른 성장 촉진과 억제

극도로 미미한 전류도 충분히 작용했다. 식물의 경우 1마이크로암페어 그리고 동물은 3분의 1마이크로암페어 정도의 전류가 신경 작용을 약 20% 정도 느리게 하거나 빠르게 했다.[10] 이것은 1볼트짜리 배터리의 양쪽 끝을 만지면 우리의 손을 통해 흐르게 되거나, 전기담요를 덮고 자면 우리 몸으로 흐르게 되는 전류의 양에 해당한다. 이것은 우리가 휴대전화로 통화를 할 때 뇌에서 유도되는 전류보다 훨씬 적은 것이다. 그리고 곧 알게 되겠지만, 성장에 영향을 주는 전류는 신경 활동에 영향을 주는 것보다 훨씬 적은 양을 필요로 한다.

1923년 영국 임페리얼(Imperial) 대학의 농학 연구원 버논 블랙맨

---

10 Bose 1915.

(Vernon Blackman)은 현장 실험에서 1에이커(4,050m²)당 평균 1밀리암페어 전류가 여러 종류의 농작물 수확량을 20%가량 증가시킨다는 것을 발견했다. 그의 계산에 따르면 각 식물을 통과하는 전류는 단지 100피코암페어(picoamperes)에 불과했다. 이는 보스가 신경 자극이나 약화를 위해 필요한 것이라고 발견했던 전류보다 1,000배나 적다.

하지만 현장에서 관측한 결과는 일관성이 없었다. 그래서 블랙맨은 그의 실험을 노출과 성장 조건 모두 정밀하게 통제될 수 있는 실험실로 옮겼다. 보리는 유리관에서 발아했고, 직류 전기 충전기로 약 1만 볼트까지 충전된 금속이 각 발아된 식물 위에 다양한 높이로 설치되어 있었다. 각 발아된 식물을 통과하는 전류는 갈바노미터(galvanometer)로 정확하게 측정되었다. 블랙맨은 50피코암페어 전류를 하루에 단 한 시간만 적용하면 성장을 최대로 높일 수 있다는 것을 발견했다. 적용 시간을 증가시키면 효과는 감소했다. 전류를 0.1마이크로암페어로 증가시키는 실험을 반복했지만 모든 경우 해로웠다.

1966년, 펜실베이니아주립대의 로렌스 무르(Lawrence Murr)와 동료들은 블랙맨의 발견을 재확인했다. 그들은 옥수수와 강낭콩의 실험에서 약 1마이크로암페어 정도의 전류는 성장을 저해하고 잎을 손상시키는 것을 확인했다. 그리고 그들은 한 단계 더 나아가 성장에 영향을 미칠 수 있는 가장 적은 전류를 찾는 실험을 하기 시작했다. 그 결과 그들은 1,000조분의 1암페어 보다 큰 전류는 식물의 성장을 촉진시킨다는 것을 발견했다.

보스는 무선 통신 실험에서 식물의 성장률을 천만 배나 확대하여 기록할 수 있는 자기 관측 장비(magnetic crescograph)를 사용했다.[11] 보스는 무선통신기술에도 전문가임을 기억할 필요가 있다. 그가 집의 한쪽 끝에 무선 송신기를 설치하고 약 200미터 떨어진 다른 쪽 끝에 있는 수신 안테나에 식물을 부착시켰을 때, 아주 짧은 무선 송신일지라도 단 몇 초안에 식물의 성장률을 변화시키다는 사실을 발견했다. 그의 설명을 보면, 당시 방송 주파수는 약 30MHz였지만 출력에 관한 언급은 없다. 하지만 보스는 "아주 약한 자극"은 식물의 즉각적인 성장 가속을 유발했고, "보통 수준"의 전파 에너지는 성장을 지연시켰다고 기록했다. 보스는 다른 실험에서 라디오파에 노출되면 수액 상승이 지연된다는 것을 증명했다.[12]

1927년에 내려진 보스의 결론은 가히 충격적이고 미래에 대한 예언이었다. 그는 다음과 같이 기록하고 있다. **"식물이 감지할 수 있는 전자파의 범위는 인체에 비해 상상을 초월할 정도로 폭이 넓다. 또 식물은 방대하고 미약한 전파 스펙트럼의 모든 주파수를 감지하고 반응한다.** 아마 우리 인체의 감각은 식물에 비하면 매우 제한적이라고 하는 것이 좋을 것이다. 만약 그렇지 않다면 우리는 벽돌담도 쉽게 통과하는 우주 전자파의 계속되는 자극을 참아낼 수 없을 것이다. 밀폐된 금속 방만이 우리의 유일한 보호 수단이 될 것이다."[13]

---

11 Bose 1919, pp.416-24, "Response of Plants to Wireless Stimulation."
12 Bose 1923, pp.106-7.
13 Bose 1927, p.94.

제7장

전기 시대의 시작과 인플루엔자

1876년 3월 10일 유명한 일곱 단어("Mr. Watson, come here, I want you." 왓슨씨 이리 오십시오, 나는 당신이 필요합니다.)가 이미 전선으로 뒤얽혀 있는 세상에 더 엄청난 전선의 눈사태를 불러왔다.

사막의 생명체가 물을 기다리듯 수백만의 사람들이 전화에 관한 얘기를 듣고 깊은 관심을 보이고 있었다. 1879년에 뉴욕시 전체를 통틀어 단 250명만 전화기를 보유하고 있었지만, 불과 10년 후에는 전신주가 빽빽이 들어찬 숲을 이루었다. 전화 하나 때문에 같은 땅에서 엄청난 변화가 일어났다. 80~90피트(24.4~27.4m)의 높이의 전신주 위에 30여 개의 막대기가 가로질러 있었고 그곳에는 300여개의 전선이 걸려있었다. 전선 때문에 태양 빛이 가려지고 대낮에도 도로가 어두워졌다.

<그림 7-1> 1888년 뉴욕시 눈보라(뉴욕시 박물관 제공)

전등산업은 대략 비슷한 시기에 구상되었다. 몇몇 네덜란드 선구자들이 자신들의 열정적인 제자들에게 유리병에 전기 유체를 저장하는 방법을 전수한 지 126년이 지난 후, 벨기에의 제노브 그램(Zénobe Gramme)은 유리병의 뚜껑을 제거하는 지식을 그 선구자들의 후예들에게 알려주었다. 그의 대단한 발명은 사실상 무한한 전기 생산을 가능하게 했다. 1875년에 이르러서는, 눈부신 탄소 아크 램프가 프랑스와 베를린의 야외 공공장소를 밝히고 있었다. 1883년 무렵, 2천볼트 송전선이 런던 서쪽 주거지역 지붕 꼭대기를 지나고 있었다. 한편 토마스 에디슨(Thomas Edison)은 침실과 부엌에 더욱 적합한 작고 온화

<그림 7-2> 1889년경 메릴랜드주 볼티모어, 칼버트 앤 저만 스트리트
(*E. B. Meyer*, Underground Transmission and Distribution, *McGraw-Hill, N.Y.*, 1916)

한 불빛의 현대식 백열전구를 발명했다. 1881년 에디슨은 뉴욕시 펄 스트리트에 외곽 지역의 고객에게 직류전기를 보급하기 위한 수백여 기의 송전소 중 첫 번째를 건설했다. 이러한 송전소로부터 뻗어 나오는 굵은 전선들은 곧바로 가는 전선들과 연결되었다. 이렇게 만들어진 전기 숲의 높은 가지 사이로 드리워진 전선은 미국 전역에 걸쳐 도시의 거리에 어두운 그림자를 드리우게 되었다.

다음에는 교류전류(AC)라는 다른 종류의 발명이 함께 뿌리내렸다. 에디슨을 비롯한 많은 이들은 교류전류가 지나치게 위험해서 뿌리째 뽑아 제거하고 싶었지만, 그 경고는 헛수고였다. 1885년경에는, 카롤리 지퍼나우스키(Károly Zipernowsky), 오티스 블라티(Otis Bláthy), 맥스 데리(Max Déri)라는 헝가리인 3인조는 교류전류의 생산과 송전 설비 시스템을 설계하고 유럽 전역에 설치하기 시작했다.

1887년 봄 미국에서, 조지 웨스팅하우스(George Westinghouse)는 교류전류 시스템을 채택했고 "전류 전쟁"은 한층 더 격렬해졌다. 웨스팅하우스는 세계의 미래를 위해 에디슨과 겨루었다. 짧은 전쟁의 마지막 기습 공격으로 사이언티픽 아메리칸(Scientific American, 1889년 1월 12일 발간)이라는 과학잡지에 다음과 같은 도전적 내용이 실렸다.

> 직류와 교류 전류 옹호자들은 두 시스템의 상대적인 유해성을 근거로 하여 서로 신랄한 공격을 하게 되었다. 어떤 엔지니어는 이 문제를 해결하기 위해 일종의 전기 결투를 제안하기도 했다. 그는 상대측에서 교류전류를 받는다면 자신은 직류전류를 받겠다

고 제의했다. 처음에는 양측은 같은 전압으로 전류를 받고, 한쪽이 무릎을 꿇고 대결을 포기할 때까지 전압을 점진적으로 올리는 것이다.

당시 뉴욕주가 사형수들을 처형하는 새로운 방법으로 전기의자를 채택하게 됨으로써 이 문제에 답을 내놓았다. 하지만 대결에서는 더 위험했던 교류가 승리했다. 양측이 공격했던 전류의 위험성보다 상업적 이익이 승패를 갈라놓았다. 장거리 전력 공급업자들은 일반 전선으로 이전에 필요했던 방법보다 1만 배나 많은 전력을 송전할 수 있는 경제적인 방법을 찾아야만 했다. 당시 가능했던 기술로는 직류 방식은 경쟁력이 없었다.

전기기술은 이렇게 초기부터 조심스럽게 씨가 뿌려지고, 비료를 주고, 물을 주고, 길러져, 야외로 하늘로 지평선 너머 모든 방향으로 퍼져나갔다. 니콜라 테슬라(Nikola Tesla)는 다상 교류 전기모터(polyphase AC motor)를 발명하여 1888년 특허를 받았다. 이 모터는 단순히 조명뿐만 아니라 동력으로 전기를 사용할 수 있게 함으로써 산업계에서 가장 필요한 부분을 제공하는 역할을 했다. 1889년, 조지 비어드(George Beard) 박사가 신경쇠약(neurasthenia)이라는 질병을 처음 언급했을 때, 세계는 상상할 수 없을 정도로 매우 급격하게 전기 보급이 이루어지고 있었다. 당시의 많은 사람은 통신기술이 "시간과 공간을 소멸시켰다."라고 했다. 하지만 20여 년이 지난 후 전기모터는 통신기술을 어린이 장난감처럼 보이게 했고, 전기차는 도시 외곽으로 폭발적인 확장을 할 기세였다.

1888년 초 미국에서는 총 48마일(77.2km)의 선로 위로 단지 13개의 전기철도가 운행되고 있었고, 유럽 전역에서도 거의 비슷한 정도였다. 1889년 말에는 철도산업은 극적인 성장을 이루어 미국에서만 대략 1천마일(1,609km) 정도의 선로가 전기화되었다. 다음 해에는 그 숫자가 다시 3배나 증가하게 되었다.

1889년은 인간이 만든 전기가 지역적인 양상이 아닌 전 지구적인 대기 장애를 발생시킨 해다. 그해 에디슨 제너럴 일렉트릭사(Edison General Electric Company)가 설립되었고, 웨스팅하우스 일렉트릭사(Westinghouse Electric Company)는 웨스팅하우스 전기생산회사(Westinghouse Electric and Manufacturing Company)로 재탄생했다. 그해 웨스팅하우스는 테슬라의 교류전기 특허를 사들여 발전소를 건설하기 시작했고, 1889년에 150개 발전소가 1890년에는 301개로 증가했다. 영국에서는 1888년 전기 조명법 개정으로 전기산업에 관한 규제가 완화되고 중앙 발전소가 처음으로 상업적으로 만들어지는 것이 가능하게 되었다. 1889년에 통신엔지니어와 전기기사 협회(Society of Telegraph Engineers and Electricians)의 명칭을 변화된 현실에 더욱 적합한 전기 엔지니어 협회(Institution of Electrical Engineers)로 바꾸었다. 당시(1889년) 10개 나라에서 백열전구를 생산하는 기업이 61개에 달했다. 미국과 유럽에 있는 기업들이 중남미에도 공장을 짓고 있었다. 그해 사이언티픽 아메리칸(Scientific American)이라는 과학잡지는 "우리가 알고 있는 바로는, 미국의 모든 도시는 아크등과 백열전구가 보급되었으며, 지금 소도시까지 급속히 확대되는 중이다."라고 보도했다.[1] 같은 해 찰스 다나(Charles Dana)는 의학잡지(Medical Record)에 과거에는 번개에 의해서만 발생했던 새로운 형태의 부상자에 관해 발표했다. 이들이 나타나는 이유는 "현재 전기의 실용화가 놀랄만하게 증가하고 있고, 조명과 동력 분야 자체에만 약 1억 달러가 투자되었기 때문이다."라고 했다. **당시(1889년) 대부분의 역사학자들은 현대 전기 시대가 열렸다는 것에 의견을 같이했다.**

그리고 1889년에는, 갑자기 하늘에 구멍이라도 난 듯, 미국, 유럽, 아프리카, 오스트레일리아의 의사들은 이상한 질병에 시달리고 있는 환자들이 쇄도하는 탓에 주체할 수 없었다. 이병은 갑자기 어딘가에서 천둥 번개처럼 나타났으며, 의사들은 과거에 한 번도 보지 못한 질병이었다. **그 질병은 인플루엔자이었으며, 세계적인 유행병이 되어 4년간이나 지속되면서 적어도 1백만 명은 사망했다.**

인플루엔자는 전기 질병이다

과거 수천 년 동안 일관성을 유지해 오던 인플루엔자가 1889년 갑자기 성질이 급변했다. 이유도 없고 설명도 불가능했다. 약 반세기 전 1847년 11월에 발생한 인플루엔자는 잉글랜드 지방 대부분을

---

1 *Scientific American* 1889d.

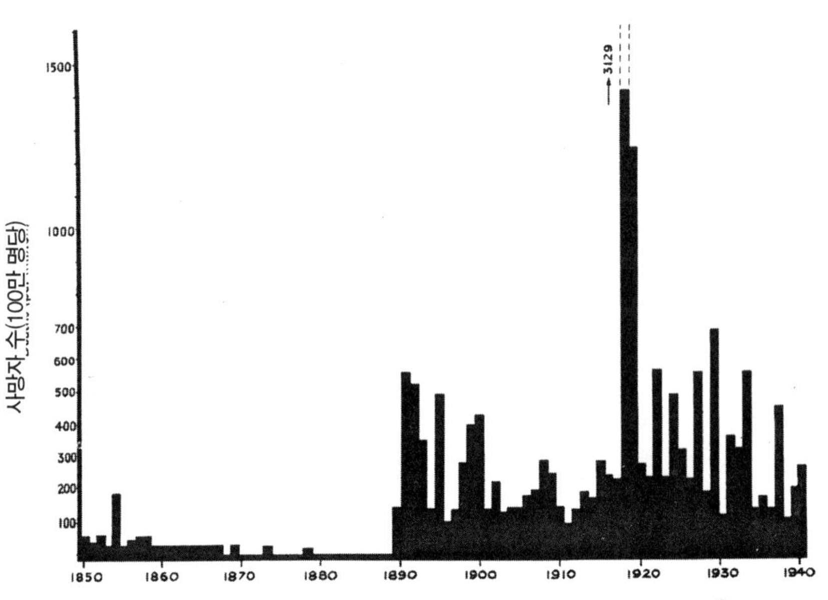

<그림 7-3> 잉글랜드와 웨일즈 지역의 인구 100만 명당 인플루엔자로 인한 사망 1850-1940[2]

강타하고 지나갔다. 미국에서 마지막으로 발생했던 유행성 독감은 1874~1875년 겨울에 그 맹위를 떨쳤다. 고대로부터 인플루엔자는 변덕스럽고 예측할 수 없는 질병, 알 수 없는 곳으로부터 온 야생동물 같은 것으로 알려져 왔다. 인플루엔자는 아무런 경고나 계획도 없이 일시에 모든 사람들을 공포에 떨게 하다가, 갑자기 미스터리하게 사라져 수년, 수십 년 동안 다시 나타나지 않았다. 인플루엔자는 다른 질병들과 달리 전염되지 않는 것으로 여겨졌으며, 발생과 소멸이 별의 "영향(influence)"을 받는다고 여겨졌기 때문에 인플루엔자라고 이

2 Stuart-Harris 1965, fig. 54, p.87.

름이 붙여졌다.

1889년 인플루엔자는 멈췄다. 이후로 세계 어느 곳에서나 인플루엔자는 항상 존재해 왔다. 물론 전과 같이 알 수 없이 사라지기도 했지만, 다음 해 거의 비슷한 시기에 다시 발생할 것으로 예측할 수도 있다. 이후로 결코 사라지지 않았다.

인플루엔자는 "불안 장애"처럼 매우 흔하기도 하고 자주 접하기 때문에 이 이상한 질병의 정체를 밝히고 130년 전에 발생한 대재앙의 심각성을 전하기 위해서는 역사에 대한 총체적 검토가 필요하다. 우리는 인플루엔자 바이러스에 대해 충분히 알지 못하는 것이 아니다. 우리는 필요 이상으로 많이 알고 있다. 이 질병과 관련된 바이러스를 철저하게 연구해 왔기 때문에 과학자들은 어떤 단일 미생물보다도 인플루엔자의 미세한 생명주기까지도 밝혀졌다. 하지만 이것 때문에 비전염성을 비롯하여 이병에 관한 특이한 사실들을 무시해왔다.

태양의 흑점과 인플루엔자

2001년 캐나다의 천문학자 켄 테핑(Ken Tapping)은 브리티시컬럼비아주의 두 의사와 함께 지난 3백 년 동안 발생한 인플루엔자 대발생(pandemics)은 태양의 자기 활동(solar magnetic activity)이 최정점(11년을 주기로 나타나는 태양 활동의 최고점)에 이르렀을 때 발생했을 가능성이 높다는 사실을 확인했다. 이들은 인플루엔자 대유행과 태양 주기의 연관성을 다시 한번 입증해준 가장 최근의 과학자다.

이러한 추세는 오랫동안 바이러스학자들을 혼란스럽게 해왔던 이 병의 유일한 양상은 아니다. 1992년 인플루엔자 역학의 세계적인 권위자 중 한 명인 에드거 호프심슨(R. Edgar Hope-Simpson)은 『유행성 인플루엔자의 전파(*The Transmission of Epidemic Influenza*)』라는 책을 출간했다. 그는 저서에서 이미 알려진 주요 사실들을 검토하면서 그동안 사람 간의 직접적인 접촉에 의한 감염은 인정되지 않았음을 지적했다. 그는 1932~1933년 인플루엔자 대유행 때 젊은 일반 의사로서 잉글랜드 도르셋(Dorset)에서 환자를 진료한 이후 오랜 기간 인플루엔자에 관해서 혼란스러웠다. 그 대유행 당시 인체에서 그 질병에 관련된 바이러스가 처음으로 분리되었다. 하지만 그는 71년 의사 경력 동안 자신이 가졌던 의문점에 대한 해답을 얻지 못했다. 그는 1992년 "바이러스의 특성과 인체에서 일어나는 항원 반응에 관해 폭발적으로 많은 정보가 나왔지만, 이것들은 단지 그에 관한 더욱 많은 설명을 요구할 뿐이었다."라고 썼다.[3]

왜 인플루엔자는 계절적으로 발생하는가? 그는 여전히 의문에 잠겼다. 왜 인플루엔자는 몇 주 또는 몇 달 동안 크게 유행하고 완전히 자취를 감추는 것일까? 왜 유행성 독감은 끝이 나는 걸까? 왜 유행하는 계절이 지나면 전염되지 않는 것일까? 어떻게 나라 전체에 동시에 대감염이 창궐하고 갑자기 금지라도 된 듯이 기적적으로 사라질까?

3 Hope-Simpson 1992, p.59.

호프심슨은 바이러스가 어떻게 이런 식으로 할 수 있는지 알 수가 없었다. 왜 인플루엔자는 주로 청장년을 대상으로 하고 일부 영아와 노인층으로 전파되어 갈까? 어떻게 인플루엔자는 과거에도 오늘날과 같은 속도로 전파될 수 있었을까? 우리는 지금이나 과거나 전파 속도에 관해서 모른다. 어떻게 바이러스는 소위 "사라지는 묘기"를 보여줄 수 있을까? 이는 새로운 변종이 나타나면 이전에 한동안 유행했던 바이러스 종은 전 세계적으로 완전히 사라졌다는 사실을 의미한다. 호프심슨은 인플루엔자에 관하여 이해하기 어려운 21가지 사항들을 열거했다. 그중 하나가 직접적인 접촉에 의한 감염이라고 가정한다면 이는 설명의 여지가 없어 보였다.

호프심슨은 리차드 쇼프(Richard Shope)에 의해 처음으로 제기됐던 이론을 마침내 부활시켰다. 리차드 쇼프는 1931년 돼지 독감 바이러스를 최초로 분리해낸 연구자로 그 역시 그동안 여러 차례 창궐했던 폭발적인 성향의 유행병이 직접적인 접촉으로 발생했다는 주장을 믿지 않았다. 쇼프는 독감은 사실 사람에서 사람으로 또는 돼지에서 돼지로 전염되는 것이 아니라, 대신 바이러스가 어떠한 성향의 환경적 촉발 요인에 의해 활성화될 때까지 인간이나 돼지 같은 매체에 잠복하여 그들 집단 전체에 널리 흩어져 있는 것이라 제안했다. 호프심슨은 한발 더 나아가 유행병을 촉발하는 것은 태양 복사의 계절적 변화와 관련이 있고, 지난 2세기 동안 많은 훌륭한 선배들이 주장했던 것처럼 그것은 자연에 존재하는 전자기 현상일 것이라 제안했다.

호프심슨이 도르셋에서 젊은 시절 진료를 시작할 무렵, 탁월하고 오랜 경륜을 가진 덴마크 의사 요하네스 마이게(Johannes Mygge)가 인플루엔자 대유행은 태양의 활동이 최고에 달하는 기간 동안 발생하는 경향이 있다는 논문을 발표했다. 그는 논문에서 덴마크에서 발생하는 연간 인플루엔자 발생률은 태양의 흑점 숫자와 함께 증감한다는 것을 보여줬다. 역학(epidemiology)이 단지 미생물을 찾는 것에 지나지 않던 시기에 "줄에서 벗어나 춤을 추는 자는 그의 발등을 찧게 되는 위험이 따른다."라는 교훈을 마이게는 힘든 경험을 통해 이미 잘 알고 있었고 받아들였다.[4] 하지만 마이게는 인플루엔자는 전기와 어떤 관련이 있다고 확신했다. 그도 나처럼 개인적인 경험을 통해 확신에 이르게 됐다.

1904년과 1905년 사이, 마이게는 9개월 동안 자신의 건강상태에 관해 상세한 일기를 써왔다. 그는 후에 이것을 다른 프로젝트 일부로 하루 3회씩 10년간 기록해왔던 대기권의 전위와 비교했다. 그 결과 정상적인 생활을 어렵게 했던 자신의 편두통은 거의 대부분 대기 전압이 급격히 상승하거나 하락하는 당일 또는 하루 전에 발생하는 날씨의 변화와 관련이 있는 것으로 밝혀졌다.

또 두통만 발생한 것이 아니었다. 전기적 혼란이 일어나는 날에는 거의 예외 없이, 그는 숙면을 취할 수 없었고, 어지러움, 불안감, 혼미함, 머리에 윙윙거리는 느낌, 흉부 압박감, 불규칙한 심장박동으로 시

---

4 Mygge 1930, p. 10.

서 개업했던 의사 존 헉스햄(John Huxham)은 1733년에 "아무도 대유행을 피하지 못했다."라고 기록하고 있다. 그는 "개는 광견병 증세를 보였고; 사람보다 먼저 말들이 염증에 걸렸고; 한 남자는 자신이 질병에 걸렸을 때 어떤 새들(특히 참새)은 머물던 곳을 떠났다고 말했다."[8] 에딘버러(Edinburgh)의 한 관찰자는 60일 내내 열이 났고, 아프지도 않았던 어떤 사람은 "갑자기 사망했다."라고 보고했다.[9] 한 추측에 따르면 전 세계적으로 약 2백만 명이 그때의 대유행으로 사망했다고 한다.[10]

만약 인플루엔자가 근본적으로 대기권의 전자기 교란에 대한 반응으로 나타나는 질병이라면, 일반적인 상식으로는 전염되는 것이 아니다. 그렇다면 유행 패턴이 이를 증명해야 하고 또 보여주고 있다. 예를 들어, 1889년도의 치명적인 대유행은 전 세계 여러 곳에서 산발적으로 광범위하게 나타나기 시작했다. 그해 5월 우즈베키스탄의 부카라(Bukhara), 그린랜드, 노던 앨버타에서 동시다발적으로 극심한 발병이 보도되었다.[11] 7월에는 필라델피아[12], 오스트레일리아의 외딴

1725-30 and 1732-33 (Harries 1892); 1727-29 and 1732- 33 (Creighton 1894); 1728-30 and 1732-33 (Arbuthnot 1751 and Thompson 1852); 1729-30 and 1731-35 (Schweich 1836); 1729-30 and 1732-37 (Bosser 1894, Leledy 1894, and Ozanam 1835); 1729-30 and 1732-33 (Webster 1799; Hirsch 1883; Beveridge 1978; Patterson 1986).

8 Thompson 1852, pp.28-38.

9 상동., p.43.

10 Marian and Mihăescu 2009. 11. Parsons 1891, pp.9, 14.

11 Parsons 1891, pp.9, 14.

12 Lee 1891, p.367.

마을 힐스톤,[13] 그리고 8월에는 발칸[14]에서 발병이 보도되었다. 이러한 패턴은 지배적인 이론에 어긋나기 때문에 많은 역사가들은 1889년의 대유행은 9월 말 시베리아 서부 초원지방을 점령하기 전까지 "정작" 발병하지 않았고, 그 후 그곳으로부터 사람 간의 접촉에 의한 감염으로 나머지 전 세계로 차례차례 퍼져나가는 것처럼 했다. 하지만 문제는 그 질병이 당시의 기차나 배의 속도보다 여전히 더 빠르게 퍼져나가야 했었다는 것이다. 10월 셋째 주나 넷째 주 사이에 모스크바와 상트페테르부르크에 도달했고, 그러나 그즈음 이미 남아프리카 더반[15], 스코틀랜드 에딘버러[16]에서 보도되었다. 캐나다 뉴브런즈윅,[17] 카이로,[18] 파리,[19] 베를린,[20] 그리고 자메이카[21]는 11월에, 캐나다 온타리오주 런던에는 12월 4일에[22], 스톡홀름은 12월 9일에,[23] 뉴욕은 12월 11일,[24] 로마는 12월 12일,[25] 마드리드는 12월 13일,[26] 세르비아

---

13 Parsons 1891, p.43.
14 *Journal of the American Medical Association* 1890a.
15 Parsons 1891, p.33.
16 Brakenridge 1890, pp.997, 1007.
17 Parsons 1891, p.11.
18 Clemow 1903, p.198.
19 Parsons 1891, p.20.
20 상동., p.16.
21 상동., p.24.
22 Clemow 1903, p.200.
23 Parsons 1891, p.15.
24 상동., p.24.
25 상동., p.22.
26 상동., p.22.

베오그라드(Belgrade)는 12월 15일에[27] 전염병이 보도되었다. 인플루엔자는 1894년 초까지 폭발적이고 예측불허하게 파도처럼 계속 퍼져나갔다. 세상은 마치 대기권에 근본적인 무엇인가가 바뀐 것 같았다. 전염병 확산은 어떤 알 수 없는 파괴자가 전 세계 곳곳에 무차별적 방화를 저지르는 것 같았다.

1890년 9월에는 인플루엔자가 중앙아프리카 동부 지역에도 창궐했다. 한 관측자는 그곳에 가장 오래 산 원주민들이 한평생 그런 병이 그곳에 발생한 적이 없었다고 얘기하는 것을 들었다고 주장한다.[28]

펜실베이니아주 보건당국의 벤자민 리(Benjamin Lee) 박사는 "인플루엔자는 홍수처럼 밀려와 한 시간 내에 전 구역을 침수시켜 버리는……. 그처럼 놀라운 속도로 퍼져나가는 질병이 감염자 내에서 다시 발생되는 과정을 거치고, 다시 사람과 사람이나 감염 매개체를 통해서만 전파된다는 것은 도저히 이해가 되지 않는다."라고 말했다.[29]

인플루엔자의 변덕스러움은 땅에서뿐만 아니라 바다에서도 나타났다. 오늘날의 이동속도를 고려한다면 변덕스럽다는 말이 지금은 적합하지 않을 수 있다. 하지만, 이전 세기에 선원들이 마지막으로 정박했던 항구로부터 떠나 몇 주 또는 몇 달 지난 뒤 감염되었을 때, 이것은 그냥 넘길 일이 아니다. 1894년 찰스 크레이톤(Charles Creighton)은 15건의 역사적 사례들을 언급했다. 육지로부터 멀리 떨

---

27 Parsons 1891., p.19.
28 Bowie 1891, p.66.
29 Lee 1891, p.367.

어져 있던 많은 선박이나 해군 함대에 소속된 모든 선단이 마치 인플루엔자 안개 속을 항해한 것처럼 병에 걸렸고, 어떤 경우는 다음 항구에 도착해서 육지에서도 인플루엔자가 동시에 발생했다는 것을 알게 됐다. 크레이톤은 당시 "웰링톤" 상선에서 있었던 질병을 다음과 같이 기록하고 있다. 몇몇 선원들이 탄 이 배는 1891년 12월 19일 런던에서 출항하여 뉴질랜드 라이텔톤(Lyttelton)으로 향하고 있었다. 바다에서 3개월 동안 지낸 뒤, 3월 26일 갑자기 선장이 심한 고열에 시달렸다. 4월 2일 라이텔톤에 도착하자, "배에 오른 항해사는 침상에 병으로 누워있는 선장을 보고 단번에 그 증상에 대해, '이건 인플루엔자 증상이에요, 나도 이제 막 같은 증상을 앓았어요.'라고 했다."[30]

1857년의 보도 내용은 매우 설득력이 있었다. 윌리엄 베버리지(William Beveridge)는 이것을 1975년에 출간한 인플루엔자 관련 그의 저서에 포함시켰다. "영국 군함 아라크네(Arachne)는 '육지와 아무런 접촉도 없이' 쿠바 해안을 항해하고 있었다. 당시 선원 149명 가운데 114명이 인플루엔자로 드러누웠다. 나중에서야 그와 같은 시기에 쿠바에서도 인플루엔자가 발병했음을 알게 되었다."[31]

인플루엔자가 퍼져나가는 속도와 그것의 무작위적이고 동시다발적인 패턴은 지난 수백년 동안 과학자들을 당혹스럽게 했고, 대대적

30 Creighton 1894, p.430. See also Webster 1799, vol. 1, p.289; Hirsch 1883, pp.19-21; Beveridge 1978, p.47.
31 Beveridge 1978, p.35.

으로 연구된 바이러스의 존재에도 불구하고, 일부 과학자들은 대기 전기를 계속해서 그 원인으로 의심하는 가장 설득력 있는 근거였다. 다음은 과거와 현대를 통틀어 그와 관련하여 발표된 의견들이다.

> 인플루엔자는 단 며칠 동안 이웃과 동네, 큰 도시 대부분을 덮쳤다. 그 속도는 접촉으로 전파된다고 생각할 수 있는 것보다 훨씬 더 빠르다. 아마 이렇게 짧은 시간에 그렇게 많은 사람에게 영향을 줄 수 있는 질병은 지금까지는 사례를 찾을 수 없었다. 메르카투스(Mercatus)에 따르면, 1557년 인플루엔자가 스페인에서 창궐했을 때 단 하루 만에 대부분 감염되었다. 글라스(Glass) 박사는 인플루엔자가 1729년 엑스터(Exeter)에서 만연했을 때 2천여 명이 하룻밤 사이에 감염되었다고 했다.
>
> 샤드라크 리케슨(Shadrach Ricketson, M.D., 1808)
> 인플루엔자의 간략한 역사(*A Brief History of the Influenza*)[32]

> 기억해야 할 간단한 사실은 이 병은 일주일 안에 거의 모든 지역에 영향을 준다는 것이다. 아니 그보다도 북미처럼 큰 대륙 전체와 모든 서인도제도를 포함하는, 그처럼 짧은 기간 내에, 결코 어떤 소통이나 교류도 없었음에도 그토록 방대한 규모의 나라에 거주하는 주민들에게, 단지 몇 주 안에 영향을 끼친다. 이 사실 하나만으로 인플루엔자가 개인 간 접촉에 의한 감염으로 퍼져나간다

32 Ricketson 1808, p. 4.

는 생각 자체가 논의할 여지가 없다는 점을 보여주기에 충분하다.

알렉산더 존스(Alexander Jones, M.D., 1827),
필라델피아 의학 및 물리학 저널
(*Philadelphia Journal of the Medical and Physical Sciences*)[33]

콜레라와 달리 인플루엔자는 확산 속도가 사람들 간의 교류 속도를 앞지른다.

테오필루스 톰슨(Theophilus Thompson, M.D., 1852)
영국의 인플루엔자 또는 유행성 카타르 열감기 연보
(*Annals of Influenza or Epidemic Catarrhal Fever in Great Britain*, 1510~1837)[34]

접촉성 감염 그 자체만으로는 다음 두 가지 사항을 설명하기에 적합하지 않다. (1)멀리 떨어진 나라에서 동시에 그 질병이 갑작스럽게 발병하는 것, (2)감염 지역이나 사람들과의 교류가 전혀 없는 바다에 있는 선원들이 감염된 의문스러운 경로.

모렐 맥켄지 경(Sir Morell Mackenzie, M.D., 1893년)
격주 논평(*Fortnightly Review*)[35]

인플루엔자는 일반적으로 사람이 이동하는 것과 같은 속도로 퍼지지만 때로는 지구상에서 멀리 떨어진 지역에서도 동시다발적으로 일어난다.

호르겐 버클랜드(Jorgen Birkeland, 1949년),
미생물학과 인류(*Microbiology and Man*)[36]

---

33 Jones 1827, p. 5.
34 Thompson 1852, p. ix.
35 Mackenzie 1891, p. 884.
36 Birkeland 1949, pp. 231-32.

[1918년 이전] 지난 2세기 동안 북아메리카에서는 인플루엔자의 두 가지 주요 대유행에 관한 기록이 있다. 첫 번째는 1789년 조지 워싱턴이 대통령에 취임한 해에 일어났다. 최초의 증기선은 1819년 이전에는 대서양을 횡단하지 않았고, 최초의 증기기관차도 1830년 이전에는 운행하지 않았다. 따라서 이 대유행은 인류의 가장 빠른 운송수단이 질주하는 말이었을 때 일어난 것이다. 이러한 사실에도 불구하고 1789년에 발병한 인플루엔자는 매우 빠른 속도로 퍼져나갔다; 말이 질주할 수 있는 것보다 몇 배나 더 빠르고 몇 배나 더 멀리 퍼져나갔다.

제임스 보들리 3세와 맥기히 하비
(James Bordley III, M.D., A. McGehee Harvey, M.D., 1976)
미국 의학의 2백년(*Two Centuries of American Medicine*), 1776-1976[37]

인플루엔자 바이러스는 호흡기에서 나오는 작은 물방울로 인해 사람 간에 전달될 수 있다. 하지만 직접적인 접촉 감염은 널리 산발적으로 떨어져 있는 곳에서도 인플루엔자가 동시다발적으로 발생하는 것을 설명할 수는 없다.

로데릭 맥그루(Roderick E. McGrew, 1985년)
의학사 백과사전(*Encyclopedia of Medical History*)[38]

지난 세기에 인간 이동수단의 속도가 매우 증가했음에도 불구하고, 과거 4세기 동안 영국의 유행성 전염병의 패턴은 왜 변하지 않

37 Bordley and Harvey 1976, p. 214.
38 McGrew 1985, p. 151.

았는가?

존 캐넬(John J. Cannell, M.D., 2008)
"인플루엔자 감염학에 대하여" 바이러스학 저널
("On the Epidemiology of Influenza," in *Virology Journal*)

인플루엔자는 반드시 또는 주로 호흡기 질환만을 일으키는 것이 아니므로 바이러스가 호흡기만을 감염시킨다는 것은 일부 바이러스 학자들을 당황하게 했다. 왜 두통, 안구 통증, 근육통, 탈진, 일시적 시각장애는 나타나는가? 왜 뇌염, 심근염, 심막염도 보고되는가? 왜 낙태, 사산, 선천성 결함이 나타나는가?[39]

풀리지 않는 수수께끼

1889년의 세계적인 대유행병이 영국에서 처음 시작되었을 때 신경질환이 가장 두드러지게 나타나는 증상이었고 호흡기 증상은 없었다.[40] 독일 바이에른주 에를랑겐(Erlangen)에 있는 보건소 직원 뢰링(Röhring)이 담당한 239명의 인플루엔자 환자들은 신경 및 심혈관 질환을 보였으나 호흡기 질환은 없었다. 1890년 5월 1일 펜실베이니아에서 발생한 41,500건 중 거의 4분의 1은 주로 호흡기가 아닌 신경질환으로 구분되었다.[41] 에든버러의 데이비드 브래켄리지(David

39 Beveridge 1978, 15-16.
40 Parsons 1891, pp.54, 60.
41 Lee 1891, p.367.

Brakenridge)의 환자들이나 런던의 줄리어스 알타우스(Julius Althaus)의 환자들 가운데 몇 명은 호흡기 증상을 나타냈다. 대신 그들은 어지럼증, 불면증, 소화불량, 변비, 구토, 설사, "정신적 육체적 완전 탈진", 신경통, 망상, 혼수상태, 경련 증상이 있었다. 회복된 후 많은 사람이 신경쇠약에 걸리거나, 심지어 마비 또는 간질 증상이 나타났다. 안톤 슈미츠(Anton Schmitz)는 "인플루엔자 감염 이후의 정신이상"이라는 제목의 기사를 내고 인플루엔자는 기본적으로 감염성 신경질환이라고 결론 내렸다. 휴즈(C. H. Hughes)는 인플루엔자를 "독성 신경증"이라 불렀다. 모렐 맥켄지는 다음과 같이 동의했다.

> 내 견해로는 인플루엔자의 풀리지 않는 수수께끼에 대한 답은 신경을 중독시켰다는 것이다. 어떤 경우는 호흡 기능을 관장하는 부분(신경계)을 중독시키고, 다른 경우는 소화 기능을 관장하는 부분을; 또 다른 경우는 신경 기관을 오르내리며 중독시키는 것 같고, 섬세한 메커니즘을 충돌시키고, 거의 악의적인 변덕스러움으로 몸의 각기 다른 부분들의 무질서함과 고통을 자극시킨다. 신체의 모든 조직과 장기의 영양분이 신경계의 직접적인 지배하에 있기 때문에, 후자에 영향을 미치는 것은 전자에 해로운 영향을 미친다; 따라서 많은 경우 인플루엔자가 손상된 부분에 그 흔적을 남긴다는 것은 놀랄 일이 아니다. 폐뿐만 아니라 신장, 심장, 그리고 다른 내장기관과 신경물질 자체가 이런 식으로 고통을 받을 수

도 있다.[42]

정신병원은 인플루엔자에 걸린 환자들, 심각한 우울증, 조증, 피해망상증, 환각증으로 고통받는 사람들로 가득 찼다. "입원 건수가 전례 없는 비율에 달했다."라고 1891년 프랑스 브루쥬(Bourges)의 보레가드(Beauregard) 정신병원의 알버트 렐레디(Albert Leledy)는 보도했다. "그해 입원 건수는 예년의 어느 해 보다 월등히 많았다."라고 1892년 영국 왕립 에든버러 정신병원의 토마스 클라우스턴(Thomas Clouston) 박사는 보고했다. 그는 "기록에 따르면 어떠한 형태의 유행성 질병도 그러한 정신적 영향을 끼치지는 않았다."라고 적었다. 알타우스(Althaus)는 1893년 인플루엔자 감염 이후 정신이상이 되거나, 그 이전 3년간 감염 후 정신이상이 된 자신의 환자와 다른 의사들의 환자 수백 명의 병력을 검토했다. 그는 인플루엔자 감염 후 정신이상을 일으킨 대부분의 남녀 모두 인생의 한창인 21~50세 사이에 발병했다는 사실에 놀랐다. 또 질병 증세가 아주 약하거나 가벼운 경우 정신이상을 일으킬 우려가 크고, 환자들 가운데 3분의 1이상이 정신이 완전히 회복되지 않았다는 사실도 그를 이해할 수 없게 했다.

더욱 치명적이었던 1918년 대유행에서 호흡기 질환은 거의 나타나지 않았던 것 또한 주목할 만한 사항이었다. 그 시기를 지내온 베버리지(Beveridge)는 1978년에 발간한 자신의 저서에서, 당시 모든 인플루엔자 환자의 거의 절반은 콧물, 기침, 인후통과 같은 초기 증상이

---

42 Mackenzie 1891, pp. 299-300.

없었다고 기록하고 있다.[43]

전염성에 관한 나이 분포 또한 잘못된 것이다. 홍역이나 볼거리와 같은 일반 감염성 질환의 경우, 바이러스가 더욱 공격적이고 빠르게 퍼질수록, 성인은 더욱 신속하게 면역력을 키워나가고 어릴수록 해마다 걸린다. 호프심슨에 따르자면 이는 대유행 사이에 나타나는 인플루엔자(일반 감염성)는 주로 아주 나이가 적은 어린 아이들을 공격하고 있음을 의미한다. 하지만 대유행 중에 나타나는 인플루엔자는 끊임없이 성인을 대상으로 공격하고 있다; 이 경우 대상 평균 연령은 거의 항상 20~40세이다. 1889년도 예외는 아니었다: 마치 우리 종족에서 가장 약한 것 대신 가장 강한 것을 악의적으로 선택한 듯 인플루엔자는 인생의 전성기에 있는 활기찬 젊은이들을 먼저 쓰러뜨렸다.

그리고 동물 감염에도 혼란이 있다. 매년 반복되는 많은 뉴스가 돼지나 조류(새)에서 나오는 인플루엔자로 우리를 두렵게 한다. 하지만 불편한 사실은 수천 년의 역사를 통틀어 모든 종류의 동물들이 인간과 동시에 독감에 걸렸다는 것이다. 서기 876년 바이에른의 카를만 왕(King Karlmann)의 군대가 인플루엔자에 걸렸을 때 같은 질병이 개와 새들 또한 떼죽음을 당하게 했다.[44] 이후 20세기까지 발생한 대유행에서는 사람에서 발병하는 것과 동시에 개와 고양이, 말, 노새, 양, 소, 새, 사슴, 토끼, 그리고 심지어 물고기에서도 발병했다고 일반적

43 Beveridge 1978, p. 11.
44 Schnurrer 1823, p. 182.

으로 보도됐다.[45] 베버리지(Beveridge)는 18~19세기에 걸쳐 12차례 발생한 유행병의 목록을 작성했고, 그 당시 말이 사람보다 한두 달 먼저 독감에 걸렸다. 사실, 이 관계는 매우 신뢰할 수 있는 것으로 여겨졌다. 왜냐하면 1889년 12월 초, 시메스 톰슨(Symes Thompson)은 영국의 말에서 인플루엔자 같은 질병을 관측하고 인간에게도 발병이 임박했음을 예고하는 내용을 영국의학저널(British Medical Journal)에 보냈고, 이 예측은 곧 사실로 입증되었기 때문이다.[46] 1918~1919년의 대유행 당시에는 남아프리카와 마다가스카르에서 원숭이와 개코원숭이, 영국의 북서부 지방에서는 양이, 프랑스에서 말이, 북부 캐나다에서 무스가 그리고 옐로우 스톤에서 버펄로가 대거 죽었다.[47] 여기에는 의심할 여지가 없다. 우리는 동물로부터 인플루엔자에 걸리지도 않고 동물 또한 인간으로부터 인플루엔자에 걸리지 않는다. 만약 인플루엔자가 대기 중의 비정상적인 전자기 상태에 의해 발생한다면, 이것은 같은 바이러스를 공유하지 않거나 서로 밀접하게 살고 있는 것을 포함한 모든 생명체에 동시에 영향을 미친다.

인플루엔자라는 이상한 정체를 밝혀내는데 장애가 되는 것은 그것이 두 가지 서로 다른 요소를 띄고 있다는 점이다. 인플루엔자는 바

---

45 Webster 1799, vol. 1, p.98; Jones 1827, p.3; *Journal of the Statistical Society of London* 1848, p.173; Thompson 1852, pp.42, 57, 213-15, 285- 86, 291-92, 366, 374-75; Gordon 1884, p.363-64; Creighton 1894, p.343; Beveridge 1978, pp.54-67; Taubenberger 2009, p.6.

46 Beveridge 1978, p.56.

47 E.g., *Lancet* 1919; Beveridge 1978, p.57.

이러스이며 동시에 치료를 요하는 질병이라는 사실이다. 인플루엔자에 대해 혼란이 있는 이유는 1933년 이후 원인이 바이러스로 밝혀짐으로 인해 그것이 임상적 증상이 아닌 생명체로 정의되기 때문이다. 만약 대유행이 발생하고 사람들이 같은 병에 걸렸지만 인플루엔자 바이러스를 그들의 몸에서 따로 분리해낼 수 없고 몸에서 항체가 생성되지 않는다면, 그들에게는 인플루엔자가 없다고 한다. 하지만 사실은 인플루엔자 바이러스가 질병 발생과 어떤 관련이 있었더라도 바이러스가 질병을 유발하지 않은 것처럼 보였을 뿐이다.

호프심슨이 17년간 영국 사이렌스터(Cirencester) 지역 사회와 주변을 감시한 결과, 대중적인 믿음에도 불구하고, 인플루엔자는 한 가정 내에서 가족 간 쉽게 전염되지 않는다는 것이 밝혀졌다. 1968년 "홍콩 독감" 대유행에서도, 당시 발생 기간의 70%에서는 한 가정에서 단 한 사람만이 독감에 걸렸다. 만약 두 번째 사람이 독감에 걸렸다면, 그 둘은 같은 날 독감에 걸리기 일쑤였다. 이는 그들이 서로에게서 전염된 것이 아닌 것을 의미한다. 때로는 다른 변종 바이러스가 같은 마을에서 돌고 있었다. 한 가정에서 같은 침대를 쓰는 두 어린 형제가 서로 다른 변종 바이러스에 걸린 경우도 있었다. 이것은 이들이 서로에게서 감염될 수 없었고 더군다나 같은 바이러스를 보유한 제삼자로부터 감염될 수 없었다는 것을 증명한다.[48] 1958년 윌리엄 조단(William S. Jordan)과 1981년 맨(P. G. Mann)은 가족 간에 전염되지 않

48 Hope-Simpson 1979, p.18.

는 것에 관해 유사한 결론을 보였다.

지배적인 이론이 뭔가 잘못되었다는 것을 보여주는 또 다른 지적은 백신 프로그램의 실패다. 비록 백신이 특정 인플루엔자 바이러스에 어느 정도 면역성을 부여하는 것으로 증명되었지만, 몇몇 저명한 바이러스 학자들은 수년에 걸쳐 백신이 대유행 인플루엔자를 막는데 아무런 효과가 없었고 그 질병은 수천 년 전에 그랬던 것처럼 여전히 감염을 일으키고 있다는 것을 인정했다.[49] 실제로, 톰 제퍼슨(Tom Jefferson)은 영국의학저널(British Medical Journal)에 45년 동안 등재된 259편의 백신 연구를 검토한 후, 인플루엔자 백신은 학교 결석, 작업 휴일, 관련 질병 및 사망에 근본적으로 아무 실질적인 효과가 없는 것으로 최근 결론지었다.[50]

바이러스 학자들 사이에만 있는 난처한 비밀은 1933년부터 오늘날까지, 인플루엔자가 일반적인 접촉으로 사람에서 사람으로 바이러스나 질병이 전염된다는 사실을 증명하는 실험이 없었다는 것이다. 다음 장에서 보겠지만, 세상에서 알려진 가장 치명적인 대유행 한가운데서도, 사람에서 사람으로 실험적으로 전염시키려는 모든 노력들은 실패로 끝났다.

49 Kilbourne 1975, p.1; Beveridge 1978, p.38.
50 Jefferson 2006, 2009. Glezen and Simonsen 2006; Cannell 2008.

제8장

전파 질환과 스페인 독감

1904년 벌들이 죽기 시작했다.

영국 남부 해안에 있는 길이 23마일(37km) 폭 13마일(21km)의 조용한 섬에서 한 남자가 영국 해협 너머 멀리 프랑스 해안을 바라보고 있었다. 그 후 10년 동안 양쪽 해협에 각 한 명씩, 한 명은 의사이자 물리학자였고 다른 한 사람은 발명가이자 기업가였던 이 두 사람은 새롭게 등장한 전기에 온통 마음을 빼앗기고 있었다. 이들이 남긴 업적은 인류의 미래에 매우 다른 영향을 주었다.

1897년 지우글리엘모 마르코니(Giuglielmo Marconi)라는 잘생긴 청년이 와이트섬의 가장 서쪽 끝 해안가 니들스(The Needles)라 불리는 백색 석회암 지대에 12층 건물 높이의 탑, 자신의 "바늘(Needle)"을 세웠다. 이 탑이 세계 최초의 영구적인 라디오 방송국의 안테나 지지대가 되었다. 마르코니는 안테나를 둘러싼 전선으로부터 초당 백만 사이클에 가까운 진동으로 전기를 방출하고 있었다. 마르코니는 안테나를 둘러싼 전선으로부터 초당 백만 사이클에 가깝게 진동하는 전기를 방출하였고, 그 전기는 대기로 자유롭게 날아가 방송을 했다. 마르코니는 이것이 안전한지 검토하지 않았다.

이미 몇 년 전인 1890년, 유명한 내과의이자 파리의 프랑스 대학(Collège de France)의 생물물리학 연구소장은 마르코니가 의문을 갖지 않았던 그 중요한 문제를 염두에 두고 조사하기 시작했다. 고주파 전기는 살아있는 유기체에 어떤 영향을 주는가? 의학뿐만 아니라 물리학에서도 탁월한 존재인 자크 아르센 다슨발(Jacques-Arsène d'Arsonval)은 두 분야에서 많은 공헌을 한 것으로 오늘날 기억되고 있다. 그는 자기장 측정을 위해 초민감 측정기와 동물의 열 발생과 호흡을 측정하기 위한 장비를 개발했으며 마이크와 전화기의 기능을 개선했다. 또 전파를 이용하는 새로운 의학기술을 개발했다. 그의 성을 따라 다슨발리제이션(Darsonvalization)이라 불리는 이 기술은 구소련 국가들에서는 지금도 여전히 사용되고 있다. 서방 국가에서는 이 기술이 라디오파(Radio Wave)를 이용하여

자크 아르센 다슨발(1851-1940)
(Jacques-Arsène d'Arsonval)

몸에 열을 발생시키는 치료 용도로 사용되는 전기투열요법(diathermy)로 발전했다. 하지만 원래 다슨발리제이션은 열은 발생시키지 않고 낮은 전력에서 라디오파를 의학적 용도로 사용하는 것이다. 이것이 1890년대 초 다슨발이 발명했던 당시의 효과다.

그는 처음 이것을 전기치료에 사용할 때마다 일관성 있는 결과가 나타나지 않는 것을 주시했다. 그는 이러한 결과가 사용하는 전기 종류의 정밀성이 부족해서 일어난 것이 아닌가 생각했다. 그래서 그는 환자들에게 전혀 해가 되지 않도록 "돌출이나 톱니 형태가 없는" 완벽하게 부드러운 사인파(Sine Wave)를 방출할 수 있는 유도기기를 개발했다.[1] 그가 이 전파를 인체에 실험했을 때, 그의 예측대로 치료용 강도에서는 아무런 통증도 유발하지 않았지만 생리적으로 가능한 효과는 여전히 가지고 있음을 발견했다.

"우리는 매우 안정된 사인파에서 신경과 근육이 자극되지 않는 것을 계속 보아왔다."라고 그는 기록하고 있다. "그럼에도 전류가 흐르면 더 많은 양의 산소를 소비하고 더 엄청난 양의 이산화탄소를 생산하는 것으로 봐서 신진대사에 큰 변화가 일어난다. 만약 전파의 모양이 바뀌게 되면, 각각의 전파는 근육 수축을 일으킨다."[2] **다슨발은 이미 125년 전에 "돌출과 톱니" 형태의 파로만 된 오늘날 디지털 기술이 왜 그렇게 많은 질병을 유발하는지를 밝혔다.**

---

1 d'Arsonval 1892a.
2 d'Arsonval 1893a.

다슨발은 이후 고주파 교류전기를 실험했다. 그는 하인리히 헤르츠(Heinrich Hertz)가 몇 년 일찍 발명한 무선 장비를 개조하고 멀리서 유도장치로 직접 또는 간접 적용 방법으로 인간과 동물을 초당 50만~100만 사이클의 전파에 노출시켰다. 이 전파는 당시 마르코니가 와이트섬에서 조만간 방송하려고 했던 주파수와 거의 같은 것이었다. 어떠한 경우도 실험 대상자의 체온은 상승하지 않았다. 하지만 모든 실험에 있어서 실험 대상자의 혈압은 크게 떨어졌고, 적어도 인간이 대상인 경우는 어떤 의식적인 감각도 없었다. 다슨발은 저주파에서도 같은 산소 소비와 이산화탄소 발생 변화를 측정했다. 이러한 사실들은 "고주파는 생명체 내로 깊숙이 침투한다."는 것을 증명한다고 그는 기록했다.[3]

이러한 초기 결과는 분명 전파를 연구하는 사람들이 전 세계를 라디오파에 노출시키기 전에 다시 한 번 생각해 보고 최소한 주의하도록 했어야 하는 것을 의미한다. 하지만 마르코니는 다슨발의 실험 결과를 몰랐다. 많은 것을 혼자서 공부한 이 발명가는 전파의 위험 가능성을 눈치 채지 못했고 두려움도 없었다. **그래서 마르코니는 그 섬에서 안테나를 가동했을 때 자신이나 다른 누군가에게 어떤 유해를 가할 것이라고는 아무 의심도 없었다.**

3 d'Arsonbal 1893a.

무선통신과 마르코니의 비극

만약 라디오파가 위험하다면, 전 세계의 모든 사람들 중에서 특히 마르코니가 그로 인해 고통을 받았어야 한다. 그가 정말 그랬는지 보자.

1896년 초, 아버지의 다락방에서 1년 반가량 무선 장비로 실험을 한, 건강했던 22세의 젊은 청년이 고열에 시달리기 시작했다. 마르코니는 이를 스트레스 때문으로 생각했지만 이 증상은 평생 재발했다. 1900년에 이르러 의사들은 아마도 그가 어렸을 때 자신도 모르게 류머티즘에 걸렸을 것으로 추측했다. 1904년에는 그는 오한과 발열이 너무 심해서 말라리아가 재발하는 것으로 여겼다. 당시 그는 영국 콘월(Conwall)과 캐나다 노바스코샤(Nova Scotia)의 케이프 브레튼 섬(Cape Bretton Island) 사이에 대서양을 가로지르는 영구적인 초고출력 무선통신 연결을 구축하는 일에 몰두하고 있었다. 그는 거리가 멀수록 더 긴 파장이 필요하다고 생각했기 때문에, 대서양 양측에다 거의 1 에이커(4,050m^2)에 달하는 육지에 수백 미터 높이의 여러 개 탑을 만들어 거대한 유선 안테나를 설치했다.

1905년 3월 16일, 마르코니는 베아트리스 오브라이언(Beatrice O'Brien)과 결혼했다. 신혼여행이 끝나고 그해 5월에 마르코니는 베아트리스와 케이프 브레튼의 포트 모리엔(Port Morien)에 있는 사택에서 신혼살림을 시작했다. 그곳은 3개의 동심원에 28개의 대형 라디오 타워로 둘러싸여 있었다. 집 위로는 둘레가 1마일(1.6km)도 넘는 대형

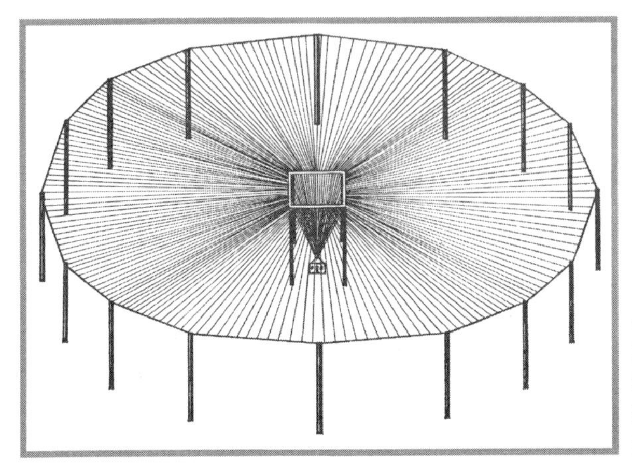

<그림 8-1> 마르코니의 대형 안테나 타워
자료 출처: 마르코니사의 역사 (W.J.Baker, St. Martin's Press, N.Y., 1971)

우산의 우산살처럼 중앙 기둥으로부터 뻗어 나가는 2백 개의 안테나 선이 있었다. 베아트리스가 그 집에 정착을 시작하자마자 그녀의 귀가 울리기 시작했다.

그 집에서 3개월 머문 뒤 베아트리스는 심한 황달에 걸렸다. 마르코니는 베아트리스를 다시 영국으로 데리고 가서 콘월의 폴두 만(Poldhu Bay)에 있는 또 다른 괴물 같은 안테나 밑에서 살았다. 베아트리스는 이 기간 내내 임신 중이었고, 그녀가 출산하기 전에 런던으로 이사했지만, 베아트리스의 태아는 거의 9개월을 강력한 전파로 치명적인 공격을 당해왔다. 태어나 겨우 몇 주밖에 살지 못했고 아기는 "알 수 없는 원인으로" 죽었다. 거의 같은 시기인 1906년 2월에서 5월까지 마르코니는 많은 시간을 발열과 정신착란으로 시달리면서 자신도 완전히 망가졌다.

1918년과 1921년 사이, 단파 장비 설계에 몰두하고 있는 동안 마르코니는 우울증으로 인한 자살 충동에 시달렸다.

1927년, 둘째 부인 마리아 크리스티나(Maria Cristina)와 함께 간 신혼여행 도중에 마르코니는 가슴 통증으로 쓰러졌고 중증 심장질환 진단을 받았다. **1934년부터 1937년 사이, 마이크로웨이브 기술을 개발하다가 거의 아홉 차례나 심장마비가 왔었고 63세에 있었던 마지막 심장마비는 죽음을 초래하는 치명적인 것이었다.**

주변 사람들이 가끔 마르코니에게 주의를 주려고 애썼다. 1896년 솔즈베리(Salisbury) 평원에서 한 첫 대중 시범에서도 관중들은 여러 가지 신경 자극을 느꼈다고 나중에 마르코니에게 편지를 보낸 자도 있었다. 마르코니의 딸 데그나(Degna)는 시간이 제법 지난 후 아버지의 자서전을 위해 자료 조사를 하던 중 그런 편지들을 읽게 되었다. 그중 "마르코니의 전파가 자신의 발을 간지럽혔다."라고 쓴 어떤 여성이 보내온 특이한 편지도 있었다. 데그나는 아버지가 그런 내용의 편지들을 자주 받았다고 기록했다. 1899년 위메루(Wimereux)라는 해안 도시에 최초의 프랑스 무선국을 세웠을 때 가까이 살던 한 남자가 전파가 신체 내부에 날카로운 통증을 유발한다고 호소하며 "권총을 들고 침입했다." 마르코니는 그러한 모든 보고들을 상상에 불과하다고 일축했다.

아마도 훨씬 더 불길한 경고였을지도 모른다. 영국의 빅토리아 여왕은 와이트섬의 북쪽 끝에 있는 저택 오스본 하우스에 거주하면서 뇌출혈로 고통받았고 1901년 1월 22일 사망했다. 이 시기 마르코니는 이곳으로부터 12마일(19km) 떨어진 곳에서 새롭고 더욱 강력한 송신기를 가동하고 있었다. 마르코니는 빅토리아 여왕이 사망한 다음 날 300킬로미터나 떨어져 있는 콘웰의 폴두와 교신하기를 희망하고 있었다. 이 거리는 이전에 기록된 라디오 방송에 비해 두 배나 되었다. 마르코니는 결국 해냈다. 1월 23일 마르코니는 그의 사촌 헨리 데이비스(Henry Jameson Davis)에게 전신을 보냈다. "대성공, 정보는 비공개로 하라. 윌리엄 사인함"

그리고 그곳에는 벌들이 있었다.

1901년, 와이트섬에는 이미 두 개의 마르코니 무선국(Marconi stations)이 있었다. 마르코니의 첫 번째 무선국은 섬의 남쪽 끝에 있는 세인트 캐서린 등대(St. Catherine's Lighthouse) 옆 니튼(Niton)으로 옮겨져 있었다. 두 번째는 컬버 다운(Culver Down)의 동쪽 끝에 있는 해안경비대가 운영하는 컬버 무선국이다. 1904년에 두 개의 무선국이 추가되었다. 그해에 월드 워크(World's Work) 잡지에 게재된 유진 라일(Eugene P. Lyle)의 기사에 따르면, 당시 이 작은 섬에 마르코니의 무선국이 네 곳이나 운영되고 있었으며 유사한 장비들을 갖추고 영국 해협을 통과하는 해군과 상업용 선박들과 교신하고 있었다. 당시 선박 수는 꾸준히 증가하고 있었고 이곳은 세계에서 무선전파가 가장 많이 집약된 곳이었다.

1906년, 세인트 캐서린 등대에서 반 마일(805m) 정도 떨어진 곳의 로이드 신호국(Lloyd's Signal Station) 또한 무선 장비를 도입했다. 이러한 상황에 이르자 벌들의 상태는 매우 악화되어 농수산위원회는 케임브리지에 있는 크라이스 대학(Christ's College)의 생물학자 아우구스트 임스(Augustus Imms)를 불러 조사를 부탁했다. 섬 전체에서 90%의 꿀벌들이 특별한 이유 없이 사라져버렸다. 벌집에는 모두 꿀이 가득했지만 벌들은 날 수조차 없었다. "벌들이 풀 줄기나 벌집 지지대를 타고 올라가다가, 그곳에서 기운이 다 빠져 다시 땅으로 떨어질 때까지 있다가는 그 뒤 곧 죽어버린다."라고 임스는 썼다. 본토에서 건강한 벌떼가 섬으로 수입되었지만, 소용이 없었다. 새로 들어온 벌들도 일주일 안에 수천 마리씩 죽어 나갔다.

"와이트섬의 질병"은 수년 내에 영국 전역과 전 세계로 전염병처럼 퍼져나갔고, 호주, 캐나다, 미국, 남아프리카 일부 지역에서도 벌들의 심각한 죽음에 관한 보도가 나왔다.[4] 이 질병은 이탈리아, 브라질, 프랑스, 스위스, 독일에서도 보고되었다. 한두 해 동안은 하나 또는 다른 기생 진드기들이 원인이라 생각했지만, 영국의 벌 병리학자 레슬리 베일리(Leslie Bailey)는 1950년대 이러한 이론들을 반박하고 질병 그 자체를 일종의 미스터리(신화 같은 것)라 간주하게 되었다. 그는 분명 벌들이 죽기는 했지만 전염에 의한 것은 아니라고 했다.

시간이 흐르면서 마치 벌들이 그들의 환경 변화에 적응해 가는 것처럼, 와이트섬의 병으로 죽어가는 벌들의 수는 줄어들었다. 첫 번째로 영향을 받은 곳은 첫 번째로 회복되어갔다.

---

4 Underwood and van Engelsdorp 2007.

그러다 1917년에는, 와이트섬의 벌들이 예전의 활력을 되찾고 있는 듯할 때, 다른 나라에서 전기 환경을 변화시키는 큰 사건이 일어났다. 수백만 달러의 미국 정부 자금이 육군, 해군, 공군에 가능한 한 가장 최신 통신 장비를 갖추도록 하는 긴급 계획이 갑자기 추진되었다. 1917년 4월 6일 미국의 세계대전 참여는 1889년에 있었던 전기 보급만큼이나 갑작스럽고 급격한 무선방송의 확대를 가져왔다.

다시 첫 번째 경고 사인을 보낸 것은 벌이었다.

다음은 1918년 8월에 미국 뉴저지 주에서 발간된 기사 내용이다.[5] "약 300통의 벌을 키우고 있는 오랜 경력의 전문 양봉가인 맘모스 카운티 모간빌(Morganville, Monmouth County)의 찰스 쉴케(Charles Schilke)는 최근 브라드벨트(Bradevelt) 가까이에 있는 농장의 벌집들에서 상당수의 벌이 사라졌다고 보고했다. 땅이 꺼진 곳, 나무 조각, 돌 위에 수천 마리의 죽은 벌들이 누워있고, 또 수천 마리의 죽어가는 벌들이 무리를 지어 벌집 근처를 기어다니고 있었다. 이 벌들은 모두 젊은 일벌로 사실상 처음 꿀을 채취하러 야외에 나가서 피해를 입은 것 같았고, 더 나이가 많은 벌들도 발견되었다. 이때 벌집 안에서는 어떤 이상한 점도 눈에 띄지 않았다."

미국 뉴저지 주에서 일어난 벌들의 대참사는 모건빌, 프리홀드(Freehold), 밀허스트(Milhurst), 그리고 인근 지역에 국한되었다. 이 지역은 미국이 전쟁에 사용할 목적으로 지구상에서 가장 강력한 무

---

5 Carr 1918.

선국을 세운 뉴저지 주 뉴브런스윅((New Brunswick)으로부터 해안 쪽으로 몇 킬로키터 떨어져 있었다. 그해 2월 효율이 떨어지는 35만와트 스파크(spark) 장비를 보완하고자 5만와트짜리 알렉산더슨(Alexanderson) 대체 장비가 추가되었다. 이 두 장비는 1마일(1.6km) 가량 널어선 400피트(122m) 높이의 12개 철탑에 32개 전선이 평행으로 설치된 안테나로 전력을 공급하여 대서양 건너 유럽에 있는 사령부와 군사용 통신을 했다.

제1차 세계대전과 원거리 무선통신

제1차 세계대전 동안에 무선통신 시대가 열렸다. 원거리 통신을 위한 위성 장비도 없었고, 단파 장비도 없었다. 진공관은 아직 완벽하지 않았고 트랜지스터는 몇십 년 뒤에 만들어졌다. 당시는 엄청난 무선전파와 작은 산 규모의 비효율적인 안테나가 지배하던 시대였다. 다른 신호들은 모조리 교란하기 위해 모든 무선전파 스펙트럼에 대해 산탄 총알처럼 전자파를 사방으로 날려 보내는 스파크 갭(spark gap) 송신기를 사용했다. 산과 바다를 건너기 위해 엄청난 세기의 전파를 방출했다. 약 3만 와트의 방사 전파를 만들어내기 위해 30만 와트의 전기가 사용되었다, 나머지는 열로 소모되었다. 당시에는 목소리는 보낼 수 없었고 모스 코드만 송신 가능했다. 수신은 산발적으로 이루어졌고 믿을 수가 없었다.

1914년 전쟁이 발발하기 전에는 강대국들 가운데 몇몇 나라만이 식민지와 해외 통신망을 구축할 수 있었다. 대영제국은 본토에 두 곳의 초강력 무선국이 있었으나 식민지와 연결하는 무선통신망은 없었다. 첫 번째 해외 연결망을 이집트 카이로(Cairo) 부근에 건설 중이었다. 프랑스는 에펠 탑에 강력한 무선국이 있었고 다른 하나는 리옹(Lyon)에 있었지만, 해외 식민지와는 연결망이 구축되지 않았다. 벨기에는 식민지였던 아프리카 콩고(Congo State)에 강력한 무선국이 있었지만, 브뤼셀에 있었던 자국 무선국은 전쟁 발발 후 폭파되었다. 이탈리아는 식민지였던 북아프리카 에리트레아(Eritrea)에 강력한 무선국이 있었고, 포르투갈은 식민지 모잠비크와 앙골라에 각각 하나씩 있었다. 노르웨이, 일본, 러시아가 초강력 송신기 1대씩 있었다. 유독 독일만이 전 식민지 연결망 구축에 상당한 진전을 보이고 있었지만, 선전 포고 몇 달 이내에 토고(Togo), 다르에스살람(Dar-es-Salaam), 야프(Yap), 사모아(Samoa), 나우루(Nauru), 뉴포메라니아(New Pomerania), 카메룬(Cameroon), 기아츠쵸우(Kiautschou), 독일령 동아프리카(German East Africa, 지금의 부룬디, 르완다 및 탕가니카)에 있었던 해외 무선국들은 모두 파괴되었다.[6]

간단히 말하자면 당시의 무선통신은 비틀거리는 어린아이로 여전히 기어가는 상태였는데, 막 일어서서 걸음마를 시도하려고 했을 때 유럽 전쟁 발발로 방해받게 되었다. 1915~16년 동안 대영제국은 자

6 Baker 1971, p.160.

국의 해군과 연락하기 위해 세계 각지에 13개의 장거리 무선국을 설치하는 성과를 이루었다.

1917년 미국이 전쟁에 돌입하자 서둘러 지역 배치를 변경했다. 미해군은 이미 버지니아주 알링톤(Arlington)에 거대한 송신기 한 대와 파나마 운하 지역 다렌(Darien)에 두 번째 송신기가 있었다. 샌디에이고의 세 번째 송신기는 1917년 5월에, 하와이 진주만의 4번째는 그해 10월에, 그리고 필리핀 카비테(Cavite)의 5번째는 12월 19일에 송신을 시작했다. 해군은 또한 오레곤주 렌츠(Lents,); 캘리포니아주 사우스 샌프란시스코(South San Francisco); 캘리포니아주 볼리나스(Bolinas); 하와이주 카후쿠(Kahuku); 하와이주 희아 포인트(Heeia Point); 뉴욕주 롱아일랜드 세이빌(Sayville); 뉴저지주 터커튼(Tuckerton)과 뉴브런스윅(New Brunswick)에 있었던 민간이나 외국인 소유의 무선국들을 인수하고 개선했다. 1917년 말엽에는 미국의 13개 무선국은 대서양과 태평양을 가로질러 교신하고 있었다.

50여 개소 이상의 중간 및 고출력 무선국이 선박들과 교신할 목적으로 미국과 식민지에 설치되었다. 선박에 교신 기능을 갖추기 위해 해군은 1만여개의 저·중·고출력 송신기를 제작하여 설치했다. 1918년 초 해군은 무선통신 기사 교육과정을 통해 주당 400여 명의 졸업생을 배출했다. 1917년 4월 6일부터 1918년 초까지 1년이라는 짧은 기간에 해군은 세계 최대의 무선 네트워크를 구축하고 운영했다.

미국의 송신기는 기존에 제작된 대부분의 송신기 보다 훨씬 더 효과적이었다. 1913년 알링톤에 설치된 30킬로와트 폴슨 아크(Poulson arc)는 기존의 100킬로와트 스파크 장비보다 성능이 훨씬 뛰어난 것으로 밝혀졌다. 그래서 해군은 폴슨 아크를 선호하는 장비로 채택하고 최상위 등급으로 장비를 주문했다. 100킬로와트 아크는 다렌에, 200킬로와트 아크는 샌디에이고에, 350킬로와트 아크는 진주만과 캐비테에 각각 설치했다. 1917년, 30킬로와트 아크 장비가 해군 선박들에 설치되었다. 이것은 다른 나라의 대부분 선박에 설치된 송신기의 성능을 능가하는 장비였다.

하지만 아크는 기본적으로 터지는 것이 아니라 전기가 연속적으로 그 틈새로 흐르는 스파크 갭에 불과했다. 아크는 여전히 불필요한 고조파(harmonics)를 대기 송신 통로로 보냈고, 음성을 제대로 전송하지 못했을 뿐만 아니라 밤낮 구분 없이 지속적인 통신을 하기에는 적합하지 않았다. 그래서 해군은 뉴저지 주 뉴브런즈윅에서 아크를 승계한 최초의 고속 교류기(alternator)를 시도했다. 교류기는 스파크 갭이 전혀 없었다. 아주 정교한 악기처럼 교류기는 순수한 연속파를 발생시켰다. 그래서 수정처럼 깨끗한 목소리나 전신 통화를 위해 섬세하게 조율되고 변조될 수 있었다. 이것을 설계했던 언스트 알렉산더슨(Ernst Alexanderson)은 교류기에 사용되는 안테나도 설계했다. 이 안테나는 전파의 효율성을 7배나 향상시켰다. 같은 무선국에서 350킬로와트 스파크를 비교 대상으로 실험했을 때 50킬로와트 교류기가 훨씬 더 큰 범위를 갖는 것이 증명되었다.[7] 따라서 1918년 2월 해군은 이탈리아와 프랑스와 계속되는 통신을 감당하기 위해 교류기에 의존하기 시작했다.

1918년 7월, 해군이 뉴욕주 롱아일랜드 세이빌에서 인수한 시스템에 200킬로와트 아크가 추가 설치되었다. 1918년 9월, 메릴랜드주 아나폴리스(Annapolis)의 해군 기지에서 500킬로와트 아크가 송신을 시작했다. 한편 해군은 뉴브런즈윅에 200킬로와트나 되는 더 강력한 두 번째 교류기를 주문했다. 6월에 설치하여 9월부터 밤낮없이 계속되는 송신에 들어갔다. 뉴브런즈윅은 순식간에 나우엔(Nauen)에 있는 독일의 대표급 무선기지를 능가하는 세계에서 가장 강력한 무선국이 되었고, 최초로 음성과 전신 메시지를 대서양 건너까지 깨끗하고 지속적이며 안정적으로 전달하는 무선국이었다. 여기서 방출되는 신호는 지구 대부분 지역에서 수신되었다.

스페인 인플루엔자(독감)는 이러한 몇 개월 동안 시작되었다. 이 병은 스페인에서 유래한 것이 아니었다. 전 세계적으로 수천만 명을 사망에 이르게 했고, 1918년 9월에 이르러 갑자기 더욱 치명적으로 되었다. 어떤 추정에 따르면 이 세계적인 역병이 5억명 또는 당시 세계 인구 3분의 1을 강타한 것으로 보고 있다. 14세기에 있었던 흑사병조차 그렇게 많은 사람을 단기간에 죽음에 이르게 하지는 않았다. 모든 사람이 그 병의 재발을 두려워하는 것은 의심의 여지가 없다.

---

7 Nimitz 1963, p.239.

몇 년 전 연구자들이 1918년 이후 알래스카의 영구 동토층에 얼은 채로 있었던 4구의 시신을 발굴하여 그중 한 시신의 폐 조직에 있던 인플루엔자 바이러스에서 RNA를 규명할 수 있었다. 수많은 소중한 생명을 쓰러지게 했던 이 무시무시한 괴생명체는 돼지를 숙주로 하는 바이러스와 매우 유사했다. 다시 등장하여 세계를 대량 살상으로 몰아가지 않도록 우리는 계속 경계해야 한다.

하지만 1918년에 나타난 질병이 전염성이라는 증거가 없다.

스페인 인플루엔자는 명백히 1918년 초 미국에서 발생한 것이다. 처음에는 해군함정과 항구, 그리고 해군기지에서 발생하여 미 해군 선박에 의해 전 세계로 퍼져 나간 것 같다. 초기에 있었던 가장 큰 규모의 발병은 1918년 2월 매사추세츠주 케임브리지의 해군 통신 학교에서 발생한 것으로 약 400명이 질병에 걸렸다.[8] 3월에는 통신부대(Signal Corps)가 무선통신기술 사용을 교육받고 있던 육군 캠프로 인플루엔자가 퍼져 나갔다. 캔자스주 캠프 펀스턴(Camp Funston)에서 1,127명이 감염되었고, 조지아주 오글소프(Oglethorpe) 캠프에서는 2,900명이 감염되었다. 3월 말과 4월, 이 질병은 민간인들에게, 그리고 전 세계로 퍼졌다.

처음에는 심하지 않았다. 하지만 9월에는 전 세계의 모든 곳에서 동시에 창궐하여 사망이 폭발적으로 일어났다. 죽음의 파도는 세계 인류의 대양을 향해 놀라운 속도로 퍼져 나갔다. 그 파도는 3년 뒤 마

---

8 Annual Report of the Surgeon General 1919, p.367.

침내 위세가 다할 때까지 계속되었다.

환자들은 한 번에 몇 달씩 반복적으로 아팠다. 의사들이 가장 의아했던 증상 중 하나는 출혈에 관한 모든 것이었다. 환자들이 개인 병원에서는 10~15%[9] 그리고 해군 병원에서는 40%까지[10] 코피로 고통을 당하고 있었으며, 의사들이 환자 상태를 코에서 피가 "콸콸 흐른다."로 묘사하기도 했다.[11] 어떤 환자는 잇몸, 귀, 피부, 위, 창자, 자궁 또는 신장에서 출혈이 있었다. 가장 흔하게 나타난 증상은 폐에서 출혈이 나타나는 것으로, 이 경우 급성 치사로 이어졌다. 폐출혈은 곧 환자가 자신의 피에 익사하는 것과 같다. 부검결과 사망자 3분의 1이 뇌출혈 증세도 있었고,[12] 때로는 호흡기 질환에서 회복되는 것처럼 보이는 환자도 뇌출혈로 인해 사망하게 되었다.

"여러 형태로 나타나는 출혈에서 찾을 수 있는 공통점은 혈액 자체의 변화 가능성을 제시하고 있다."라고 1918년 말 아이오와주 세다래피드(Cedar Rapids)의 의사 아서 에르스킨(Arthur Erskine)과 나이트(B. L. Knight)는 기록하고 있다. 그래서 그들은 다수의 인플루엔자와 폐렴 환자들의 혈액을 검사했다. "검사한 모든 경우, 단 하나의 예외도 없이, 혈액 응고력이 저하되었고 응고에 걸리는 시간이 길어졌다. 정상적인 혈액 응고보다 2분 30초에서 8분 정도 더 걸렸다. 혈액검사 시기

---

9 Berman 1918.
10 Annual Report of the Surgeon General 1919, pp. 411-12.
11 Nuzum 1918.
12 Journal of the American Medical Association 1918e, p. 1576.

는 빠른 경우 감염 2일째부터 늦게는 폐렴에서 회복된 20일째까지 다양했지만, 결과는 동일했다. 여러 지역 의사들도 자기 환자들의 혈액검사를 했고, 지금 우리 검사 결과가 어쩔 수 없이 불완전하지만, 우리는 아직 혈액 응고 시간이 지연되지 않은 경우를 보고받은 적은 없다."라고 적고 있다.

이것은 어떤 호흡기 질환 바이러스와도 일치하지 않는다. 하지만 게르하르드(Gerhard)가 1779년 인간의 혈액에 대한 전기 실험을 처음 한 이후로 알려진 사실과 일치한다. 또 라디오파가 혈액 응고에 미치는 영향에 관해 알려진 사실과 이것은 일치한다.[13] 에르스킨과 나이트는 감염 대처를 잘해서가 아니라 혈액 응고를 용이하게 하기 위해 많은 양의 칼슘 락테이트(calcium lactate)을 처방함으로써 환자들을 살렸다.

이 세계적인 역병에서 찾아볼 수 있는 또 다른 놀라운 사실은 주로 늙고 허약한 사람들이 희생되는 다른 질병과 달리 대부분 건강하고 활기찬 젊은이(18세부터 40세 사이)들이 사망했다는 것이다. 이것은 약간 덜 맹렬했던 1889년에 있었던 팬데믹과 매우 유사하다. 이러한 사실은 이 병이 전염성이라고 하면 말이 안 되지만 전파(radio wave)에 의한 것이라면 납득이 가능하다. 이 현상은 제5장에서 보았듯이 전기 질환의 만성적 형태인 신경쇠약이 주로 나타나는 연령층과 유사하

---

13 Pflomm 1931; Schliephake 1935, p.120; Kyuntsel' and Karmilov 1947; Richardson 1959; Schliephake 1960, p.88; Rusyaev and Kuksinskiy 1973; Kuksinskiy 1978. See also Person 1997; Firstenberg 2001.

다. 모든 인플루엔자 사망자의 3분의 2가 이 연령대였다.[14] 노인 환자는 드물었다.[15] 스위스의 한 의사는 다음 사실을 자신이 봤다고 기록하고 있다. "영아 환자는 없었고, 50세 이상에서는 중증 환자도 없었다." 하지만 "한 건강한 사람이 오후 4시경에 첫 증상을 보이다가 다음날 10시 이전에 사망했다."[16] 파리의 한 기자는 "15세에서 40세 사이의 사람만이 영향을 받는다."라고도 말했다.[17]

건강 상태가 나쁘면 병세는 좋았다. 만약 영양실조, 신체적 장애, 빈혈, 결핵이 있다면 인플루엔자에 걸릴 가능성이 낮을 뿐 아니라 걸렸더라도 사망에 이를 확률이 낮다.[18] 이는 아주 흔히 관찰되었기 때문에 의사 암스트롱(Dr. D. B. Armstrong)은 "*Boston Medical and Surgical Journal*"라는 학술지에 "인플루엔자: 건강한 것이 위험한 것인가?"라는 제목의 도발적인 논문을 냈다. 의사들은 환자들에게 건강을 유지하라고 하는 것이 실제로는 그들에게 사형선고를 내리는 것인지에 대해 진지한 논의를 했다.

인플루엔자는 임산부에게는 더욱 치명적인 것으로 알려졌다.

의사들이 머리를 긁적거리게 만드는 더욱 기이한 것은, 대부분의 경우, 환자들의 체온이 정상으로 돌아온 후에는 맥박은 60이하(성인의

---

14 Jordan 1918.
15 Berman 1918, p.1935.
16 Bircher 1918.
17 Journal of the American Medical Association 1918g.
18 Armstrong 1919, p.65; Sierra 1921.

정상맥박 70~90)로 내려가 그 상태로 며칠을 지속하고 있었다는 점이다. 더욱 심각한 것은 맥박이 36~48로 떨어져 심장마비 발생 징후를 보이는 경우였다.[19] 이점 역시 호흡기 바이러스와 헷갈리게 하는 것이지만, 전파 질환에 대해 알게 되면 이해하게 될 것이다.

환자들은 회복된 후에도 보통 2~3개월은 탈모 증상이 있었다. 보스턴의 메사츄세츠 종합병원 피부전문의 사무엘 아이레스(Samuel Ayres)에 의하면, 이것은 거의 일상적인 현상으로 환자의 대부분은 젊은 여성이었다고 한다. 이 또한 호흡기 바이러스로 인한 후유증으로 여겨지는 것은 아니지만, 전파 노출로 인한 탈모 현상은 널리 알려져 왔다.[20]

또 다른 의문스러운 점은 1918년의 환자들 가운데 아주 극소수의 환자들만이 인후통, 콧물 또는 다른 초기 호흡기 증상을 보였다는 사실이다.[21] 하지만 신경적인 증상은 1889년 대유행 때처럼, 가벼운 경우에도 만연했다. 신경적인 증상으로는 불면증, 인사불성, 지각력 감소, 비정상적으로 예민한 지각력, 저림증, 간지럼증, 청각 장애에서부터, 눈, 눈꺼풀, 입천장, 여러 근육의 약화 또는 부분적 마비 증상에 이르기까지 다양했다.[22] 유명한 칼 메닝거(Karl Menninger)는 그가 3개월

19 Journal of the American Medical Association 1919b.
20 Firstenberg 1997, p. 29.
21 Annual Report of the Surgeon General 1919, p. 408.
22 상동., pp. 409-10.

동안 관찰한 인플루엔자로 인한 100건의 정신병 사례를 보고했다.[23] 여기에는 35건의 정신분열증도 포함되어 있다.

이 질병의 전염성을 폭넓게 검토했지만, 마스크, 격리, 고립은 모두 효과가 없었다.[24] 아이스랜드와 같이 섬으로 멀리 떨어진 나라조차 환자를 격리했음에도 불구하고 질병은 어디든 퍼져 나갔다.[25]

질병은 상상을 초월할 정도로 빠르게 퍼져나갔다. "물론 질병이 사람이 이동하는 것보다 더 급속하게 퍼져 나갔다고 추측할 근거는 없지만, 결과는 그렇게 된 것으로 보인다."라고 미 육군 소령 죠지 소퍼(George A. Soper) 박사는 기록했다.[26]

무엇보다 흥미로운 것은 자원자를 이용하여 이 병의 전염성을 입증하기 위한 여러 가지 용감무쌍한 시도였다. 1918년 11월과 12월, 그리고 1919년 2월과 3월에 이루어진 모든 시도는 실패로 끝났다. 미국 공중보건국(United States Public Health Service)을 위해 일하던 보스턴의 한 의료진은 18세에서 25세 사이의 건강한 100여 명의 지원자를 감염시키려고 시도했다. 그들의 노력은 감동적이었고 재미있는 읽을거리가 되었다.

"우리는 환자의 입, 코, 목, 기관지로부터 물질과 점액 분비물을 채취하여 자원자들에게 전이시켰다. 우리는 항상 같은 방법으로 분

---

23 Menninger 1919a.
24 Annual Report of the Surgeon General 1919, pp. 426-35.
25 Erlendsson 1919.
26 Soper 1918, p. 1901.

비물을 채취했다. 침대에서 열이 있는 환자 앞에 커다랗고 얕은 쟁반처럼 생긴 것을 놓고, 약 5cc의 살균된 소금물로 환자의 한쪽 코를 씻어내면 그 용액은 쟁반으로 흐르게 된다. 다음에는 환자가 코를 쟁반에 대고 힘껏 불도록 한다. 다른 쪽 콧구멍에도 다시 이렇게 한다. 그리고 환자는 입 안을 가신다. 다음에는 우리는 기침을 통해서 기관지 분비물을 채취하고, 양쪽 콧구멍의 분비물 표면을 면봉으로 채취할 뿐 아니라 목에서 분비된 점액질의 표면도 채취한다. 자원자들은 내가 설명한 6cc 혼합물들을 주입받는다. 지원자들은 각자 콧구멍, 목, 눈으로 주입됐고, 6cc 모두 사용되었다고 생각이 들 때면 그중 일부는 삼켰다는 것을 알게 될 것이다. 아무도 병에 걸리지 않았다."

더욱이 새로운 자원자들과 제공자들을 대상으로 이루어진 추가 실험에서는 소금 용액은 제외되었다. 그리고 질병에 걸린 제공자로부터 첫째, 둘째, 셋째 날 시료를 면봉으로 직접 채취하여 코에서 코로, 목에서 목으로 곧바로 전이시켰다. "이런 식으로 환자들로부터 직접 시료를 받은 자원자 중 아무도 병에 걸리지 않았다. 모든 자원자에게 최소한 2회, 그리고 일부는 그들 표현대로 3 "방(Shot)" 주입했다."

한 발 더 나아가 병에 걸린 5명의 제공자로부터 각 20cc씩 채혈한 실험에서는 모든 혈액을 함께 섞은 다음 자원자들에게 주입했다. "자원자들은 아무도 병에 걸리지 않았다."

"다음에 우리는 기도 상부(upper respiratory tract)에서 다량의 점액질을 취합하여 맨들러(Mandler) 필터로 여과시켰다. 이 여과된 액체를

10명의 자원자의 피하에 3.5cc씩 주사했지만, 이들 중 누구도 어떤 병에도 걸리지 않았다."

그 후, 새로운 자원자와 제공자를 대상으로 병을 "자연스러운 방법으로 전이시키기 위해 새로운 시도를 했다." "자원자는 환자 침대 옆으로 데리고 가서 소개되었다. 자원자는 환자의 침대 옆에 앉았다. 그들은 악수했고, 지원자는 지시에 따라 될 수 있는 한 환자 가까이 다가가 약 5분간 대화를 나누었다. 5분 대화가 끝날 무렵에 자원자는 환자의 입 가까이 대고 있고(그의 지시에 따라 두 사람 사이는 약 2인치(5cm)의 간격을 두고), 환자는 있는 힘껏 숨을 내쉬었다. 그러면 지원자는 환자가 내뱉는 호흡을 들이쉰다. 그리고 환자가 숨을 내쉬면 동시에 자원자는 숨을 들이쉰다. 환자와 자원자가 이같이 다섯 번 한 다음 환자는 자원자의 얼굴에 직접 대고 각기 다른 기침을 다섯 번 한다. [그러고 나서] 그 자원자는 우리가 이미 선정해 놓은 다음 환자에게로 갔다. 그런 과정을 반복하면서 10가지 경우의 인플루엔자 단계와 접촉하도록 했다. 각 단계는 대부분 새롭게 발병한 경우이고 적어도 발병 3일이 넘지 않도록 했다. 하지만 어느 누구도 어떤 방법으로도 병에 걸리지 않았다."

밀튼 로젠나우(Milton Rosenau) 박사는 다음과 같은 결론을 내렸다. "우리가 병의 원인을 알고 있다는 생각을 하면서 질병의 대발생을 맞이했고, 또 우리는 사람과 사람 간에 어떻게 병이 전염되는지 알고 있다고 확신했다. 만약 우리가 뭔가를 깨달았다면, 아마 그것은 우리가 그 병에 관해 알고 있는 사항에 확신이 없다는 점이다."[27]

이 보다 먼저 말에서 전염되는 것을 입증해보려는 시도가 있었지만 이것 역시 완전한 실패였다. 건강한 말들을 질병 진행 과정 내내 병든 말들과 가까이 지내도록 했다. 열이 나고 콧물을 흘리는 말에게 계속 씌워놓았던 코 주머니를 다른 건강한 말들의 사료 주머니로 사용하였지만, 그 말들은 변함없이 건강했다. 몇 가지 다른 추가적인 시도 끝에 영국 육군의 수의병 부대 허버트 왓킨스-피치포드(Herbert Watkins-Pitchford) 중령은 1917년 7월, "인플루엔자가 이 말에서 저 말로 직접 전염되었다는 증거를 나는 찾을 수 없었다."라고 기록했다.

레이더와 인공위성

1957년과 1968년에 있었던 두 번의 20세기 인플루엔자 대유행 역시 미국에서 이루어진 또 다른 선구자적 전기기술 발전의 기념비적 사건과 관련이 있었다.

제2차 세계대전 동안 처음으로 널리 사용되었던 레이더(Radar: RAdio Detection And Ranging, 전파를 이용한 탐지 및 거리 측정기술)를 1950년대 중반에 이르러 미국이 방대한 규모로 설치하게 되었다. 모든 핵 공격을 감시하기 위해 레이더를 3중 보호막으로 둘러쌌다. 처음으로 설치한 가장 작은 규모의 장벽은 파인트리 라인(Pinetree Line)

---

27 Rosenau 1919. See also Leake 1919; Public Health Reports 1919.

의 39개 레이더 기지국으로 캐나다 남부 노바스코샤(Nova Scotia)에서 북쪽으로 바핀 섬(Baffin Island)까지 해안 경계를 지켰다. 1954년에 완공된 파인트리 라인을 뿌리로 하여 1956년과 1958년 사이에 거대한 감시 나무가 성장하였다. 그 나무의 가지들은 캐나다의 중위도와 고위도까지 뻗쳐나갔고, 미국의 동쪽, 서쪽, 북쪽을 지키기 위해 알래스카까지 뿌리를 내리고 대서양과 태평양 위를 지켰다. 이것이 완공되자 빌딩 크기의 골프공 모양 돔 수백 개가, 횡으로는 대서양에서 태평양까지 종으로는 미국 국경에서 북극에 이르는 방대한 캐나다의 경관을 어지럽혔다.

미드-캐나다 라인(Mid-Canada Line)은 캐나다 동북부 래브라도 호페데일(Hopedale, Labrador)에서 서북부 브리티시 컬럼비아 도슨 크릭(Dawson Creek, British Columbia)까지 2,700마일(4,345km)에 해당하는 거리다. 이 라인은 파인트리 라인에서 북쪽으로 약 300마일(483km) 떨어져 있으며 30마일(48.3km) 간격으로 98개의 강력한 도플러 레이다(Doppler radar)가 설치되어있다. 첫 번째 기지는 1956년 10월 1일 착공되어 1958년 1월 1일에 완전한 시스템이 준공되었다.

원거리 조기 경보(DEW: Distant Early Warning) 라인의 58개 기지는 북극권 한계선(북위 66도 33분)으로부터 북쪽으로 200마일(322km) 거리의 대략 북위 69도(캐나다 동북부 바핀 섬에서 서북부 영토와 알라스카를 가로지르는 라인) 선의 동토를 지켰다. 33개의 주 기지에는 각각 펄스 송신기 두 대, 장거리 정밀 추적 조정용 펜슬 빔(pencil beam: 원뿔 모양의 전자파 포집기) 한 대, 일반 감시용 넓은 빔이 있었다. 각 빔은 최대 출력 500킬로와트였고, 각 기지는 최대 정점 용량이 100만와트에 이르렀다. 주파수는 1,220~1,350MHz 사이였다. 그 외 25개 "보충(gap-filler) 기지"는 1킬로와트급 연속파 도플러기(Dopplers)가 있었고 500MHz로 작동했다. 1955년에 착공되어 1957년 7월 31일에 완전한 시스템이 준공되었다.

DEW 라인은 해군함정이 있는 대서양과 태평양으로 확장되었다. 대서양에는 4척 그리고 태평양에 5척이 있었다. 이들 함정은 고도 3,000~6,000피트(914~1,829m) 상공에서 12시간에서 14시간 교대로 항해하는 록히드 항공함대가 보충 지원했다. 대서양 경계 영역에 위치한 레이더를 장착한 항공모함과 비행기는 메릴랜드와 뉴펀들랜드를 기점으로 아조레스(Azores) 해역까지 순찰하였다. 대서양 작전체계는 1956년 7월 1일 시험을 시작하여 1년 뒤에는 완전히 배치됐다. 하와이와 미드웨이(Midway islands)에 본부를 둔 태평양 경계 영역은 북미대륙 서부 해역을 정밀 감시하고 미드웨이에서 알라스카 코디액섬(Kodiak Island)까지는 대략 정찰했다. 이곳의 첫 번째 두 함정은 1956년 진주만에 배정되었고, 태평양 경계는 1958년 7월 1일 본격적으로 가동되었다.

추가로 장거리 레이더가 장착된 3개의 "텍사스 타워"는 대서양 연안에서 약 100마일(161km) 떨어진 바다 위에 세워졌다. 첫 번째 타워는 케이프 코드의 동쪽에서 110마일(177km) 떨어진 곳에 세워져

1955년 12월에 가동을 시작했지만 세 번째 타워는 뉴욕 항구에서 남동쪽으로 84마일(135km) 떨어진 곳에 있으며 1957년 초여름에 가동되었다.

끝으로 캐나다 상공을 뒤덮고 있는 195개의 모든 초기 레이더 기지는 대부분 아주 먼 곳까지 감시 정보를 전송할 수 있어야 했다. 그래서 보통 600~1,000MHz 마이크로웨이브 스펙트럼에서 작동하고 최대 40킬로와트 방송 출력을 가진 고출력 무선 송신기가 기지마다 설치되었다. 이러한 무선 송신기는 "대류권 산란(tropospheric scatter)"이라고 하는 기술을 이용한다. 둥글게 휘어진 광고판 모양의 거대한 안테나는 멀리 지평선 위의 신호들을 조준하고 있다. 이 안테나는 지표면으로부터 6마일(9.7km) 상공의 낮은 대기권에 있는 입자들을 튕겨 보내 수백 마일(수백 km) 멀리 떨어져 있는 수신기에 도달하게 한다.

화이트 앨리스(White Alice) 통신시스템이라는 또 다른 안테나 네트워크가 같은 시기에 알래스카 전역에 설치되었다. 안테나 종류은 위에서 설명한 것과 같은 것이었다. 첫 번째 시스템은 1956년 11월 12일 가동되었고, 1958년 3월 26일에 완전한 시스템이 준공되었다.

"아시안" 인플루엔자 대유행은 1957년 2월 말에 시작되어 일 년 이상 지속되었다. 1957~1958년 가을과 겨울에 대량 사망이 발생했다.

10년 후 미국은 초기 국방통신위성 프로그램(IDCSP: Initial Defense Communication Satellite Program)을 시작하면서 세계 최초의 군사용 위성을 밴 앨런(Van Allen) 방사선 벨트의 바로 중심부인 고도 18,000

해리마일(nautical mile, 33,336km, 1해리마일=1852m) 궤도로 발사했다. 1968년 6월 13일에는 마지막 8번째 발사가 이루어졌다. IDCSP로 28개의 위성이 운용되고 있었다. **"홍콩" 인플루엔자 대유행은 1968년 7월에 시작되어 1970년 3월까지 지속했다.**

우주에 이미 몇 개의 위성이 있기는 했지만, 그 위성들은 1960년대에는 한 번에 하나씩 발사되었다. 1968년 초에는 전부 다 해서 겨우 13개의 위성만이 지구 궤도를 선회하고 있었다. IDCSP는 일거에 그 수를 세 배 이상 증가시켰을 뿐만 아니라, 지구 자기층의 가장 취약한 중앙에 위성들을 배치했다.

다음 장 "지구의 전기 덮개"에서 1889년, 1918년, 1957년, 1968년의 각 경우를 설명할 것이다. **우리는 모두 지구의 전기 덮개에서 보이지 않는 끈으로 연결되어있는데 그 덮개가 갑자기 극심하게 교란되었다.** 그래서 그 연결이 가장 강하고 뿌리가 가장 생기 있으며 생명의 리듬이 지구의 익숙한 파동과 가장 밀접하게 맞춰진 그런 사람들이 가장 심한 고통을 받았고 사망했다. 달리 표현하면, 활기차고, 건강한 젊은이들, 임산부들이 피해자가 되었다. 갑자기 지휘자가 미쳐버린 오케스트라처럼, 그들의 오르간과 그들의 살아있는 악기들을 더 이상 어떻게 연주해야 할지 몰랐다.

제9장

지구의 전기 덮개

모든 것들은 불멸의 힘으로,

가까이 있거나 멀리 있거나,

숨겨져 있거나

서로 연결된 것은

별들의 수고 없이는

당신은 꽃 한 송이도 흔들리게 할 수 없다.

프란시스 톰슨(Francis Thomson)의
환상의 여왕(The Mistress of Vision)에서

내가 꽃을 볼 때, 내가 보는 것은 꿀을 따러 오는 꿀벌이 보는 것과 같지 않다. 꿀벌은 내 눈에는 보이지 않는 아름다운 형체의 자외선을 볼

수 있지만, 꿀벌은 빨간색은 보지 못한다. 빨간 양귀비가 꿀벌에게는 자외선으로 보인다. 양지꽃(cinquefoil)은 내 눈에는 진노란색으로 보이지만 꿀벌에게는 꿀로 유인하는 노란색 중심이 보라색으로 보인다. 대부분의 하얀 꽃들은 꿀벌에게는 청녹색으로 보인다.

밤하늘을 바라보면, 별들은 지구 대기권을 지나온 반짝이는 색의 점으로 나타난다. 달과 몇몇 행성을 제외한 모든 공간은 온통 암흑이다. 하지만 이는 환상의 암흑인 것이다.

꿀벌이 볼 수 있는 자외선, 뱀이 볼 수 있는 적외선, 메기와 도롱뇽이 볼 수 있는 낮은 전기주파, 라디오파, 엑스선, 감마선, 느린 은하계 진동, 세상의 모든 색을 볼 수 있다면, 무수한 형상과 색조, 모든 눈부신 장관 배경으로 실제로 존재하는 모든 것들을 볼 수 있다면, 우리는 환상의 암흑을 보는 대신, 언제 어디서든 밤낮 구분 없이 형상과 움직임을 볼 수 있을 것이다.

우주의 거의 모든 물질은 전기로 충전되어있다. 그래서 플라즈마(plasma)라 불리는 이온화된 물질로 넓고 끝없는 바다를 이룬다. 플라즈마라는 용어는 살아있는 세포의 내용물(원형질, cytoplasm)을 따라 명명되었다. 전하를 띄는 물질이 예측 불가능하고 생명체와 같은 행동을 하기 때문이다. 우리가 바라보는 별들은 전자, 양성자, 원자핵, 그리고 끊임없이 움직이는 전하 입자들로 구성되어있다. 별과 은하계 사이의 공간은 텅 비어있는 것이 아니라, 전하를 띄는 아원자 입자(subatomic particle)들로 가득 차 있다. 그 입자들은 어마어마하게 소용돌이치는 전자기장으로 가속화되어 거의 빛의 속도로 그곳을 떠다니고 있다. 플라스마는 어떤 금속보다도 훨씬 더 좋은 전기 전도체다. 플라즈마 필라멘트는 수십억 광년 거리의 보이지 않는 전선이 되어, 우주의 한쪽에서 다른 한쪽으로 이어지는, 천체를 형성하는 거대한 회로를 통해 전자기 에너지를 이동시킨다. 우주 물질의 거대한 소용돌이는 수십 억 년 동안 전자기장의 힘에 의해, 이러한 필라멘트를 따라 끈에 꿰어진 구슬처럼 모여들어 밤하늘을 장식하는 은하계로 진화하게 된다. 또한, 이중 막이라 불리는 전류의 얇은 피복(생물 세포막과 같은)은 은하 공간을 거대한 구획으로 나눈다. 각 구획은 각각 다른 물리적, 화학적, 전기적, 자기적 성질을 가질 수 있다. 심지어 어떤 이들은 이중 막의 한쪽은 물질이 있고 다른 한쪽에는 반물질이 있을 수도 있다고 추측한다. 거대한 자기장은 세포의 완전한 상태가 세포를 둘러싸고 있는 막의 전기장에 의해 보존되는 것처럼 우주의 서로 다른 영역이 서로 섞이는 것을 막는다.

우리가 살고 있는 은하수(Milky Way)는 10만 광년을 가로지르는 중간 크기의 나선형태 은하계로, 중심을 축으로 2억 5천만 지구 년(earth year)에 한 번씩 둘레를 회전하면서 그 주변에 거대한 은하계 크기의 자기장을 발생시킨다. 추가 자기장을 발생시키는 500광년 거리의 플라스마 필라멘트를 은하계 중심에서 외부로 돌면서 사진으로 찍어왔다.

우리의 태양 역시 플라스마로 만들어졌으며, 태양풍이라 불리는 일정한 전류로 엄청나게 많은 전자, 양성자, 헬륨이온을 내보낸다. 태양풍은 초당 300마일(483km)의 속도로 별들 사이에 플라스마로 퍼져나가기 전에 지구와 모든 행성을 적신다.

중심핵이 철로 되어있는 지구는 그 축을 중심으로 태양계와 은하의 전자기장에서 회전한다. 지구가 회전하면서 생성한 지구 자기장은 태양풍의 충전된 입자들을 포획하고 굴절시킨다. 충전된 입자들은 자기권(magnetosphere)이라 불리는 플라스마 층으로 지구를 싸고, 자기권은 행성의 어두운 쪽으로 수억 마일(수억 킬로미터)의 혜성 같은 꼬리로 뻗어 있다. 태양풍에서 온 입자들이 층으로 모여 있는 것을 밴 앨런 복사대(Van Allen Radiation Belts)라고 부르며, 우리 머리 위로 600~35,000마일(966~56,327km)을 순환한다. 자력선을 따라 극방향으로 움직이는 전자는 상층 대기의 산소 및 질소 원자와 충돌한다. 이 전자들이 형광을 내어 위도가 높은 극지방의 긴 겨울밤에 춤추는 오로라 보릴리스(borealis)와 오스트랄리스(australis)와 같은 북극광과 남극광을 발생시킨다.

태양 또한 자외선과 엑스선으로 지구를 공격한다. 이것들은 지상 50~250마일(80~402km)에 있는 공기를 강타해 이온화시키고, 상층 대기의 전류를 일으키는 전자를 방출한다. 이것은 지구의 플라즈마 층으로 이온층(ionosphere)이라고 부른다.

지구 또한 우주 방사선(cosmic ray)이라고 하는 모든 방향으로부터 오는 충전된 입자들로 세척된다. 이들은 빛의 속도에 가깝게 이동하는 원자핵과 아원자(subatomic) 입자들이다. 지구 내부로부터 우라늄과 다른 방사성 원소에 의해 방사선이 방출된다. 우주에서 온 우주 방사선과 바위와 토양에서 방출되는 방사선은 대기 하층부에서 우리를 둘러싼 전류를 흐르게 하는 작은 이온들을 제공한다.

이러한 전자기 환경에서 우리는 진화했다.

우리는 모두 미터당 평균 130볼트의 매우 일정한 수직 전기장에 살고 있다. 맑은 날씨에는 우리 아래 지면은 음전하를 띠고 있고, 우리 위의 이온층은 양전하를 띄고 있으며 땅과 하늘의 전위차는 약 30만 볼트다. 전기는 항상 우리를 둘러싸고 영향을 주며 태양과 별들로부터 메시지를 전달하는 사실을 가장 극적으로 상기시켜 주는 현상이 바로 번개다. 전기는 우리 머리 위의 높은 하늘을 통과하고, 천둥 번개의 형태로 아래쪽을 향해 폭발하고, 우리 아래 지면으로 급히 이동하며, 날씨가 좋은 날에는 작은 이온에 의해 운반되어 공기 중으로 차차 되돌아온다. 전기는 지구 전체에 생기를 불어넣기 때문에 이 모든 현상은 끊임없이 일어난다. 1조 와트의 전기를 방출하는 약 100볼트의 번개가 매초 지구를 강타한다. 천둥·번개가 칠 때는 우리 주변 대기 중의 전기 장력은 미터 당 4,000볼트 이상에 이를 수 있다.

내가 25년 전 지구의 전기 회로에 대해 처음 알게 되었을 때, 전기 회로에 대해 이해를 도울 수 있도록 다음과 같은 스케치를 그렸다.

그림에서 보듯이 살아있는 생명체는 지구 전기 회로의 일부다. 우리는 각자 자신의 전기장을 발생시킨다. 이 전기장은 대기처럼 우리

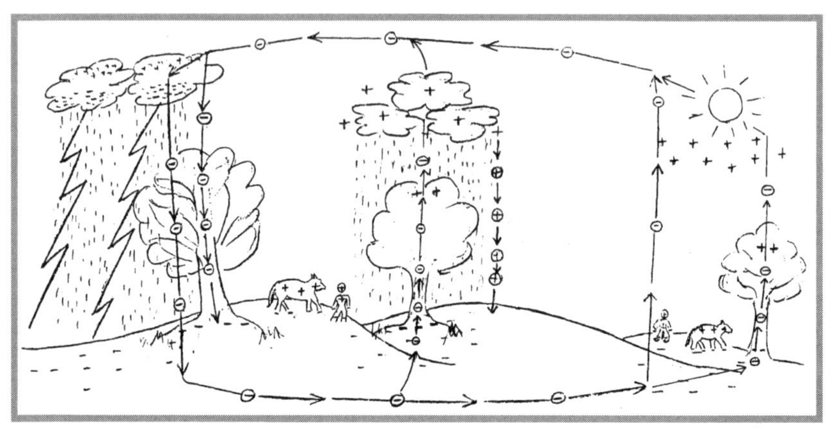

<그림 9-1> 지구의 전기 회로

신체를 수직으로 양극화한다(척추와 머리는 양극, 발과 손은 음극). 양극을 띄는 머리가 양극의 하늘을 향하듯이, 음극을 띄는 발은 음극의 땅을 걷는다. 우리 몸을 부드럽게 통과하는 복잡한 전기 회로는 땅과 하늘에 의해 완성된다. 그리고 바로 이런 방식으로 지구와 태양은 생명의 에너지원이 된다. 이것이 중국 의학의 고전 『황제내경(*Yellow Emperor's Classic*)』이 말하는 태양과 태음이다.

그 반대도 진실이라는 것은 널리 인식되지는 않았다. 생명체도 지구가 필요할 뿐만 아니라 지구도 생명체가 필요하다는 것이다. 예를 들어, 녹색 식물이 수십억 년 동안 자라왔기 때문에 대기는 존재한다. 식물은 공기 중 모든 산소를 만들어 냈고 질소도 대부분 그렇다. 하지만 우리는 깨지기 쉬운 공기층을 희귀한 다이아몬드보다도 더 소중한 대체 불가능의 보물로 다루는 데 실패했다. 왜냐하면 우리가 태우는 석탄이나 기름에서 나오는 탄소 원자로부터 이산화탄소 분자를 만들어 내기 위하여 산소 분자를 영원히 파괴하기 때문이다. 한때 미래를 향해 생명을 불어넣었던 고대식물인 화석연료를 태우는 것이야말로 실제로 창조의 역행이다.

전기적으로도 생명현상은 필수다. 살아있는 나무는 음전하로 충전된 땅으로부터 대기를 향해 수백 미터 솟아오른다. 그리고 천둥번개 칠 때를 제외하면 대부분 빗방울은 지면을 향하여 양의 전하를 전달하고 나무는 구름으로부터 비를 끌어당기기 때문에, 벌목은 전기적인 변화를 일으켜 숲이 있었던 곳에 비를 내리지 않게 한다.

미국의 자연 철학자 로렌 아이슬리(Loren Eiseley, 1907~1977)는 말했다. "미세한 생명체가 무리지어 살고 있는 수많은 작은 연못들은 물을 강으로 흘려보내는 것 외에 인간을 위해서 중요한 존재다."[1] 우리뿐만 아니라, 특히 나무는 사막에 물을 공급하는 지구의 방식이다. 나무는 수분 발산을 증가시켜 온도를 낮추며, 나무의 수액으로 가속화되는 생명의 흐름은 하늘과 비를 통해 연속적으로 이어진다.

지구가 살아있는 태양계의 일원이고 살아있는 우주의 구성원인 것처럼 우리는 모두 살아있는 지구의 일부분이다. 은하계 전반의 전기 작용, 행성의 자기 리듬, 태양 흑점의 11년 주기, 태양풍의 변동, 지면을 향한 천둥과 번개, 우리 몸 안의 생물학적 전류, 이 모든 것들은 서로 의존한다. 우리는 우주의 몸속에 있는 미세한 세포와 같다. 은하계 반대편에서 일어나는 일들도 지구의 모든 생명체에 영향을 미

---

1 The Immense Journey. NY: Random House, 1957, p.14.

친다. 지구의 생명체에서 일어나는 어떤 극적인 변화라도 태양과 별들에 작지만 주목할 만한 영향을 주게 될 것이라 말하는 것은 아마 과장된 것은 아닐 것이다.

지구 저주파 공명과 동물의 신체 리듬

1890년 런던 남부도시전기철도(City and South London Electric Railway)가 운행을 시작했을 때, 4.5마일(7.2km) 떨어진 그리니치 왕립천문대(Royal Observatory at Greenwich)의 정밀 장비에 영향을 주었다.[2] 그 철도와 그 외 모든 전기철도가 우주로 전자파를 방출하며 지구의 자기권을 교란시킨다는 것을 아는 물리학자들은 당시 별로 없었다. 수십 년이 지나서야 그러한 사실은 밝혀질 수 있었다. 전자파가 생명현상에 미치는 중요성을 이해하기 위해, 우선 번개 이야기로 돌아 가보자.

우리는 지구를 감싸고 있는 공기로 가득 채워진 55마일(89km) 높이의 생물권에 살고 있다. 이곳은 번개가 칠 때마다 징처럼 울리는 공명현상이 일어나는 공간이다. 이곳에서 우리가 서서 걷고 새들이 날아다닐 때는 미터 당 130볼트의 정적 전기장을 유지한다. 번개는 정적 자기장에 추가로 초당 8회 울림(beats per second 또는 Hz), 14, 20, 26, 32 등 특정 저주파 울림으로 생물권에 울려 퍼지게 한다. 이 공명

---

2 Burbank 1905, p. 27.

현상은 이러한 울림이 존재할 것으로 예측한 독일의 물리학자 윈프리드 슈만(Winfried Schumann)의 이름을 따서 명명되었다. 1953년 슈만은 제자 허버트 쾨니히(Herbert König)와 함께 이 현상이 대기권에서 계속되고 있음을 증명하였다.

깨어 있는 이완 상태에서 우리의 뇌는 이런 정확한 주파수에 맞춰진다. 출생 전부터 성인에 이르는 인간 뇌파도(electroencephalogram)의 지배적인 패턴은 8~13Hz 또는 신생아의 경우 7~13Hz에 이르는 잘 알려진 알파 리듬으로 첫 두 슈만 공명에 의해 경계를 이룬다. 변연계(limbic system)라 불리는 뇌의 오래된 부분은 감정과 장기 기억에 관여하며 첫 번째 슈만 공명 경계 윗부분을 차지하는 4~7Hz의 세타파(theta wave)를 생성한다. 세타 리듬은 어린아이들과 명상 중인 성인에게서 더욱 현저하게 나타난다. 동일한 주파수의 알파와 세타는 놀라울 정도로 진동이 거의 없고 모든 동물에서 나타나는 것으로 알려져 있다. 개들은 이완 상태에서 8~12Hz의 우리와 같은 알파 리듬을 나타낸다. 고양이들의 경우 그 영역은 8~15Hz로 약간 더 넓다. 토끼, 기니피그(guinea pig), 염소, 소, 개구리, 새, 파충류는 모두 거의 같은 주파수를 나타낸다.[3]

슈만의 제자 쾨니히는 이러한 대기의 파가 뇌의 전기 진동과 매우 유사하다는 점에 깊은 인상을 받고 광범위한 영역의 실험을 했다. 그

---

3 Rheinberger and Jasper 1937, p. 190; Ruckebusch 1963; Klemm 1969; Pellegrino 2004, pp. 481-82.

는 첫 번째 슈만 공명은 알파 리듬과 너무 완벽하게 일치하기 때문에 전문가조차 뇌에서 추적한 파와 대기의 파 사이에 차이를 구분하기가 매우 어렵다고 썼다. 쾨니히는 이것이 우연의 일치가 아니라고 생각했다. 첫 번째 슈만 공명은 뇌가 고요하고 이완된 상태에서 알파 리듬이 나타나는 것처럼 고요하고 안정된 상태의 좋은 날씨에 나타났다고 지적했다. 반면에 불규칙하고 3Hz가량의 더 높은 진폭의 파를 가진 델타 리듬은 불안정하고 불균형한 기상 상태일 때 대기 중에 나타나고 혼란스럽거나 질병 상태의 뇌(두통, 경련 상태, 종양 등)에서 나타난다.

쾨니히는 1953년 뮌헨에서 열린 교통 박람회에 거의 5만 명에 이르는 사람들을 대상으로 한 실험에서 이렇게 혼란스러운 후자 형태의 파동이 대기 중에 나타났을 때, 인간의 반응시간을 현저하게 늦추었고 반면에 8Hz의 슈만 파동은 바로 그 반대 현상이 나타나게 함을 증명할 수 있었다. 대기에서 슈만 신호가 커질수록, 그날 사람들의 반응은 더욱 빨라졌다. 쾨니히는 실험실에서 그 영향을 다시 실시했다. 10Hz(알파 범위)의 인공적인 파장은 인간의 반응을 빠르게 했고 반면에 3Hz의 인공적인 파장은 반응을 느리게 했다. 쾨니히는 실험 대상자의 일부는 3Hz에 노출되었을 때 두통, 피로, 심장이 조여드는 느낌 또는 손바닥에 땀이 나는 증세를 호소했음도 지적했다.[4]

1965년 제임스 해머(James R. Hamer)는 "저주파 방사선에 의한 인

4 König 1974b; König 1975, pp. 77-81.

간 뇌의 생물학적 동반 현상"이라고 제목을 붙인 논문에서 자신이 노드롭 우주 연구소(Northrop Space Laboratories)를 위해 수행한 실험 결과를 이와 같은 노선에 따라 발표했다. 쾨니히와 마찬가지로 그는 8Hz이상의 주파수는 반응시간을 빠르게 했고 반면에 더 아래 주파수는 그 반대의 효과를 보여주었다. 그의 연구는 한층 더 나아갔다. 그는 인간의 뇌는 신호가 충분히 약할 때 서로 약간만 다르더라도 주파수가 다름을 구별할 수 있다는 것을 증명했다. 그가 지구 자체의 주파수 영역과 가까운 미터 당 0.0038볼트로 신호 강도를 줄였을 때, 7.5Hz는 8.5Hz보다, 그리고 9.5Hz는 10.5Hz보다 크게 다른 영향을 나타냈다.

번개 이야기는 아직 끝나지 않았다. 우리가 걷고 있는 정적 전자기장과 우리 뇌에 속삭이는 저주파수에 추가하여, 번개 역시 초당 수천 사이클에 이르는 대기 잡음 또는 "스페릭스(sferics, 공전)"라 불리는 더 높은 주파수의 일정한 심포니를 우리에게 제공한다. 이는 초저주파(VLF)의 라디오로 그 소리를 들으면 마치 나뭇가지가 부러지는 것처럼 들린다. 하지만 이것은 사실 보통 수천 킬로미터 떨어진 곳에서 천둥번개로 시작되었을 것이다. 휘파람이라 불리는 다른 소리는 슬라이드 휘슬(slide whistle)이라는 악기의 하강 톤과 비슷하며 지구 반대편 끝에서 종종 천둥번개로 시작된다. 하강하는 음색은 이러한 파들이 자기장 선을 따라 우주로 나갔다가 다시 지구 반대쪽 반구로 돌아가는데 걸리는 긴 여정에서 발생한다. 이러한 파들은 지구의 한쪽 끝에서부터 다른 쪽까지 수차례 왔다 갔다 할 수도 있다. 그 결과 연속적인 휘파람 소리가 발생한다. 이러한 현상이 1920년대에 처음으로 발견되었을 때 사람들은 마치 이 세상 소리가 아닌 것 같이 느껴져 「우주 공간에서 온 목소리」라는 비교적 어울리는 제목의 신문 기사가 나왔다.[5]

지구에서 전기 현상으로 인한 소리(특히 극지방에 가까운 높은 위도 지방에서 들을 수 있는)는 일정하게 계속되는 '쉬(hiss)'하는 소리와 아침에 새들이 지저귀는 소리 같아서 붙여진 "여명의 코러스(dawn chorus)"다. 이 두 소리는 지구 자기장의 느린 진동에 따라 매 10초 정도의 간격으로 부드럽게 오르내린다.

이 초저주파(VLF) 소리는 우리 신경계를 자극한다. 주파수 영역은 대략 200~30,000Hz에 이르고, 우리의 청각 범위에 있다. 또 쾨니히가 관찰했던 것처럼 우리 뇌가 근육에 보내는 자극의 주파수도 포함한다. VLF가 우리의 웰빙에 주는 영향은 1954년 독일에서 라인홀드 리터(Rinhold Reiter)가 동료들과 함께 약 100만명을 대상으로 한 연구에서 잘 보여주었다. 연구 결과에 따르면 강한 VLF 스페릭스(sferics)가 있었던 날에는 인체 반응시간이 상당히 길어졌으며, 출생, 사망, 자살, 강간, 작업 중 부상, 교통사고, 팔다리 절단 수술환자의 통증, 뇌손상 환자의 고통이 모두 아주 심하게 증가했다.[6]

---

5 Helliwell 1965, p. 1.
6 Reiter 1954, p. 481.

VLF 환경은 인간과 동물의 생물학적 리듬을 조절한다. 1930년대 이후 인기 애완동물이 된 골든 햄스터(golden hamster)는 원래 시리아의 알레포(Aleppo) 지방 인근에서 야생하고 있었다. 햄스터는 매년 약 3개월간 동면에 들어간다. 하지만 실험실에서 햄스터로 동면에 관한 연구를 하던 과학자들은 추위 노출 기간 확대, 일조 시간 축소 또는 기타 환경적 요소 통제로 동면 시작을 유도할 수 없다는 것을 알고 어리둥절했다.[7]

1960년대 중반, 기후학자 울프강 루드비히(Wolfgang Ludwig)와 라인하르트 메케(Reinhard Mecke)는 다른 접근을 시도했다. 그들은 온도나 일조 시간을 변경하지 않은 채, 햄스터를 겨울 동안 페러데이 케이지에 넣어 자연에서 나오는 모든 전자기파를 차단했다. 넷째 주가 시작될 때 안테나로 자연에서 나오는 야외 대기 주파수를 적용했더니 햄스터는 곧바로 잠이 들었다. 이 후 두 달 동안, 연구원들은 자연적인 야외주파수 또는 자연의 겨울 패턴을 모방해서 만든 인공 VLF를 적용하거나 제거하여 동물들을 겨울잠에 들거나 깨어나게 할 수 있었다. 그러고 나서, 실험 13주째 되던 때 페러데이 케이지 안의 주파수를 자연의 여름 패턴을 모방하여 바꾸자마자 30분도 채 안 되어, 동물들은 갑자기 바뀐 계절의 변화에 놀란 듯이 깨어나 실험이 끝날 때까지 주야로 일주일 내내 달리는 "급격한 움직임"을 시작했다. 다른 햄스터들에게도 이러한 실험을 반복해본 후, 연구원들은 동면상태가 먼

7 Lyman and O'Brien 1977, pp. 1-27.

저 촉발되지 않는 이상 이렇게 높은 수준의 활동이 일어날 수 없다는 것을 발견했다. 그들이 사용한 인공 전자기장은 매우 약한 수준(전기장은 미터당 10밀리볼트, 자기장은 미터당 26.5마이크로암페어)이었다. 지구의 자연 전자기장이 햄스터에게 중요하듯이 인간에게도 중요한지 알아보려면 인간을 전자기장이 완벽하게 차단된 곳에 몇 주 있도록 한 뒤에 어떤 일이 일어나는지 보는 것이다. 이것은 행동 생리학자 뤼처 위버(Rütger Wever)가 독일의 막스플랑크연구소(Max Planck Institute)에서 했던 바로 그 방법이다. 1967년 그는 두 개의 분리된 방이 있는 지하 건물을 지었다. 두 방 모두 빛과 소리를 세심하게 차폐했고 하나는 전자기장도 차폐했다. 그 후 20년간 수백 명의 사람들이 두 방 중 한 곳에 사는 동안 보통 한 달에 한 번씩 수면 주기, 체온, 그 외 신체 리듬을 관찰했다. 위버는 지구의 자연 전자기장이 있는 한, 빛과 어둠의 변동과 시계나 시간의 신호가 전혀 없어도 신체의 수면 주기와 내부 리듬은 24시간과 가깝게 유지되고 있다는 것을 발견했다. 하지만 이러한 자연 전자기장이 없어지면 신체 리듬은 더욱 길어지고 불규칙해지며 상호 동기화가 깨어진다. 평균 자동 수면 사이클은 25시간이었지만, 개인적으로 짧게는 12시간에서 길게는 65시간이었다. 체온 변화, 칼륨 배출, 정신작용 속도, 기타 리듬은 완전히 서로 다른 각자 개인적인 정도에 따라 들쑥날쑥했을 뿐만 아니라, 수면 각성(잠자고 일어나는) 주기와는 전혀 무관했다. 하지만 차폐된 방에 첫 번째 슈만 공명과 가까운 인공적인 10Hz 주파수가 도입되자마자, 모든 신체 리듬은 즉시 24시간 주기로 다시 동기화되었다.

인체의 전기 회로와 한의학의 침술

하늘과 땅 사이에 살아가는 생명체는 두 가지 극성을 함께 띤다. 다음 장에서 보게 되겠지만, 생명체의 전하 분포는 외부적으로 측정되고 지도화되었다. 식물에서 이 작업은 예일대 해부학 교수 헤롤드 삭스톤 버(Harold Saxton Burr)에 의해 그리고 동물에서는 뉴욕 주립대(SUNY, Syracuse), 정형외과 의사 로버트 베커(Robert O. Becker)에 의해 이루어졌다. 동물에서 양전압(Positive Voltage)이 가장 큰 부분은 머리 중심부, 심장, 하복부이고, 나무는 지표면 위로 드러난 수관(줄기, 잎, 꽃)이다. 나무에서 음전압(Negative Voltage)이 가장 큰 곳은 뿌리이고 동물은 네 발과 꼬리의 끝부분이다. 이런 부분들은 지구의 전기 회로가 하늘과 땅 사이에서 몸 안으로 들어가고 나가는 곳이다. 그리고 생명체 내부에서 전기가 이동하는 채널은 하늘과 땅의 전기를 모든 신체 장기에 분산시킨다. 이 채널은 이미 수천 년 전에 정밀하게 지도화되었고, 이것은 오늘날 우리가 한의학의 침술이라고 알고 있는 지식의 중심이 되고 있다. 이는 B.C.500~300년에 저술된 중국의 고전 의학서 『황제내경(*Huangdi Neijing*)』에 기록되어있다. 바로 주요 경혈점의 이름만으로도 인체의 전기 회로는 땅과 하늘의 회로와 연결되어 있음을 이해할 수 있게 되어있다. 예를 들어 신장(콩팥) 1은 발바닥 중앙에 있는 발밑 지점으로 중국어로 용콴(yong quan, 용천)이라고 하며 "솟아오르는 샘"이라는 뜻이다. 지구의 에너지가 이곳을 통해서 발로 솟아올라 하늘을 향해 다리를 타고 신체 전반으로 가기 때문이다. 중추혈관 20은 머리 꼭대기 중앙에 있는 지점으로 중국어로 바이후이(bai hui, 백회)라고 하며, "백 가지 기운이 모이는 자리"다. 이 지점은 또 인도 전통에서 "수천 꽃잎의 연꽃"에 해당하며, 하늘의 에너지가 땅을 향하여 우리 몸으로 내려오고 몸의 에너지 흐름이 모여 하늘을 향해 나아가는 곳이다.

하지만 1950년에 이르러서야 과학자들은 일본의 요시오 나카타니(Yoshio Nakatani)와 독일의 라인홀드 볼(Reinhold Voll)을 시작으로, 경혈점과 경락의 전기 전도도를 측정하기 시작했고, 마침내 "기(qi)"(이전에는 chi로 표기)를 현대어로 바꾸었다. 기는 "전기"를 의미한다.

샤오숭 린(Hsiao-Tsung Lin)은 대만국립중앙대학(National Central University)의 화학 및 재료과학과 교수다. 그는 경락을 통해 흐르는 기는 인체 세포에 에너지와 정보라는 두 가지를 모두 제공하는 전류이며, 그 발생원은 내부와 외부 두 곳 모두에 있다고 말한다. 모든 경혈점은 두 가지 역할을 하고 있다. 하나는 내부 전기 신호의 증폭기로서 경락을 따라 이동할 때 그 힘을 증가시키는 역할이고, 다른 하나는 주변 환경으로부터 전자기 신호를 수신하는 안테나 역할이다. 단티안(dantian) 또는 한의학의 에너지 중심은 머리, 심장, 복부에 있으며 인도 전통의 차크라(chakras)에 해당한다. 단티안은 특정 주파수에 공명현상을 나타내고 경락과 교감하며 흐름을 조절하는 전자기 진동기다. 또 이것들은 모든 전자회로의 진동기와 같이 정전 용량과 유도 용량을 갖고 있다. 린 교수는 인체는 엄청 복잡하고 섬세한 초복합 전자기 진동 네트워크라고 말한다.

1975년, 뉴욕주립대 의사 로버트 베커와 그의 동료들은 일반적으로 경혈점은 저항력이 낮을 뿐만 아니라 주변 피부보다 전압이 평균 5밀리볼트 더 높다는 것을 발견했다. 그들은 또 적어도 인체 표면에서 경락이 지나는 곳은 부근 피부보다도 전도성이 현격히 높고 전기저항이 낮다는 것을 발견했다.

일본의 나카타니(Nakatani), 독일의 볼(Voll), 미국의 베커(Becker)와 기타 연구자들의 결과로, 마이크로암페어 전류를 이용한 전기침술이 전통적인 침술과 함께 자리를 잡았고, 피부의 전기 전도도를 측정하여 경혈점을 찾는 상업용 측정기가 이곳 서양에서도 한의학을 수련받지 않은 자들 사이에서 사용되었다.[8] 중국에서는 1934년부터 전기침술 기기들이 사용되어왔다. 그 기기들은 인체는 일종의 전기장치이며 건강이나 질병은 우리 주변과 인체에서 끊임없이 흐르는 전기에너지가 적절히 분포하고 균형을 이루는 것에 달려있음을 암묵적으로 인정한 것이다. 하지만 아이러니하게도 그 기기들은 과학적인 지식이 진정한 지식으로 발전하는 것을 막기도 한다. 왜냐하면 신체에 기를 보충하는데 대기 전기 대신에 인공 전기를 사용하여 우리에게 활력과

8 Brewitt 1996; Larsen 2004.

생명을 주는 전기가 공기 중에 있다는 사실을 전기침술 기기로 인해 잊어버리기 때문이다.

상하이 한의과대학(Shanghai University of Traditional Chinese Medicine), 푸젠 한의학연구소(Fujian Institute of Traditional Chinese Medicine), 기타 중국 연구기관에서는, 과학자들이 인체 경락에 흐르는 것은 전기이며, 전기는 기관차를 움직이는 동력일 뿐만 아니라 생명현상에서 엄청나게 복잡하고 섬세한 것임을 계속 입증하고 있다. 일반적으로 경혈점의 전기 저항은 주변 피부보다 2~6배 낮으며, 경혈점이 전기를 저장할 수 있는 용량은 최대 5배나 크다.[9] 상업용 경혈점 측정기는 가끔 오류를 범할 수 있다. 왜냐하면 개인의 체질에 따라 경혈점이 주변보다 높은 저항력을 보일 수 있기 때문이다. 하지만 경락은 전기 자극에 항상 능동적이고 비선형적인 방식으로 반응하며, 전기 회로와 똑같이 반응한다고 현대 연구자들은 말한다.[10]

전도성 지점과 경락의 물리적 구조는 잠정적으로 확인되었다. 1960년 북한의 의사 김봉한(Bong Han Kim)은 인체 전반에 걸친 피부, 내부 장기와 신경계, 혈관 안팎에 있는 미세한 소체(corpuscles)들과 이것들을 연결하는 실처럼 가는 구조로 된 전체 네트워크의 세밀한 사진을 발표했다. 그는 실 같은 구조는 전기 전도성이 있는 도관으로 안에 들어있는 액체는 놀랍게도 많은 양의 DNA를 포함하고 있

9 Xiang et al. 1984; Hu et al. 1993; Huang et al. 1993; Wu et al. 1993; Zhang et al. 1999; Starwynn 2002.

10 Wei et al. 2012.

다는 것을 발견했다. 이것들의 전기적 맥동은 심장 박동보다 상당히 느렸다. 토끼 피부에서 맥동 속도는 분당 10~20회였다. 피부 바로 아래 있는 도관의 경로는 침술의 전통적인 경락 경로와 일치했다. 김봉한이 이러한 시스템을 확인하는 데 성공한 것은 살아있는 동물로만 실험했기 때문이다. 도관과 소체는 처음에는 거의 투명하지만 죽으면 바로 사라지기 때문에 살아있는 동물에서만 확인 가능하다. 그는 이 도관과 소체의 네트워크에 의해서만 흡수되는 미확인 청색 물감으로 살아있는 조직을 염색했다. 김봉한의 『경락 체계에 관한 책(*On the Kyungrak System*)』은 1963년 평양에서 출판되었다. 그의 업적이 완전히 무시되어 왔던 이유 중 하나는 북한 정부와 그의 관계(1966년 공식적인 기록에서 그는 삭제되었고 자살을 했다는 소문)와 관련이 있다. 또 다른 이유는 외부 세계가 인체의 전기적 성질에 관한 물리적인 증거를 찾고 싶어 하지 않았기 때문이다. 하지만 1980년대 중반, 파리의 네커 병원(Necker Hospital in Paris) 핵의학과에 있는 프랑스 의사 장클로드 다라스(Jean-Claude Darras)는 김봉한의 실험 중 일부를 재현했다. 그는 테크네튬-99(technetium-99)가 들어있는 방사성 염료를 자원자들의 발에 있는 여러 경혈점에 주사했다. 그리고 김봉한이 알아낸 것처럼 염료가 전통적인 침술의 경락 경로를 따라 정확하게 옮겨간다는 것을 발견했다.[11]

침술 경락의 전자기적 성질을 오랜 기간 연구해오고 있던 한국의

11 de Vernejoul et al. 1985.

서울대 소광섭(Kwang-sup soh) 교수 연구팀은 북한의 김봉한이 찾았던 실처럼 생긴 도관 시스템 대부분을 2002년 발견했다. 죽은 세포만을 염색시킨다고 알려진 트라이판 블루(trypan blue)를 살아있는 조직에 주사할 경우 거의 보이지 않는 도관과 소체들만 염색시키게 된다는 사실이 2008년 11월 발견되면서 새로운 돌파구가 마련되었다. 그들은 그동안 도관과 소체를 규명하기 위해 노력해 왔다. 지금은 "프리모 혈관계(primo vascular system)"라 불리는 것이 갑자기 한국과 북한은 물론 중국, 유럽, 일본, 미국에서도 연구 대상이 되었다. 이 혈관계의 도관과 소체들이, 김봉한이 설명한 대로 내부 장기의 표면에 놓여있거나 안쪽으로 침투하고, 큰 혈관과 림프관 내부에서 부유하고, 주요 혈관과 신경의 바깥쪽을 감고, 뇌와 척수 속을 이동하고, 피부 깊숙이 있는 경락의 이동 경로를 따르는 것이 발견되었다.[12] 피부 표면을 염색했을 때, 경락을 따라 위치한 경혈점에서만 염료가 흡수되었다.[13] 2010년 9월, 한국 제천에서 열린 제1회 프리모 혈관계 국제심포지엄에서, 일본의 오사카시립대 해부학과 은퇴교수 사토루 후지와라(Satoru Fujiwara)는 토끼의 복부 피부에서 경혈점에 해당하는 외견상 프리모 노드(primo node)를 분리 규명하는 데 잠정적으로 성

---

12 Jiang et al. 2002; Baik, Park, et al. 2004; Baik, Sung, et al. 2004; Cho et al. 2004; Johng et al. 2004; Kim et al. 2004; Lee 2004; Park et al. 2004; Shin et al. 2005; Johng et al. 2006; Lee et al. 2008; Lee et al. 2010; Soh et al. 2012; Avijgan and Avijgan 2013; Park et al. 2013; Soh et al. 2013.

13 Lee et al. 2009.

공했다고 보고했다.[14] 그리고 2015년 서울대 연구팀은 살아있는 쥐를 마취시키고 시판되는 염색약 키트를 사용하여 복부 피하를 통과하는 실 같은 관을 찾아냈다.[15] 검푸른 색으로 염색된 관은 개념 혈관(conception vessel)이라 불리는 침술 경락의 통로를 따라갔으며, 그 경락의 침술 지점으로 알려진 자리와 통하는 각 소체와 연결되었다. 도관과 점으로 된 이 시스템의 미세한 구조는 전자 현미경에 의해 밝혀졌다. 염색에 걸리는 시간은 10분도 채 걸리지 않는다고 그들은 언급했다.

인간에 의한 지구 전자기장의 교란

1970년대 초, 마침내 대기 물리학자들은 지구의 전자기장이 심하게 교란되었다는 사실을 알게 되었다. 그들이 반세기 동안이나 들어왔던 휘파람 소리, 쉭쉭 하는 소리, 여명의 코러스 소리, 사자 우는 소리, 기타 다채로운 소리가 자연에 의한 것이 아니었다! 이러한 현상은 인간이 지구 전자기장 환경을 고의로 변경시키려고 노력한 결과로 인해 나타난 것이다. 그리고 그 노력은 지금 알래스카 가코나(Gakona)에서 진행되고 있는 고주파 오로라활동연구 프로그램(HAARP: High-frequency Active Auroral Research Program) 프로젝트에서 절정에 이르렀

14 Fujiwara and Yu 2012.
15 Lim et al. 2015.

다(11장 참조).

미국 스탠포드대 전파연구소 과학자들은 해군연구청(Office of Naval Research) 지원으로 남극 시플(Siple) 송신소에 1.5~16kHz 주파수로 방송되는 100킬로와트 초저주파(VLF: very low frequency) 송신기를 설치했다. 연구팀의 일원인 로버트 헬리웰(Robert Helliwell)에 따르면, 얼음 위로 13마일(21km)이나 뻗어 있는 안테나의 목적은 "이온층(ionosphere)의 통제, 방사선 벨트의 제어, VLF와 극초저주파(ULF: ultra low frequency)의 새로운 통신 방법 연구"라고 한다.[16] 지구에서 출력되는 VLF 통신이 자기층(magnetosphere)의 입자와 상호 작용하여 새로운 VLF를 방출하도록 자극하고, 이 파는 지구 반대쪽 끝에서 수신할 수 있는 현상이 1958년에 우연히 발견되었다. 스탠포드 프로젝트는 이 현상을 의도적으로 하려는 시도였다. 지구 자기층에 VLF 에너지를 충분히 주입하여 새로운 파를 촉발하고 이렇게 생겨난 파로 인해 지구의 방사선 벨트로부터 전자가 대기 중으로 쏟아지도록 하는 것이다. 이것은 군사적 목적으로 지구 이온층의 성질을 바꾸는 것이었다. 미국 국방부의 주요 목표는 바다 밑에 가라앉은 잠수함과 통신하기 위해 이온층을 자극하여 VLF, 극저주파(ELF: extra low frequency), 심지어 ULF 파를 방출하는 방법을 고안하는 것이었다.[17] 시플(Siple)의 VLF 송신기와 캐나다 퀘벡의 북부 로베르발(Roberval)의 수신기는

16 Helliwell 1977.
17 Davis 1974; Fraser-Smith et al. 1977.

이러한 연구의 초기 단계 일부였다.

그들이 관측한 데이터는 놀라웠다. 첫째, 남극에서 전송하자마자 캐나다 퀘벡에서 즉시 수신된 신호는 예상보다 컸다. 남극에서 전송된 전파는 자기층 입자로부터 새로운 방출을 촉발했을 뿐만 아니라 지구로 다시 돌아와 퀘벡에서 수신되기 전에 자기층에서 천 배 이상 증폭되고 있었다. 자기층에서 중계된 후 지구 반대편에서 감지되기 위해서는 방송 출력의 반(1/2) 와트만 필요했다.[18] 두 번째로 놀라운 것은 로베르발(Roberval)에서 수신하는 주파수는 시플(Siple)에서 전송한 주파수와 무관하였고 대신에 60Hz의 배수였다는 사실이다. 시플(Siple)에서 전송된 신호가 우주로 갔다가 다시 돌아오면서 지구의 송전망에 의한 교란을 견뎌 내면서 변형되었다.

이러한 현상들이 처음 발견된 이후, 과학자들은 이런 형태의 전자파 오염에 관해 많이 알게 되었고, 지금은 "송전선 고조파 간섭(power line harmonic radiation)"으로 알려져 있다. 전 세계 모든 송전망에서 방출되는 고조파가 지속적으로 자기층으로 유입되어 북반구와 남반구 사이를 튕겨져 왔다 갔다 하면서 크게 증폭되어 번개에서 나는 전파처럼 자체적으로 커졌다가 작아졌다 하는 휘파람 소리를 낸다.

하지만 근본적인 차이가 있다. 1889년 이전에도 휘파람 소리와 번개로 인한 소리가 지상에서 사용하던 모든 기기 범위를 넘어 계속 발생했다. 지금의 소리는 부자연스럽고, 둔탁해졌으며, 주로 50 또는

18 Park and Chang 1978.

60Hz 배수로 한정되어 있다. 자연에서 나는 소리의 요소들은 모두 심하게 변해버렸다. "여명의 코러스(dawn chorus)"는 주중의 다른 날보다 일요일에 더 조용하고, 거의 모든 코러스 방출이 시작되는 주파수는 송전선 고조파다.[19] 헬리웰(Helliwell)은 1975년 "히스 밴드(hiss band, '쉬'하는 소리) 전체가 송전선 고조파 간섭에 의한 것 같다."라고 기술했다. 모든 생명체에게 중요한 1Hz 이하의 자연에서 나는 지구 자기장의 느린 파동은 주말에 가장 강하다. 이는 분명 송전망에서 나오는 고조파 간섭에 의해 억제되고 있고 이 고조파는 주중에 더 강하기 때문이다.[20] 같은 스탠포드대학의 안토니우스 프레이저-스미스(Antony Fraser-Smith)는 1868년부터 수집된 지구 자기장을 분석해서 다음과 같은 결론을 얻었다. "이것은 새로운 현상이 아니라 교류 전류를 처음 사용하기 시작하면서 일어났으며 시간이 지남에 따라 점차 증가하고 있었다."[21] 1958년부터 1992년까지 수집된 자료는 0.2~5Hz 사이의 지구자기 파를 나타내는 Pc1의 활동이 주중보다 주말에 15~20% 정도 더 많았다는 것을 나타냈다.[22]

밴 앨런 복사대(Van Allen radiation belts)의 방사선 벨트 구조 역시 변경되어왔던 것 같다. 국방부가 의도적으로 하려고 했던 것이 이미 세계 모든 송전망에 의해 대대적으로 이루어지고 있었던 것이 분명

---

19 Bullough 1995.
20 Fraser-Smith 1979, 1981; Villante et al. 2004; Guglielmi and Zotov 2007.
21 Fraser-Smith 1979.
22 Guglielmi and Zotov 2007.

했다. 물리학자들은 오랫동안 왜 지구 둘레에 전자로 충전된 두 개의 복사대가 있고 안쪽과 바깥쪽은 정작 전자가 없는 층에 의해 분리되어 있는지 궁금했다. 어떤 사람들은 이 "전자 슬롯(electron slot)"은 송전선에서 발생하는 전파와의 상호 작용으로 인해 지속적으로 전자가 빠져나갔다고 생각한다.[23] 이 빠져나간 전자들은 결국 지구로 쏟아져 내려와 대기의 전기적 특성을 변화시킨다.[24] 이는 천둥번개의 발생 빈도를 증가시킬 뿐 아니라,[25] 모든 살아있는 생물이 주파수를 맞추고 있는 슈만 공명의 값을 변화시킬 수도 있다.[26]

요컨대, 오늘날 지구 전체의 전자기 환경은 1889년 이전과는 근본적으로 다르다. 위성 관측에 의하면 송전선에서 나오는 방사선은 종종 번개에서 발생하는 자연 방사선을 압도하고 있음을 알 수 있다.[27] 송전선에서 방출되는 방사선이 매우 강렬해서 대기 과학자들은 자신들이 근본적인 연구를 할 수 없음에 대해 애통해한다. 자연 현상을 연구하기 위해 VLF 수신기를 설치할 수 있는 곳이 지구에는 물론이고 우주조차 거의 아무 데도 남아 있지 않기 때문이다.[28]

1889년 이전과 같은 자연 상태에서는, 전자가 비처럼(electron rain)

---

23 Bullough et al. 1976; Tatnall et al. 1983; Bullough 1995.
24 Boerner et al. 1983.
25 Bullough 1985.
26 Cannon and Rycroft 1982.
27 Bullough et al. 1976; Luette et al. 1977, 1979; Park et al. 1983; Imhof et al. 1986.
28 Kornilov 2000.

내리게 하고 슈만 공명을 이동시키는 강렬한 VLF 작용은 지구의 자기 폭풍이 일어날 때만 발생했다. 오늘날, 그러한 자기 폭풍은 인간에 의해 끝이 없다.

인플루엔자 팬데믹

만약 대기가 가끔 보통 수준 이상으로 전기화되어 있고 몸을 적당히 홍분된 상태로 유지하는 것이 필요하다면 신경은 분명 고도로 홍분되어 있어야 한다. 그런데 과도한 자극이 계속되는 경우는 신경이 극도로 과민하게 되어 쇠약해지게 된다.

노아 웹스터(Noah Webster), 유행병과 질병의 간략한 역사
(*A Brief History of Epidemic and Pestilential Diseases*, 1799, p.38)

지구 전자기 환경의 광범위하고 급속한 질적 변화는 역사적으로 여섯 번 발생했다.

1889년, 송전선에서 나오는 고조파(harmonic radiation) 방출이 시작되었다. 그해 이후로 지구 자기장은 송전선 주파수와 고조파를 피할 수 없게 되었다. 정확히 그해에 지구의 자연적인 자기 활동이 억제되기 시작했다. 이것은 지구의 모든 생명체에 영향을 주었다. 1889년 인플루엔자 대유행은 송전선 시대의 출발을 알렸다.

1918년 라디오 시대가 시작되었다. 이 시대는 저주파(LF)와 초저주파(VLF) 주파수를 사용하는 수백 개의 강력한 라디오 방송국 건설

과 함께 출발했고, 이 주파수들은 대부분 지구 자기층을 교란시킬 것이 확실했다. 1918년 스페인 인플루엔자(독감) 대유행이 라디오 시대가 도래했음을 알렸다.

1957년에는 레이더 시대가 시작되었다. 이 시대는 북반구 고위도 지방의 하늘을 향해 수백만 와트의 마이크로웨이브 에너지를 쏘아 올리는 수백 개의 조기 경보 레이다 기지를 여기저기에 건설하는 것과 함께 시작되었다. 이러한 파의 저주파 성분은 남반구에 이르는 자기장 선을 타고 가서, 그곳 또한 오염시켰다. 1957년 아시아 인플루엔자의 대유행이 레이더 시대가 도래했음을 알렸다.

1968년에 위성 시대가 시작되었다. 이 시대는 방송 출력이 상대적으로 약한 수십 개의 위성 발사를 동반하였다. 지면에 있는 방출원으로부터 소량의 전파 에너지가 자기장으로 들어왔지만 위성들이 이미 자기층 안에 있었기 때문에 큰 영향을 미쳤다. 1968년 홍콩 인플루엔자의 대유행이 위성 시대가 도래했음을 알렸다.

무선 통신 시대의 시작과 고주파 오로라 활동연구 프로그램(HAARP)의 가동과 같은 또 다른 기술의 두 이정표는 매우 최근의 것으로서 이 책의 뒷부분에서 논의될 것이다.

제10장

포르피린과 생명의 근원

고양이와 돌의 기본적인 차이를 이해하지 못하는 자에게 나는 정상 세포와 병든 세포 간의 그 미묘한 차이를 설명할 수 있을 것 같지 않다.

알버트 센트-죄르지(Szent-Györgyi Albert)

"포르피린(porphrin)"이 생활 단어가 아닌 것은 너무 이상하다. 그것은 탄수화물, 지방, 단백질도 아닐 뿐 아니라 비타민, 미네랄, 호르몬도 아니다. 하지만 그것은 생명의 어떤 다른 구성 요소보다 생명체에 더욱 근원적이다. 그것이 없이는 호흡할 수 없기 때문이다. 식물도 자랄 수 없다. 대기 중에 산소가 전혀 없을 것이다. **에너지가 생산되는 어디라도, 전자가 이동하는 어디라도 포르피린이 있어야 한다. 전기**

가 신경 전도를 바꾸거나 세포의 신진대사를 교란할 때, 포르피린이 중심 역할을 한다.

내가 이 장을 쓰는 동안 좋아하는 친구가 사망했다. 지난 7년 동안 그녀는 전기 없이 살아왔고 태양 빛도 거의 보지 못했다. 그녀는 낮에는 거의 외출을 하지 못했다. 외출하는 경우에는 머리에서 발끝까지 두꺼운 가죽옷으로 두르고, 챙이 넓은 가죽 모자로 얼굴을 가렸으며, 눈을 가리기 위해 짙은 색의 렌즈가 두 겹이나 된 안경을 껴야 했다. 음악과 자연, 그리고 야외 활동을 사랑했던 전직 무용수 베다니(Bethany)는 그녀가 더 이상 속할 수 없는 세상에 의해 사실상 버림받았다.

아마 컴퓨터 회사에서 수년간 일한 것이 원인이 되었을 그녀의 증상은 1891년 이래 의학계에 알려진 질병의 한 전형적인 예였다. 당시 그 증상의 발현은 전기기술이 전 세계적으로 갑자기 확장됨으로 인해 발생한 부작용 중 하나였다. 그 질병과 전기의 연관성은 100년이 지난 후에야 밝혀졌다. 오늘날에는 5만 명 가운데 한 명 정도 나타나는 매우 희귀한 유전병으로 여겨지고 있지만, 포르피린증(porphyria, 포르피린 대사 이상으로 인한 질병)은 원래 인구의 10% 정도 영향을 끼치고 있는 것으로 여겨졌다. 이 질병이 희귀하게 추정되는 것은 2차 세계대전 이후 의료계의 타조와 같은 행동(머리를 땅속에 묻고 문제가 해결된 것으로 착각하는 행위)에서 기인한다.

1940년대 말 의료계 종사자들은 있을 수 없는 모순을 직면하고 있었다. 대부분의 합성 화학물질은 독극물로 알려져 있었다. 하지만 전쟁이 남긴 유산 중 하나는 상상할 수 있는 거의 모든 소비 제품을 석유로부터 쉽고 저렴하게 생산할 수 있는 것이었다. 고맙게도 초기 석유화학 산업은 인류에게 "화학을 통한 더욱 편리한 생활"을 가져다주었고, 합성화학물질은 말 그대로 어디든지 있었다. 합성화학물질을 입고, 그 위에서 자고, 옷을 세탁하고, 머리를 감고, 설거지하고, 집을 청소하고, 그 속에서 목욕하고, 집을 단열하고, 마루에 카펫을 깔고, 농작물과 잔디 그리고 애완동물에 뿌리고, 음식물을 저장하고, 주방 용기를 코팅하고, 식료품을 포장하고, 피부를 촉촉하게 하고, 몸을 향기 나게 했다.

의학계에는 두 가지 선택지가 있었다. 하나는 인류에게 화려한 만화경을 보여주는 수십만 가지의 화학물질이 건강에 미치는 영향을 각 물질별로 또는 복합적으로 연구하려는 시도였을 것이다. 이것은 사실상 불가능했다. 이것은 시도 자체가 전문가들로 하여금 당시 팽창하는 석유산업과 충돌하게 하여 대부분의 새로운 화학물질을 금지하고, 이후 20년 동안의 경제 호황을 질식시키는 위협이 되었을 것이다.

다른 하나는 전문가들이 집단적으로 타조처럼 머리를 모래 속에 묻고 모든 세계 인류가 실제로는 합성화학물질로 중독되지 않는다고 가장하는 것이었다.

환경 의학의 탄생과 포르피린증

환경 의학(environmental medicine)은 테론 랜돌프(Theron Randolph) 박사의 창립으로 1951년 의학 전문분야가 되었다.[1] 당시 피해 규모는 너무 커서 완전히 무시될 수 없었다. 그래서 환경 의학은 태어났어야만 했다. 주류 의학에서 버려진 병든 환자의 숫자만으로도 최소한 새로운 화학물질의 영향을 진단하고 그것으로 인한 질병을 치료할 수 있는 의료진이 시급히 필요함을 알 수 있었다. 하지만 그 전문성은 주류 의학에서 존재하지 않는 것처럼 무시되었고, 그 분야 의료진들은 미국의학협회(American Medical Association)로부터 도외시 되었다. 내가 의과대학을 다녔을 때(1978~1982년) 환경 의학은 커리큘럼에 들어있지도 않았다. 화학물질 과민증(Chemical sensitivity), 수백만 명의 중독 환자들에게 붙여진 그 불행한 병명은 학교에서 전혀 언급되지 않았다. 포르피린증(porphyria)도 아니었고, 화학물질 과민증이 분명 좀 더 적절한 이름일 것이다. 이 병명은 지금도 여전히 미국 어느 의과대학에서도 언급되지 않고 있다.

뒤돌아보면, 화학물질 과민증은 이를 새로운 질병의 증상이라고 간주한 뉴욕의 의사 조지 비어드(George Miller Beard)에 의해 처음 언급되었다. 전신선으로 인한 사회의 초기 전기화는 신경쇠약이라고 알려진 무수히 많은 건강 불만을 동반했다. 그중 둘은 알레르기로 전환되는 증세와 알코올 및 약물에 대한 급격한 내성 감소다.

---

1 andolph 1987, chap.4.

1880년대 후반기에 이르러 신경쇠약의 또 다른 두드러진 증상인 불면증이 서구 문명사회에서 너무 만연하여 수면 알약과 드링크제 판매는 큰 사업이 되었고, 거의 매년 새로운 약품이 시장에 출시되었다. 브로마이드(Bromides), 파라알데히드(paraldehyde), 클로랄(chloral), 아밀 하이드레이트(amyl hydrate), 우레탄(urethane), 하이프놀(hypnol), 솜날(somnal), 카나비논(cannabinon), 기타 최면제들이 불면증 환자들의 욕구를 충족시키기 위해 약국에서 불티나게 팔려나갔다. 팔린 이유 중 일부는 이러한 약물을 장기간 복용했을 때 종종 나타나는 중독증으로 동일한 환자가 계속 먹어야 했기 때문이다.

1888년에는 그 목록에 한 가지 약물이 더 추가되었다. 설포날(Sulfonal)은 신속한 효과, 비중독성, 부작용이 비교적 없다는 평판을 받은 수면제였다. 설포날은 3년 동안 절찬리 사용되다가 알려지게 된 문제점이 단 하나 있었다. 그것은 사람을 죽게 했다는 것이다.

하지만 설포날의 효과는 기이하고 예상 밖이었다. 아홉 명까지는 꽤 많은 양을 장기간 복용하더라도 별다른 이상이 없었지만, 열 번째는 겨우 몇 차례 또는 소량을 복용한 후라도 때로는 치명적일 수 있었다. 이들은 보통 혼미하고, 걷지 못할 정도로 허약하고, 변비 증상이나 복부 통증이 있고, 때로는 피부 발진이 발생하고, 포트 와인(포르투칼 원산인 암적색 포도주) 색깔의 붉은 소변을 봤다. 그 반응은 특이했고, 거의 모든 장기에 영향을 주었으며, 환자들은 예고도 없이 심부전으로 사망하곤 했다. 보통 인구의 4~20%는 설포날 복용으로 인한 부

작용이 나타나는 것으로 보도되었다.[2]

그 후 수십 년에 걸쳐 이 놀라운 질병에 관한 화학적 성질이 밝혀졌다.

포르피린은 빛에 민감한 색소로서 동식물의 생존과 지구 생태계에서 주요한 역할을 한다. 식물에서 포르피린은 마그네슘과 결합하여 엽록소라는 색소가 되어 녹색을 띄고 광합성을 한다. 동물에서는 포르피린과 거의 동일한 분자가 철과 결합하여 헴(heme)이라고 불리는 색소가 된다. 헴은 산소를 운반하고 혈액을 붉게 만드는 헤모글로빈의 필수 요소다. 또 헴은 근육을 붉게 만들고 혈액에서 근육세포로 산소를 공급하는 미오글로빈(myoglobin)의 필수 요소다. 헴은 또 사이토크롬(cytochrome) c와 사이토크롬 산화효소의 중심 성분이다. 모든 동식물과 박테리아의 세포에 들어있는 이 효소들은 세포의 에너지 생산을 위하여 영양물질로부터 전자를 끌어내어 산소로 운반한다. 그리고 헴은 간에서 환경 화학물질을 산화시켜 해독 작용을 하는 사이토크롬 P-450 효소의 주요 성분이다.

달리 말하면 포르피린은 산소와 생명체를 연결하는 매우 특별한 분자로 대기 중의 모든 산소의 생성, 유지, 순환에 관여한다. 포르피린은 식물이 이산화탄소에서 산소를 방출하게 하고, 동식물 모두 공기로부터 산소를 추출하게 하고, 살아있는 생명체가 탄수화물, 지방,

---

2 Leech 1888; Matthes 1888; Hay 1889; Ireland 1889; Marandon de Montyel 1889; *Revue des Sciences Médicales* 1889; Rexford 1889; Bresslauer 1891; Fehr 1891; Geill 1891; Hammond 1891; Lepine 1893; With 1980.

단백질을 태워 에너지를 생산하는 과정에 산소를 사용하게 한다. 이 분자들은 에너지 생산에 관여하기 때문에 반응력이 높고 중금속과도 친화력이 뛰어나다. 이러한 분자들의 성질은 체내에 과도하게 축적될 경우 독성을 띠게 한다. 그렇게 나타나게 된 병이 포르피린증으로 실제로는 질병이 절대로 아니지만, 유전형질로 인해 환경 오염에 선천적으로 민감한 질병이다.

우리 세포는 여러 종류의 포르피린과 전구체들로부터 헴을 생산한다. 여기에는 여덟 단계에 여덟 가지 다른 효소들이 관여한다. 마치 조립 라인에서 일하는 노동차처럼 각 효소는 최종 생산물인 헴의 수요에 맞추어 모두 같은 속도로 작용을 해야 한다. 한 효소가 느리게 작용하면 병목현상을 일으키고, 병목현상이 일어나는 곳에 축적된 포르피린과 전구체는 신체 곳곳에 쌓여 질병을 유발한다. 또 첫 번째 효소가 나머지 다른 효소보다 빠르게 작용한다면, 첫 번째 단계에서 생산된 물질이 다음 단계로 넘어가지 못하고 축적되어 같은 결과를 초래한다. 피부에 그 물질들이 축적되면, 가벼운 증상에서부터 흉측한 피부 손상, 그리고 경증에서 중증에 이르는 햇빛 알레르기를 유발할 수도 있다. 만약 신경계에 축적되면 신경질환을 유발하며, 다른 장기에 축적되면 상응하는 질병을 유발한다. 과잉 포르피린이 소변으로 흘러들게 되면 검붉은 색을 띤다.

포르피린증은 아주 드문 것으로 추정되기 때문에, 거의 대부분 다른 질병으로 잘못 진단된다. 포르피린은 아주 많은 장기에 영향을 끼

칠 수 있고 증상도 다른 많은 질병과 유사하기 때문에 "작은 모방자(little imitator)"라 부르게 되었다. 환자들은 보통 실제로 보이는 것보다 훨씬 더 큰 고통을 느끼기 때문에, 때로는 정신질환이 있는 것으로 잘못 진단되어 아주 쉽게 정신병동으로 끌려가기도 한다. 대부분 사람은 자신의 소변을 주의 깊게 보지 않기 때문에 소변이 검붉은 색을 띠는 것을 알아채지 못한다. 또 심각한 기능장애 영향을 받는 경우에만 그 색깔이 뚜렷하게 나타날 수 있기 때문에 특히 그렇다.

헴 생산에 관여하는 효소들은 환경 독성물질에 대한 인체의 가장 민감한 요소 중 하나다. 그래서 포르피린증은 환경 오염에 대한 하나의 반응이며 오염되지 않은 세상에서는 실제 매우 드문 것이었다. 선천적으로 심히 훼손된 형태를 제외하면, 전 세계적으로 불과 100여 건 정도 알려진 포르피린 효소 결핍은 일반적으로 질병을 유발하지 않는다. 인간은 유전적으로 다양하다. 과거에는 포르피린 효소 중 하나 또는 그 이상의 수치가 비교적 낮았던 사람들은 대부분 그들의 환경에 더욱 민감할 뿐이었다. 오염되지 않은 세상에서는 이러한 유전 형질 보유자는 유해 장소와 물건을 쉽게 피할 수 있었기 때문에 생존을 위한 장점이 되었다. 하지만 독성 화학물질을 피할 수 없는 세상에서는, 포르피린 생산 경로는 항상 스트레스를 어느 정도 받고 있으며 효소 수치가 높은 사람들만이 공해를 잘 감당할 수 있다. 민감한 것이 저주가 되었다.

과거에는 환경에 합성화학물질이 없었기 때문에 병의 원인이 약물 복용으로 밝혀지게 되어 포르피린증은 수면제(sulfonal)나 신경안정제(barbiturate) 같은 특정 약물(환자들이 피해야 할)에 유전적으로 취약한 사람들에게 나타나게 되는 희소병으로 알려지게 되었다. 또 한 세기가 지난 1990년대 초, 오레곤보건과학대(Oregon Health Sciences University) 직업 및 환경 의학 교수 윌리엄 모튼(William E. Morton) 박사는 지금은 일반적인 합성화학물질이 약품보다 환경에 훨씬 더 많이 퍼져 있기 때문에 포르피린증 유발에 가장 흔한 기폭제가 된다는 것을 알게 되었다. 모튼은 논쟁 중인 다중화학물질 과민증(MCS: multiple chemical sensitivity)라 불리는 질병은 대부분의 경우 포르피린증 중 하나 또는 그 이상의 유형과 동일하다고 제의했다. 그가 자신의 MCS 환자를 검진하기 시작했을 때, 환자의 90%는 사실 하나 또는 그 이상의 포르피린 효소 결핍이 있음을 알게 되었다. 이후 모튼은 같은 특성을 찾기 위해 많은 환자의 가계도를 조사했고, MCS에 관한 유전적인 근거를 설명하는 데 성공했다. 과거에는 MCS에 시험 가능한 생물 지표를 연결한 적이 없었기 때문에 아무도 시도하지 않았다.[3] 모튼은 또 전기과민증을 가진 대부분 사람은 포르피린 효소 결핍증이 있고, 전기 과민증과 화학물질 과민증은 같은 질병의 징후로 나타나는 것을 발견했다. **그리고 포르피린증은 지금 생각하고 있는 것처럼 아주 희소한 질병이 아니고 최소한 세계 인구의 5~10%에 영향을 주고 있다고 밝혔다.**[4]

3 Morton 2000
4 Morton 1995, 1998, 2000, 2001, 개인 교신.

모튼은 용기 있는 의사였다. 왜냐하면 희소병인 포르피린증의 세계는 사실 작은 근친 학계(스승과 제자로 이어지는)로 모든 연구와 자금을 자기들끼리 관리하는 소수의 임상의(환자를 직접 상대하는 의사)에 의해 지배되어왔기 때문이다. 이들은 심한 신경 증상이 있는 급성 발병에만 포르피린증 진단을 내리고 가볍고 약한 증상을 보이는 경우는 제외하는 경향이 있었다. 보통 소변이나 대변에서 정상치보다 적어도 5~10배 정도의 포르피린이 검출되지 않는 한 진단을 내리지 않았다. 용감한 모튼은 1995년 "이것은 말이 안 된다. 케토산증(ketoacidosis)을 앓고 있는 사람에게 당뇨병 진단을 제한하고 심근경색(myocardial infarction)에 걸린 사람에게 관상동맥 진단을 제한하는 것과 별 차이가 없다."라고 썼다.[5]

모튼은 1세기 전 수면제 설포날을 복용하고 병에 걸린 인구 비율과 상응하는 높은 수치의 발병률을 보고했다. 이것은 1960년대에 포르피린증 진단받은 환자들의 소변뿐만 아니라 일반 인구의 5~10% 소변에서 "담자색 인자(mauve factor)" 관찰 수치와 일치한다.[6] 라벤다(lavender, 연보라색 화초) 색상의 화학물질인 담자색 인자는 포르피린 전구체 중 하나인 포르포빌리노겐(porphobilinogen)의 분해 산물로 마

5 Morton 1995, p.6.
6 Hoffer and Osmond 1963; Huszák et al. 1972; Irvine and Wetterberg 1972; Pfeiffer 1975; McCabe 1983; Durkó et al. 1984; McGinnis et al. 2008a, 2008b; Mikirova 2015.

침내 밝혀졌다.[7] 또한 모튼은 모든 형태의 포르피린증은 만성적이고 약한 단계에서 지속적인 신경계통 문제가 나타난다는 것(과거에는 단지 피부 손상만 유발하는 것으로 여겨짐)을 발견했다.[8] 그의 발견은 영국, 네덜란드, 독일, 러시아에서 나온 최근 연구 보고와 일치한다.

독일 의사 한스 귄터(Hans Günther)는 1911년 포르피린증(porphyria)라는 병명을 지었고, "이 병을 앓는 환자들은 신경 장애가 있고 불면증과 신경과민에 시달린다."라고 설명했다.[9] 모튼은 포르피린증에 관한 근본적인 관점을 되돌려놓았다. 즉, 포르피린증은 매우 흔한 병일 뿐만 아니라 대부분 비교적 가벼운 증상의 만성질환 형태로 나타난다. **그리고 주요 원인은 현대 환경을 오염시키는 합성화학물질과 전자기장이다.**

포르피린이 이야기 중심이 되는 이유는 인구 몇 퍼센트 정도에 나타나는 포르피린증이라는 질병 때문이 아니라, 세계 인구의 반에 영향을 주고 있는 심장병, 암, 당뇨병이라는 현대인에 많이 나타나는 일상적인 병에서 하는 역할 때문이다. 또 다른 이유는 그 물질의 존재는 생명현상에서 전기의 역할을 주목할 수 있게 해주기 때문이다. 몇몇 용기 있는 과학자들이 그 역할을 서서히 밝혀내 오고 있다.

알버트 센트-죄르지(Albert Szent-Györgyi)는 어렸을 때 책을 싫어했

7 Moore et al. 1987, pp.42-43.
8 Gibney et al. 1972; Petrova and Kuznetsova 1972; Holtmann and Xenakis 1978, 1978; Pierach 1979; Hengstman et al. 2009;.
9 Mason et al. 1933.

알버트 센트-죄르지(1893-1986)
(Albert Szent-Györgyi, M.D., Ph.D.)

고 시험에 합격하기 위해서는 개인 교사의 지도가 필요했다. 하지만 훗날, 1917년 부다페스트 의과대학(Budapest Medical School)을 졸업한 그는 생화학분야의 세계 최고 천재 중 하나가 되었다. 1929년 그는 비타민 C를 발견했고, 그 후 몇 년 동안 오늘날 크렙스 사이클(Krebs cycle)이라 알려진 세포 호흡의 대부분 단계를 밝혀냈다. 이 두 가지 발견으로 1937년 노벨생리의학상을 받았다. 그 후 20여 년을 근육의 작용 기작을 밝히는데 보냈다. 미국에 이민 와서 매사추세츠주 우즈홀(Woods Hole)에 정착한 후 1954년 근육에 관한 연구 업적으로 미국 심장협회의 알버트 라스커상(Albert Lasker Award)을 받았다.

하지만 그의 가장 뛰어난 통찰력은 아마 자신의 인생 절반을 바쳤음에도 불구하고 거의 알려지지 않은 연구 주제에 있었을 것이다. 1941년 3월 12일 부다페스트에서 행한 강연에서 그는 동료들 앞에서 대담하게 일어나 생화학의 규율은 더 이상 쓸모가 없으며 20세기에 맞게 이루어져야 한다고 제안했다. 그는 동료들에게 살아있는 유기체는 작은 당구공 같은 분자가 물 위에 부유하고 있으면서 다른 당구공과 우연히 충돌하게 되어 화학적 결합을 이루는 단순한 물주머니가 아니라고 했다. 그는 양자 이론을 통해서 그런 낡은 생각이 틀렸다는 것을 알게 되었으며, 생물학자들은 고체 물리학을 연구할 필요가 있다고 했다.

그는 자신의 전문분야에서 근육 수축에 관련된 분자 구조들을 밝혀냈지만, 왜 그 분자들이 그러한 특정 구조로 되어있는지, 어떻게 분자들끼리 소통해서 서로의 활동을 협력하는지를 밝히려는 시도도 할 수 없었다. 그는 생물학에서 그가 접하는 모든 분야마다 그러한 풀리지 않은 문제들을 보았다. "단백질 화학에서 내가 어렵다고 생각하는 것 중의 하나는 어떻게 그런 단백질 분자들이 '살아' 있을 수 있는지 상상조차 할 수 없다는 것이다. 가장 흔한 단백질 구조식조차도 '바보처럼(내가 그렇게 말해도 된다면)' 보인다."라고 동료들에게 직설적으로 말했다.

센트-죄르지로 하여금 이러한 질문에 마주하게 한 현상은 포르피린을 기반으로 하는 생명 체계였다. 그는 식물은 2,500개의 엽록소 분자가 하나의 기능 단위를 형성하고, 하나의 이산화탄소 분자를 쪼개어 하나의 산소 분자를 만들기 위해서 적어도 1,000여 개의 엽록소 분자가 희미한 빛 아래서 동시에 협력해야 한다는 것을 지적했다.

그는 우리 세포의 사이토크롬이라는 "산화효소"에 대해 언급하면서 지금까지 통용되는 모델이 어떻게 옳다고 할 수 있는지, 다시 의아해했다. 어떻게 전자가 하나의 분자에서 다른 분자로 정확한 순서에 따라 이동할 수 있도록 일련의 커다란 단백질 분자들 전체가 기하학적으로 배열될 수 있을까? 그는 "우리가 그러한 배열을 고안해 낼 수 있다 하더라도, 한 물질에서 다른 물질(즉, 하나의 철 원자에서 다른 원자로)로 전자가 이동함으로써 어떻게 그 에너지가 방출되는지, 또 그 에너지는 어떻게 어떤 유용한 일을 할 수 있는지, 여전히 이해할 수 없다."라고 했다.

센트-죄르지는 물리학자들이 결정체를 기술하는 것처럼, 수천 개의 분자가 같은 에너지 공유 상태에서 하나의 시스템을 형성하기 때문에 유기체는 살아있는 것이라고 제안했다. 그는 "전자가 한 분자에서 다른 분자로 직접 통과해야만 하는 것은 아니다. 전자는 꼭 한두 개의 원자에 붙는 대신 전체 시스템에서 자유롭게 이동하고 에너지와 정보를 먼 거리까지 전달한다."라고 말했다. **달리 표현하면, 생명의 물질은 당구공이 아니라 액정과 반도체다.**

센트-죄르지의 잘못은 그가 틀렸다는 것이 아니었다. 그는 틀리지 않았다. 잘못은 그가 오래된 반대되는 생각을 존중하지 못했다는 것이었다. 전기와 생명은 오랫동안 별개의 것이었다. 산업혁명은 150년 동안 줄기차게 진행되어오고 있었다. 수백만 킬로미터의 전선이 지구를 뒤덮었고, 모든 생명체에 스며드는 전기장을 방출해 냈다. 수천 개의 라디오 방송국은 아무도 피할 수 없는 전자기 파동으로 대기를 뒤덮었다. 피부와 뼈, 신경과 근육은 허락하지 않았는데 그것들로부터 영향을 받게 되었다. 단백질이 반도체라는 것도 인정하지 않았다. 산업, 경제, 현대 문명에 대한 위협은 지극히 막중했다.

그래서 생화학자들은 계속해서 단백질, 지질, DNA를 마치 물 같은 용액에 부유하면서 무작위로 서로 충돌하는 작은 구슬 같은 것으로 생각했다. 그들은 신경계조차 이런 식으로 생각했다. 생화학자들이 생각의 전환을 강요받았을 때 양자 이론의 일부를 인정했지만, 단지 제한된 기본원리만 받아들였다. 생물학적 분자들은 여전히 바로 옆에 있는 것들과 교류할 수 있다고만 생각한다. 멀리 있는 분자들과는 교류하는 것을 이론적으로 허용하지 않고 있었다. 홍수가 댐을 무너뜨리지 않도록 본체를 더욱 튼튼히 하는 동안에는 댐에 작은 구멍을 내어 한 번에 한 방울씩 새어나갈 수 있게 하는 것도 좋은 점이 있는 것처럼 현대 물리학을 그 정도로만 인정하는 것도 괜찮았다.

이제는 수용액 속의 화학적 결합과 효소에 관한 오래된 지식은 전자 이동 체인의 새로운 모델과 공존해야 한다. 생명에 가장 중심적인 광합성과 호흡이라는 현상을 설명하기 위해 새로운 모델을 창조해야 할 필요가 있다. 포르피린이 포함된 커다란 단백질에 유용한 반응이 일어나기 위해서 물리적 상호 작용이나 이동은 더 이상 없어야 했다. 이러한 분자들은 그대로 있었을 수 있었고, 대신 전자들이 그 사이를 왔다 갔다 했을 수도 있다. 생화학은 그만큼 더욱 생기를 띄게 되었다. 하지만 여전히 갈 길은 멀었다. 심지어 새로운 모델도, 전자는 작은 메신저 소년처럼 한 단백질 분자와 바로 이웃한 단백질 분자 사이에서만 움직이도록 제한되었다. 말하자면 그것들은 길을 건널 수는 있었지만 멀리 있는 도시로 고속도로를 타고 갈 수는 없었다. 유기체의 본질은 여전히 매우 복잡한 화학 용액이 들어있는 물주머니로 묘사되었다.

화학의 법칙은 신진대사 과정에 관해 많은 것을 설명했고, 전자 이동은 이제 훨씬 더 많은 것을 설명하게 되었다. 하지만 아직 체계화된 원칙은 없었다. 코끼리는 뇌도 없는 단세포에서 시작한 아주 작은 배아로부터 성장한다. 도롱뇽은 완벽한 팔다리를 재생한다. 우리 몸은 상처를 입거나 뼈가 부러졌을 때 신체 전반에 걸친 세포와 기관들은 치유를 위해 총동원되어 활동을 시작하고 서로 협력한다. 어떻게 그런 정보는 전달되는 것일까? 센트-죄르지의 말을 인용하자면, 어떻게 단백질 분자가 "살아"있나?

센트-죄르지의 잘못에도 불구하고, 그의 예측이 옳았다는 것이 증명되었다. 세포 안에 있는 분자들은 다른 분자들과 서로 부딪히기 위해 무작위로 표류하지 않는다. 대부분은 세포막에 단단히 고정되어 있다. 세포 안의 물은 고도로 구조화되어 있고 유리컵 안에서 자유롭게 흐르는 물과 다르다. 압전기(Piezoelectricity)는 기계적인 스트레스를 전압으로 변형시키고 그 반대도 가능한 액정의 성질로 전자제품에 유용하게 사용된다. 이 전기는 그동안 섬유소, 콜라겐, 뿔, 뼈, 양모, 나무, 목재, 혈관 벽, 근육, 신경, 섬유소, DNA, 그리고 조사한 모든 단백질 종류에서 발견되었다.[10] **달리 말하면 대부분의 생물학자가 지난 2세기 동안 부인해 온 그것, 바로 전기는 이제 생물학에 필수라는 것이다.**

---

10 Athenstaedt 1974; Fukuda 1974.

센트-죄르지가 전통적인 사고방식에 도전한 최초의 학자가 아니다. 1908년 오토 레만(Otto Lehmann)은 많은 생물학적 구조가 알려진 액정의 모양과 매우 유사하다는 사실에 주목하고 생명의 가장 기본은 액정 상태라고 제안했다. 액정은, 유기체처럼, 씨앗에서부터 성장하는 능력이 있다; 상처를 치료하기 위해; 다른 물질이나 결정체를 섭취하거나; 감염시키고; 막, 구, 막대, 필라멘트, 나선 구조를 형성하고; 분열하고; 다른 형태와 "짝짓기"를 하고, 양쪽 부모의 특징을 가진 새끼를 낳고, 화학 에너지를 기계적 운동으로 변형시킨다.

센트-죄르지의 담대한 부다페스트 강의가 있고 난 뒤, 사람들이 그의 아이디어를 추구했다. 1949년 네덜란드의 연구자 카츠(E. Katz)는 전자는 어떻게 광합성을 하면서 반도체 클로로필 결정을 통해 이동할 수 있는지 설명했다. 1955년, 미국 원자력 에너지위원회(US Atomic Energy Commission)의 제임스 바샴(James Bassham)과 멜빈 캘빈(Melvin Calvin)은 이 이론을 좀 더 정교하게 만들었다. 1956년, 오크리지 국립연구소(Oak Ridge National Laboratory)의 윌리엄 아놀드(William Arnold)는 건조된 엽록체(chloroplasts, 클로로필을 함유한 녹색식물에 들어있는 입자)는 많은 반도체 성질을 갖고 있음을 실험적으로 확인했다. 1959년, 노팅엄 대학(Nottingham University)의 다니엘 엘리 (Daniel Eley)는 건조된 단백질, 아미노산, 포르피린은 확실한 반도체임을 증명했다. 1962년, 오크리지국립연구소의 로데릭 클레이튼(Roderick Clayton)은 살아있는 식물의 광합성 조직이 반도체처럼 작용한다는 것을 발견했다. 1970년, 뉴잉글랜드연구소(New England Institute)의 앨런 애들러(Alan Adler)는 포르피린의 얇은 막도 그렇다는 것을 보여줬다. 1970년대에는 펜실베이니아주 워민스터의 미국 해군항공개발센터(US Naval Air Development Center)의 생화학자 프리먼 코프(Freeman Cope)는 생물학을 제대로 이해하기 위해서는 고체 물리학이 중요하다는 점을 강조했다. 당시 미국에서 극초단파가 신경계에 미치는 영향에 관해 가장 활발한 연구자였던 생물학자 앨런 프레이(Allan Frey)가 같은 주장을 하고 있었다. 캐나다 온타리오주 워털루 대학(University of Waterloo)의 전기공학 교수 링웨이(Ling Wei)는 신경세포의 축색돌기(axon)는 전기 전달 선이며 그 막은 이온 트랜지스터라고 당당하게 말했다. 그는 등가 회로망은 "오늘날 어떤 전자책에서라도 볼 수 있다," 그리고 "반도체 물리학에서 신경 작용을 쉽게 유도해낼 수 있다."라고 했다. 그가 유도했을 때, 그 방정식은 신경 속성 일부를 예측했다. 하지만 생리학자들은 그것을 이해할 수 없었고 지금도 그렇다.

1979년, 스코틀랜드 에딘버러대학(University of Edinburgh)의 한 젊은 생체전자공학 교수 로날드 페티그(Ronald R. Pethig)는 『생체 물질의 전기 전도적 및 전자적 특성(*Dielectric and Electronic Properties of Biological Materials*)』이라는 책을 출판했다. 엘리와 아놀드(Eley and Arnold)가 했던 초기 연구는 그들이 측정한 활성화 에너지(단백질이 전기를 전도하는데 필요한 전기량)가 지나치게 커 보였기 때문에 비난을 받아왔다. 아마 전자를 전도 밴드(conduction band)까지 올리는데 드는 에너지가 살아있는 유기체에서는 충분하지 못한 것으로 추정되었다. 비평가들은 실험실에서는 단백질이 전기를 전도할 수 있도록 만들어질 수 있지만, 현실 세계에서는 일어날 수 없는 것이라고 했다. 하지만 엘리와 아놀드는 살아있는 단백질이 아니라 건조된 단백질을 가지고 모든 실험을 했다. 페티그는 물은 생명체에 필수적이며, 단백질은 물을 첨가하면 전도성이 더 강해진다는 두 명백한 현상을 지적했다. 실제로 연구들을 통해 단 7.5%의 물만 첨가해도 대다수의 단백질 전도성이 만 배 또는 그 이상으로 증가한다는 것이 밝혀졌다. 그는 물은 단백질을 자극하여 양질의 반도체로 바꾸는 전자 공여자(electron donor)라고 제안했다.

생명체에 들어있는 물의 전자적 역할은 이미 다른 연구가들에 의해 잘 알려져 왔다. 생리학자 길버트 링(Gilbert Ling)은 세포의 물은 액체가 아닌 젤(gel)이라는 것을 인식하고, 1962년 세포의 전자적 성질에 관한 그의 이론을 개발했다. 보다 최근에는 워싱턴대학(University of Washington)의 생명공학 교수 제럴드 폴락(Gerald Pollack)이 이 조사에 합류했다. 폴락은 1980년 중반에 있었던 회의에서 링을 만나 영감을 받았다. 폴락의 가장 최근 저서, 『제4의 물: 고체, 액체, 증기 다음(*The Fourth Phase of Water: Beyond Solid, Liquid, and Vapor*)』이 2011년에 출간되었다.

런던의 유전학자 매완 호(Mae-Wan Ho)는 센트-죄르지의 아이디어에 누구나 볼 수 있는 천으로 옷을 입혔다. 그녀는 살아있는 생명체를 구성하는 액정 구조에 의해 발생하는 개입 유형을 선명한 색상으로 나타내는 편광 현미경 사용 기술을 개발했다. 그녀가 첫 번째로 현미경으로 관찰한 것은 아주 작은 과일 초파리(fruit fly) 유충이었다. 그녀는 1993년 저서 『무지개와 벌레: 유기체의 물리학(*The Rainbow and the Worm: The Physics of Organisms*)』에서 "초파리 유충은 기어 다니면서 자홍색 바탕에 파란색과 오렌지색 줄무늬로 된 턱 근육을 번쩍이며 머리를 좌우로 흔들었다."라고 썼다. 그녀와 기타 여러 학자들은 세포와 피부의 액정 특성은 화학적 성질뿐만 아니라 생명현상 자체에 대한 특별한 무엇을 우리에게 알려준다고 주장해왔다.

왈지미에르즈 세드락(Włodzimierz Sedlak)은 폴란드에서 센트-죄르지의 학설을 추구하여 1960년대에 폴란드의 루블린가톨릭대학(Catholic University of Lublin)에서 생물전기학의 규칙을 개발했다. 그는 생명체는 화학반응을 하는 유기화학물질의 집합체일 뿐만 아니라, 그러한 화학반응은 단백질이라는 반도체 환경에서 일어나는 전자 활동과 협력하는 것이라고 했다. 현재 그 대학에서 다른 과학자들이 이 규칙을 이론과 실험을 통해 발전시켜가고 있다. 마리안 늑(Marian Wnuk)은 생명 진화의 중요한 열쇠로 포르피린에 초점을 맞춰왔다. 그는 포르피린 시스템의 주요 기능은 전자 활동이라고 했다. 그 대학의 이론생물학과장 조제프 존(Józef Zon)은 생물막의 전자 성질에 초점을 두고 있다.

묘하게도, 전자제품의 포르피린 사용은 우리에게 생물학에 관한 것을 알려주고 있다. 시판되는 광전지에 얇은 포르피린 필름을 덧붙이면 전압, 전류, 전체 출력이 증가한다.[11] 유기 트랜지스터가 포르피린을 기반으로 하는 것처럼,[12] 포르피린을 기반으로 하는 광전지가 생산되고 있다.[13]

전자제품에 적합한 포르피린 성질이 생명현상에도 똑같이 적용된다. 누구나 알고 있듯이 불로 장난하는 것은 위험하다. 산화는 어마어마한 에너지를 즉시 격렬하게 방출하기 때문이다. 그렇다면 살아있는 유기체는 어떻게 산소를 이용할까? 우리는 어떻게 화재로 파괴되지 않도록 하면서 호흡과 음식물 대사를 관리할 수 있을까? 그 비밀은 포르피린이라는 아주 진한 색소의 형광 분자에 있다. 강력한 색소는 항상 효과적인 에너지 흡수 물질이다. 게다가 형광을 띠고 있다면 그것은 좋은 에너지 전달물질이다. 1957년 센트-죄르지는 자신의 저서 『생물에너지학(*Bioenergetics*)』에서 "형광은 분자가 에너지를 받아들일 수 있고 에너지를 소멸시키지 않는다는 것을 우리에게 말하고 있다. 이 두 가지는 어떤 분자가 에너지 전달물질이 될 수 있기 위해 반드시 가져야 하는 성질이다."[14]

포르피린은 생명체를 구성하는 다른 어떤 요소보다 효과적인 에너지 전달물질이다. 기술적인 용어로 이온화 전위는 낮지만 전자 친

---

11 Adler 1975.
12 Aramaki et al. 2005.
13 Kim et al. 2001; Zhou 2009; Hagemann et al. 2013.
14 Szent-Györgyi 1957, p. 19.

화력은 높다. 그래서 포르피린은 한 번에 저에너지 전자를 하나씩 전달하는 작은 단계를 이용하여 순식간에 많은 양의 에너지를 전송할 수 있는 것이다. 포르피린은 에너지를 열로 발산하거나 태워버리는 대신 전자를 이동시켜 산소에서 다른 분자로 에너지를 전달할 수도 있다. 이것이 호흡이 가능한 이유다. 이것과 반대되는 광합성에서는 식물에 있는 포르피린은 태양 에너지를 흡수하여, 이산화탄소와 물을 탄수화물과 산소로 바꾸는 전자를 운반한다.

포르피린, 신경계, 그리고 환경

이처럼 놀라운 분자들이 발견되는 곳이 하나 더 있다: 전자가 흐르는 기관, 신경계다. 사실, 포유류의 중추신경계는 자외선 아래에서 관찰했을 때 포르피린의 빨간 형광으로 반짝이는 유일한 기관이다. 여기에 있는 포르피린 역시 생명현상의 기본 기능을 수행하고 있다. 하지만 포르피린은 아무도 발견할 수 있을 것이라 예상조차 하지 않은 곳에 있다. 우리의 오감으로부터 메시지를 뇌로 전달하는 세포인 뉴런이 아니라 그것을 둘러싸고 있는 미엘린 수초(myelin sheaths)에 있다. 이것의 역할은 학자들에 의해 거의 완전히 무시되었다. 하지만 이것이 손상되면 우리 시대에 가장 흔하지만 거의 밝혀지지 않은 신경학적 질환인 다발성 경화증(multiple sclerosis)을 유발한다. 정형외과 의사 로버트 베커(Robert O. Becker)는 1970년대에 미엘린 수초가 실제로 전기를 전달하는 선이라는 것을 발견했다.

건강한 상태에서 미엘린 수초는 기본적으로 아연과 결합된 두 가지 형태의 포르피린, 코프로포피린 III(coproporphyrin III)와 프로토프로피린(protoporphyrin)이 2:1의 비율로 이루어져 있다. 그 정확한 비율은 매우 중요하다. 환경화학물질로 인해 포르피린 경로가 중독되면 과다한 포르피린은 중금속과 결합하여 신체의 다른 부분들과 마찬가지로 신경계에도 축적된다. 이것은 미엘린 수초를 교란하고 전도성을 변화시켜 결국 그것이 감싸고 있는 신경의 민감성을 바꿔버린다. 신경계 전체는 전자기장을 포함한 모든 종류의 자극에 지나치게 반응하게 된다.

최근까지도 신경을 둘러싸고 있는 세포들에 관해서는 연구가 거의 되지 않았다. 19세기에는 해부학자들이 그 세포들의 뚜렷한 기능을 찾지 못하고, "진짜" 신경(뉴런)을 둘러싸고 보호해주면서 단지 "영양 공급"이나 "지지" 역할을 하는 것으로 추측했을 뿐이다. 그래서 당시 해부학자들은 그리스어 "글루(glue, 접착제)"라는 단어를 따라 글리알 세포(glial 신경교세포)라고 명명했다. 뉴런을 따라 신호를 전송하는 활동 전위와 두 뉴런 사이의 신경전달물질을 발견함으로써 그동안의 논쟁은 끝이 났다. 그 이후로 글리알 세포는 그저 포장재에 지나지 않는 것으로 여겨졌다. 독일 의사 루돌프 비르초우(Rudolf Virchow)가 1854년에 미엘린은 액정이라는 사실을 발견했지만 대부분의 생물학자들은 이를 무시했다. 생물학자들은 그것이 의미 있다고 생각하지 않았다.

하지만 베커는 1960년대부터 1980년대 초까지 연구와, 1985년에 『인체의 전기(*The Body Electric*)』를 저술하면서 미엘린을 함유하는 세포의 매우 다른 기능을 발견하고는 살아있는 생물체의 기능에서 그 세포의 적절한 역할에 전기를 복구하려는 새로운 시도를 했다.

1958년 연구를 시작했을 당시, 베커는 단순히 당시 정형외과 의사들의 최대 난제인 골절의 유착 불량에 관한 해법을 찾고 있었다. 때로는 최고의 의료처방에도 불구하고, 골절이 치유되지 않을 수도 있었다. 외과의들은 오직 화학적인 반응만이 작용할 것이라 믿고, 간단히 골절 부위의 표면을 긁어내고, 골절된 양쪽 뼈의 끝을 단단히 고정하기 위해 복잡하게 된 판과 나사를 접합하고 최선의 효과를 바랄 뿐이었다. 이 방법이 효과가 없을 때는 사지를 절단해야만 했다. 베커는 "이러한 접근방식이 내게는 얄팍한 수법으로 보였다. 우리가 치유 그 자체를 진정으로 이해하지 않고서 치유가 실패하게 되는 것을 제대로 이해할 수 있을지 나는 의문이었다."라고 회상했다.[15]

베커는 단백질이 반도체라면 아마 뼈도 반도체일 것이고, 아마 전자 흐름이 골절을 치료할 수 있는 비결일 것이라 생각하면서, 센트 조르지의 학설을 추종하기 시작했다. 마침내 베커는 자신의 생각이 옳았음을 증명했다. 그가 의과대학에서 배운 것처럼 뼈는 단순히 단백질과 인회석(apatite)으로만 만들어진 것이 아니었다. 컴퓨터의 실리

15 Becker and Selden 1985, p. 30.

콘 웨이퍼가 소량의 붕소나 알루미늄으로 금속 처리된 것과 마찬가지로 뼈 또한 소량의 구리로 금속 처리되었다. 컴퓨터처럼 뼈도 금속 원자의 많고 적음에 따라 전기회로망의 전도성이 조절된다. 이러한 지식을 바탕으로, 베커는 골절된 뼈의 치유과정을 촉진하기 위해 100조분의 1암페어 정도의 극소 전류를 전달하는 기계를 고안했다. 그가 개발한 기계는 대성공을 거두었고, 오늘날 세계 모든 병원의 정형외과 의사들이 사용하고 있는 기계의 전신이었다.

신경계에 관한 베커의 업적은 다소 덜 알려져 있다. 이미 언급한 것처럼, 뉴런의 작용은 19세기에 어느 정도 밝혀졌다. 뉴런은 엄청난 양의 정보를 매우 신속하게 뇌로 전달하고 또 내려받는다. 여기에는 환경 관련 데이터와 근육에 내려지는 지시도 포함된다. 뉴런은 우리가 잘 아는 활동 전위와 신경전달물질을 통해 이러한 일을 한다. 활동 전위는 양단 현상(all-or-nothing)이기 때문에, 뉴런의 신호는 오늘날의 컴퓨터처럼 온오프(on-off) 디지털 시스템이다. 하지만 베커는 이것이 생명의 가장 중요한 특성을 설명할 수는 없다고 생각했다. 그는 성장과 치유를 조절하는 더 느리고 더 원시적이며 더 민감한 아날로그 시스템이 있어야만 하고 그 시스템은 하등 생물로부터 물려받은 것으로 생각했다. 그 시스템은 서양의학에서는 이해하려는 시도조차 하지 않은 한의학의 침술 경락과 연관이 있을 수도 있다.

베커 이전의 많은 연구자들 가운데 예일대의 해롤드 버(Harold Saxton Burr), 컬럼비아대의 레스터 바스(Lester Barth), 텍사스대의 엘머 런드(Elmer Lund), 시카고대의 랄프 제라드(Ralph Gerard)와 벤자민 리벳(Benjamin Libet), 캘리포니아대(UCLA)의 테오도르 블록(Theodore Bullock), 일리노이대의 윌리엄 버지(William Burge)는 식물과 동물 그리고 배아의 살아있는 유기체 표면의 직류(DC) 전압을 측정했다. 대부분의 생물학자들은 관심을 기울이지 않았다. 그런데도 "손상 전류(currents of injury)"라 불리는 특정 직류는 잘 알려져 있었고 잘 이해된 것으로 여겨졌다. "손상 전류"는 1830년대로 거슬러 올라가 카를로 마테우치(Carlo Matteucci)에 의해 발견되었다. 생물학자들은 1세기 동안이나 이러한 전류는 단순히 상처에서 흘러나온 이온에 의해 발생한 무의미한 산출물로 추정했다. 그러나 1930년과 1940년대에 와서 점점 많은 과학자들이 발전된 기술을 이용하여 상처의 표면뿐만 아니라 살아있는 생명체의 모든 표면에서 DC 전류를 찾기 시작했을 때, 몇몇 과학자들은 이런 "손상 전류"가 그들이 학교에서 배웠던 것보다 좀 더 중요하지 않을까 궁금해하기 시작했다.

이러한 과학자들에 의해 축적된 연구결과는 나무,[16] 그리고 아마 거의 모든 식물은 전기적으로 양극화(잎은 양전기, 뿌리는 음전기)가 되어있고, 동물도 마찬가지로 양극화(머리는 양전기, 발은 음전기)가 되어 있음을 보여주었다. 인간은 전위차가 최대 150밀리볼트이지만 때로는 신체의 한 부분과 다른 부분 사이에서 그 이상의 전위차가 측정될

16 Burr 1945b, 1950, 1956.

수도 있었다.[17]

베커는 최초로 동물의 전하 분포를 비교적 상세하게 지도로 나타냈다. 그는 1960년에 도롱뇽을 이용하여 이 작업을 완성했다. 그는 그 동물의 등 방향에서 측정해 본 결과, 양전압이 가장 높은 부위는 머리 중앙, 심장 윗부분 척추, 척추 아랫부분의 요추신경총(lumbosacral plexus)이고, 음전압이 가장 큰 부위는 네 발과 꼬리 끝부분임을 발견했다. 또 전류는 뇌 중앙을 통해 항상 한 방향으로 흘렀지만, 마취하지 않은 동물의 머리는 뒤에서 앞으로 양극화되어 있었다. 하지만, 동물을 마취하게 되면 마취 효과가 나타나면서 전압은 약해지고, 그 후 동물이 의식을 잃게 되면 머리는 극성이 반대로 바뀌었다. 베커는 이 현상을 통해 새로운 마취 유도법을 생각해냈고, 시도한 결과 그 방법은 마치 마법처럼 들어맞았다. 하다못해 도롱뇽의 경우, 머리 중앙을 통해 앞에서 뒤로 단 3천만분의 1암페어의 전류를 통과시키자 즉시 의식을 잃고 통증에 무감각하게 되었다. 전류를 차단하자 도롱뇽은 즉시 깨어났다. 베커는 사람에서도 마취 전과 후에 도롱뇽과 같은 현상이 나타나는 것을 관찰했다.[18]

베커는 자기 자신에게 직접 시도하지는 않았지만, 1950년경 이후로 러시아, 동유럽, 소비에트 연방에 과거 소속되었던 일부 아시아 국가에서 사람을 잠재우기 위해 매우 낮은 전류가 정신의학에 사용되어

17 Ravitz 1953.
18 Becker 1960; Becker and Marino 1982, p.37; Becker and Selden 1985, p.116.

왔다. 이 방법은 베커가 도롱뇽에게 했던 것처럼 뇌의 정상적인 전기 극성을 역으로 하여 전류를 머리 중앙선을 통과하여 앞에서 뒤로 흐르게 하는 것이다. 이 방법을 기술한 첫 번째 발간물은 각 10~15마이크로암페어의 짧은 펄스로 초당 5~25회 흘리고, 평균 전류가 단지 30억 분의 1암페어에 불과한 것으로 명시하고 있다. 물론 더욱 큰 전류는 도롱뇽과 마찬가지로 사람도 즉시 무의식상태를 초래하겠지만, 사람을 잠들게 하는데 필요한 것은 그 정도의 작은 전류가 전부다. "전기수면 요법"이라 불리는 이 기술은 앞에서 언급한 러시아, 동유럽 등에서 조울증(manic-depressive illness)과 조현병(schizophrenia)과 같은 정신장애를 치료하는데 반세기 넘게 사용되어왔다.[19]

신체의 정상적인 전위는 통증 자각에도 필요하다. 예를 들어, 화학적 마취, 최면, 침술과 같은 팔의 통증을 제거하는 방법은 팔의 전기적 극성을 거꾸로 하는 것을 동반한다.[20]

1970년대에 이르러 직류(DC) 전위가 생체 구조 조직화에 중요한 역할을 하는 것이 관련 연구자들에게 명확해졌다. 자신들이 측정해오던 DC 전위는 생체 구조의 성장과 발달에 필요했다.[21] DC 전위는 재생과 치유를 위해서도 필요했다.

트위디 토드(Tweedy John Todd)는 아주 오래전인 1823년, 도롱뇽은 절단된 다리의 신경이 파괴되면 그 다리를 재생할 수 없다는 것을

---

19 Gilyarovskiy et al. 1958.
20 Becker 1985, pp. 238-39.
21 Rose 1970, pp. 172-73, 214-15; Lund 1947 (종합적 고찰 및 참고문헌).

제시했다. 그래서 거의 150년 동안이나, 과학자들은 성장을 촉진하기 위해 신경에 의해 전송되어야만 하는 화학적 신호를 연구해왔다. 하지만 아무도 찾지 못했다. 마침내, 1970년대 중반 미국 툴란대(Tulane University)의 발생학자 실반 로즈(Sylvan Meryl Rose)는 아마 그러한 화학물질은 없으며, 오랫동안 찾았던 신호는 순수한 전기에 불과하다고 제안했다. 그는 과거에는 단순한 부산물로 여겨졌던 상처에서 나오는 전류가 치유에 중심 역할을 할 수 있을지 의문을 갖게 되었다.

그는 그렇다는 사실을 발견했다. 그는 도롱뇽이 절단된 사지의 상처가 재생되는 동안 상처에서 관측되는 전류 패턴을 기록했다. 그는 상처를 입은 후 처음 며칠 동안 절단된 끝부분은 항상 강력한 양전위였고 다음 몇 주 동안은 강력한 음전위가 되도록 전기 극성을 반전시키며, 마지막에는 모든 건강한 도롱뇽의 다리에서 발견되는 약한 음전압으로 정상화한다는 것을 발견했다. 로즈는 그 다음에 도롱뇽이 신경공급 없이 인공적인 전류만으로 절단된 다리를 정상으로 재생하는 현상을 관찰할 수 있었다. 그는 도롱뇽이 스스로 치유할 때 관찰한 전류의 패턴을 그대로 복제하여 인공 전류로 사용하였다. 인공 전류의 극성, 강도, 연속성이 부정확할 때는 재생이 이루어지지 않았다.

재생을 유발하는 신호가 원래 화학적인 것이 아니라 전기적이라는 것이 확고해지자 과학자들은 또 다른 놀라움에 직면했다. 앞에서 보았듯이 인체의 DC 전위는 단지 재생뿐만 아니라 성장, 치유, 통증자각, 의식을 위해서도 필요하다. 그런데 그 전위는 "진짜" 신경에서 만들어지는 것이 아니라 신경을 둘러싸고 있는 미엘린 함유 세포, 즉 포르피린을 함유하는 세포에서 생산되는 것처럼 보였다. 이는 베커가 어떤 골절은 왜 스스로 치유가 안 되는지 연구하던 중 우연히 입증되었다. 베커는 이미 신경이 치유에 필수적이라는 것을 알고 있었다. 1970년대 초반, 베커는 쥐의 다리를 부러뜨리기 전에 신경공급을 먼저 끊어버리는 방법으로 스스로 치유가 안 되는 골절 동물의 모델을 만드는 창의적인 시도를 했다.

놀랍게도, 부러진 쥐의 다리는 6일이 지연되었으나 여전히 정상적으로 치유되었다. 하지만 6일이라는 기간은 쥐의 절단된 신경 재생에도 충분한 시간이 아니었다. 그렇다면 신경이 치유에 필요하다는 원칙에서 뼈는 예외란 말인가? 그는 의아했다. 베커는 다음과 같이 기록하고 있다. "우리는 그 쥐의 상처를 좀 더 세심하게 관찰했다. 우리는 그 지연되는 6일 동안 스완 세포(Schwann cell)가 골절된 틈새에서 자라고 있음을 발견했다. 신경 주변이 치유되자마자 뼈가 정상으로 회복되기 시작했다. 이것은 적어도 치유, 결과, 신호는 신경 그 차제보다 주변 껍질을 통해 전달됨을 의미한다. 생물학자들이 단순한 절연체라고만 여겼던 세포들이 실제 전선인 것으로 밝혀졌다."[22] 베커는 "성장과 치유를 결정하는 전류를 운반하는 것은 뉴런이 아니라 스완 세포다."라는 결론을 내렸다. 스완 세포는 미엘린을 함유한 글리알 세포로 뉴런을 둘러싸고 있다. 그리고 베커는 훨씬 이전의 연구에

22 Becker and Selden 1985, p. 237.

서도 도롱뇽의 다리, 짐작하건대 모든 고등동물의 사지와 몸에 흐르는 DC 전류는 일종의 반도체에 흐르는 것을 이미 보여주었다.[23]

다시 크게 돌아 본론으로 가자. 신경을 감싸고 있는 액정인 미엘린 수초는 반도체 포르피린을 함유하고[24] 아연과 같은 중금속 원자가 포르피린의 전자 이동을 지원한다.[25] 포르피린이 신경 전달에 분명 중요한 역할을 하고 있을 것이라고 최초로 제안한 사람은 1958년 하비 솔로몬(Harvey Solomon)과 프랭크 피게(Frank Figge)였다. 이것의 의미는 화학 및 전기 과민증이 있는 사람들에게 특히 중요하다. 유전적으로 비교적 적은 포르피린 효소가 있는 사람들은 "신경과민 기질"이 있을 수 있다. 이는 다른 사람들보다 그들의 미엘린은 약간 더 많은 아연이 들어있고 주변 전자기장에 의해 더욱 쉽게 방해받기 때문이다. 그래서 유독성 화학물질과 전자기장은 서로 시너지 효과가 있는 것이다. 유독성 물질 노출은 포르피린 경로를 한층 더 방해하고, 더 많은 포르피린과 전구체를 축적하여, 결국 미엘린과 그것이 감싸고 있는 신경이 전자기장에 더욱 민감해지게 되는 것이다. 좀 더 최근 연구에 따르면, 과다한 양의 포르피린 전구체는 미엘린의 합성을 막고 미엘린 수초를 분해하여 뉴런은 보호막 없이 노출된다.[26]

---

23 Becker 1961a; Becker and Marino 1982, pp.35-36.

24 Klüver 1944a, 1944b; Harvey and Figge 1958; Peters et al. 1974; Becker and Wolfgram 1978; Chung et al. 1997; Kulvietis et al. 2007; Felitsyn et al. 2008.

25 Peters 1993.

26 Felitsyn et al. 2008.

실제 상황은 의심할 여지 없이 이보다 훨씬 더 복잡하지만, 모든 단편적 지식을 정확하게 취합하기 위해서는 우리의 문화적 시각장애를 벗어나 동물 신경계에 전기 이동선이 존재한다는 것을 인정하려는 연구자가 필요할 것이다. 이미 주류과학에서는 글리알 세포가 포장물질 이상의 것임을 마침내 인정함으로써 첫발을 내디뎠다.[27] 실제로 이탈리아 제노바대(University of Genoa)의 한 연구팀의 발견은 현재 신경학에 혁명을 일으키고 있다. 그 발견은 호흡과 관련된 것이다.[28]

사람들은 뇌가 다른 어떤 장기보다 더 많은 산소를 소비하고, 호흡을 멈추면 뇌가 가장 먼저 죽는 장기라는 것을 알고 있다. 이탈리아 팀이 2009년에 확인한 것은 그 산소의 90%가 뇌의 신경세포가 아니라 이를 둘러싸고 있는 미엘린 수초에 의해 소비된다는 사실이다. 에너지를 위한 산소 소비는 미토콘드리아라는 세포 안의 아주 작은 소기관에서만 일어난다는 것이 일반적인 지식이다. 이것은 이제 완전히 뒤집어졌다. 적어도 신경계에서는 대부분 산소는 미토콘드리아가 전혀 없는 미엘린이라는 지방으로 된 다중 막에서 소비되는 것으로 나타났다. 이미 40년 전 연구에서 미엘린은 헴 없는 포르피린(non-heme porphyrin)을 함유한 반도체임이 밝혀졌다. 심지어 일부 과학자들은 미엘린 수초 그 자체가 사실상 하나의 거대한 미토콘드리아이

---

27 Soldán and Pirko 2012.

28 Hargittai and Lieberman 1991; Ravera et al. 2009; Morelli et al. 2011; Morelli et al. 2012; Ravera, Bartolucci, et al. 2013; Rivera, Nobbio, et al. 2013; Ravera et al. 2015; Ravera and Panfoli 2015.

며, 미엘린 수초 없이는 우리 뇌와 신경계의 거대한 산소 요구량을 결코 충족시킬 수 없다고 말하기 시작했다. 하지만 이러한 일련의 사실들을 진정으로 이해하기 위해서는 링 웨이가 제안한 뉴런과 로버트 베커가 제안한 미엘린 수초는 고도의 복합적 전기 전달 체계를 형성하기 위해 함께 작용하며, 엔지니어들이 만든 송전선에 의해 전기 간섭 대상이 된다는 인식도 필요하다.

정상적인 신경계조차 전자기장에 대한 민감성이 매우 정교하다는 사실은 1956년 동물학자 카를로 테르졸로(Carlo Terzuolo)와 테오도르 블록(Theodore Bullock)에 의해 입증되었다. 하지만 이후 모든 사람들으로부터 무시되었다. 사실 테르졸로와 블록도 그들의 결과에 무척 놀랐다. 그들은 가재(crayfish) 실험에서 잠잠했던 신경을 곤두세우려면 상당량의 전류가 필요했지만, 곤두선 신경에서는 아주 미미한 전류라도 그 정도를 엄청나게 변화시킬 수 있다는 사실을 발견했다. 단 3.6×10^{-8}암페어의 전류라도 신경 촉발 속도를 5~10% 증가시키거나 감소시키기에 충분했다. 그리고 15×10^{-8}암페어의 전류가 실제로 신경 촉발 속도를 두 배로 증가시키거나 반대로 잠잠하게 할 것이다. 이 수치는 지금까지도 최신 안전 수칙 개발자들 대부분은 어떠한 생물학적 영향을 나타내기에는 1,000배나 낮다고 추정하고 있다. 전류가 신경 활동을 증가시키든지 감소시키든지 하는 것은 오직 전류가 신경에 전달되는 방향에 달려있었다.

아연의 역할

아연의 역할은 1950년 위스콘신대 의대(University of Wisconsin Medical School)의 포르피린 학자 헨리 피터스(Henry Peters)에 의해 발견되었다. 그의 뒤를 이은 모튼이 그랬듯이, 피터스는 증상이 가볍거나 잠복성 포르피린증 환자 숫자를 의미심장하게 받아들이고, 그 형질이 일반적으로 짐작했던 것보다 훨씬 더 만연한 것으로 생각했다.[29]

피터스는 신경학적 증상을 나타내는 포르피린증 환자들은 소변에서 정상보다 36배까지나 많은 양의 아연을 배출한다는 사실을 발견했다. 실제로 환자들의 증상은 그들이 배출하는 포르피린 수준보다 소변의 아연 농도가 더욱 관련이 있었다. 이 자료를 기반으로 피터스는 아주 논리적인 시도를 했다. 수십 명의 환자를 대상으로 인체의 아연 양을 감소시키기 위한 중금속 제거(chelation)를 시도했고 이는 성공적이었다! 환자를 차례대로 BAL(British Anti-Lewisite)이나 EDTA(EthyleneDiamineTetraacetic Acid)로 치료했을 때 소변에서 검출되는 아연의 양이 줄어 정상적으로 되자, 병이 치료되었고 수년간 아무런 증상 없이 지낼 수 있었다.[30] 아연결핍은 흔히 나타나는 질병으로 보충하면 된다는 일반적인 통념과는 반대로, 피터스의 환자들은 유전적 요인과 환경 오염 때문에 실제로는 아연에 중독된 상태였다. 이는 숨겨진 잠재적 포르피린증으로 아마 최소 전체 인구의 5~10%가 여기

29 Peters 1961.
30 Peters et al. 1957; Peters et al. 1958; Peters 1961; Painter and Morrow 1959; Donald et al. 1965.

에 해당될 수 있었다.

그 후 40여 년간 피터스는 아연 독성에 관한 그의 학설에 엄청난 저항이 있음을 알게 되었다. 하지만 그것이 사실임을 입증하는 증거들이 점차 증가하고 있으며 축적되고 있다. 실제로 산업공정, 금속 도금, 치아 충진재로부터 많은 양의 아연이 환경, 가정, 인체로 유입되고 있다. 아연은 틀니 크림과 모터오일에도 들어있다. 자동차 타이어에는 아주 많은 양의 아연이 함유되어있다. 타이어의 지속적인 마모는 아연이 도로에서 발생하는 먼지의 주성분을 이루게 된다. 이것은 다시 하천, 강, 저수지로 씻겨 내려가 마지막에는 우리의 식수로 유입된다.[31] 식수로 인한 아연 중독을 우려하면서, 브룩헤이븐 연구소(Brookhaven National Laboratory)와 미국지질조사국(US Geological Survey), 몇몇 대학의 과학자들은 미량의 아연이 들어있는 물로 쥐를 키웠다. 생후 3개월에 이르자 쥐들은 이미 기억력이 결핍되어 있었다. 9개월에 이르자, 쥐의 뇌 아연 수치가 상승했다.[32] 인체 실험에서는, 방글라데시의 슬럼가에서 태아의 정신 발달과 운동 능력에 도움이 될 것으로 기대하면서 임산부에게 매일 30밀리그램의 아연을 먹게 했다. 하지만 연구팀은 그 정반대 결과를 얻었다.[33] 동반 실험으로,

---

31 Lagerwerff and Specht 1970; Wong 1996; Wong and Mak 1997; Apeagyei et al. 2011; Tamrakar and Shakya 2011; Darus et al. 2012; Elbagermi et al. 2013; Li et al. 2014; Nazzal et al. 2014.

32 Flinn et al. 2005.

33 Hamadani et al. 2002.

방글라데시의 영아 집단에 약 5개월 동안 매일 5밀리그램의 아연을 투여했더니 놀라운 결과가 나왔다. 아연을 먹은 영아 집단은 정신 발달 측정을 위한 표준 테스트에서 더 낮은 점수를 보였다.[34] 그리고 아연 보충제가 알츠하이머 증상을 악화시키며,[35] 체내 아연을 줄이기 위한 중금속 제거요법(chelation)이 알츠하이머 환자들의 인지기능 향상을 보여주는 문헌이 점차 증가하고 있다.[36] 사망자를 부검한 호주 연구팀에서는 알츠하이머 환자들은 정상인 보다 뇌의 아연 함량이 두 배나 많았고, 치매가 심할수록 아연 수치가 높다는 것을 발견했다.[37]

영양학자들은 인체 아연 함량 판단에 혈액 검사를 사용하였기 때문에 오랫동안 오도되어왔다. 과학자들은 혈중 수치는 믿을만한 것이 아니며, 아주 극심한 영양실조가 아닌 이상 개인의 식단에 포함된 아연의 양과 혈중 아연 수치 사이에는 아무런 관계가 없다는 것을 알아냈다.[38] 알츠하이머병을 비롯한 일부 신경성 질환에서는, 혈중 아연 수치가 정상 또는 낮은 경우에도 뇌의 아연 수치가 높게 나타나는 것은 일반적이다.[39] 당뇨와 암을 비롯한 많은 질병에서 혈중 아연은

---

34 Hamadani et al. 2001.
35 Buh et al. 1994.
36 McLachlan et al. 1991; Cuajungco et al. 2000; Regland et al. 2001; Ritchie et al. 2003; Frederickson et al. 2004; Religa et al. 2006; Bush and Tanzi 2008.
37 Religa et al. 2006.
38 Hashim et al. 1996.
39 Cuajungco et al. 2000; Que et al. 2008; Baum et al. 2010; Cristóvão et al. 2016.

낮은 데 반해 소변에서는 높다.[40] 신장은 혈중 아연 농도가 아닌 인체의 총 아연 부하에 반응하기 때문에 혈중 수치가 낮아도 소변에서 높을 수 있다. 또 혈중 수치가 낮은 것은 아연결핍 때문이 아니라 인체가 아연으로 과부하 되어 신장이 가능한 빨리 혈액에서 아연을 제거하기 때문이다. 사람들이 아연이 부족한 식사를 한다고 해서 체내에 아연결핍이 되는 것은 우리가 생각해 왔던 것보다 훨씬 어려운 것으로 나타났다. 놀랍게도 인체는 극도로 낮은 수준의 아연 식이요법에서조차도 장을 통한 흡수는 증가시키고 소변, 대변, 피부를 통한 배출은 줄임으로써 상호 보상할 수 있기 때문이었다.[41] 성인 남자는 일일 아연 권장량이 11밀리그램이지만, 하루 최소 1.4밀리그램 정도만 섭취해도 항상성과 혈액과 조직 내의 정상적인 수준의 아연을 유지할 수 있다.[42] 하지만 남녀를 불문하고 하루 20밀리그램 이상으로 섭취를 늘리는 사람은 장기적으로는 독성 영향을 초래할 위험이 있다.

탄광의 카나리아

세포가 포르피린으로부터 헴을 생산하는 과정은 다양한 종류의 독성물질로부터 방해받을 수 있다. 우리가 아는 바로는 전기는 이것

---

40 Voyatzoglou et al. 1982; Xu et al. 2013.
41 Milne et al. 1983; Taylor et al. 1991; Johnson et al. 1993; King et al. 2000.
42 Johnson et al. 1993; King et al. 2000.

을 방해할 수 없다. 하지만 하권 12장에서 전자기장이 세포 내에서 일어나는 헴의 가장 중요한 작용을 방해한다는 사실을 알게 될 것이다. 헴은 생명을 유지하고 호흡할 수 있도록 섭취한 음식물을 산소로 연소시킬 수 있게 하는 것이다. **그런데 전자기장은 모닥불 위에 쏟아지는 비처럼 신진대사의 불꽃에 물을 붓는다. 전자기장이 사이토크롬의 작용을 감소시키는 것이다.** 사이토크롬의 연쇄 반응에서 전자기장으로 인해 전자가 산소로 이동하는 속도가 변화됨으로 그러한 현상이 나타난다는 증거가 있다. 이 현상은 가능한 여러 방법 중 가장 간단한 것이다.

지구상의 모든 사람은 세포로 침투하는 보이지 않는 전자기장이라는 비의 영향을 받는다. 모든 사람은 전자기장으로 인해 신진대사가 느려지고 생동감도 떨어진다. 우리는 이렇게 천천히 진행되는 질식상태(asphyxiation)가 어떻게 문명 시대의 심각한 질병인 암, 당뇨병, 심장병 등을 유발하는지 보게 될 것이다. 우리에겐 어떤 탈출구도 없다. 음식, 운동, 생활방식, 유전적 요소와 상관없이 모든 인간과 동물들에게 이러한 질병이 발생할 수 있는 위험이 150년 전에 비해 훨씬 높아졌다. 유전적인 성향이 있는 사람들은 위험이 훨씬 더 크다. 그들은 이미 처음부터 자신들의 미토콘드리아에 다소 적은 양의 헴이 있기 때문이다.

프랑스에서는 포르피린증 유전자를 지닌 사람은 간암 발병이 일반인에 비해 36배나 많은 것으로 밝혀졌다.[43] 스웨덴과 덴마크의 경우는 그 발병률이 39배나 높았고, 폐암 발병률은 일반인에 비해 3배에 달했다.[44] 흉부 통증, 심부전, 고혈압, 산소결핍의 심전도(EKG: electrocardiogram) 지표는 잘 알려진 포르피린증 증상이다.[45] 정상적인 관상동맥이 있는 포르피린증 환자들은 종종 심장 부정맥이나[46] 심장마비로[47] 사망한다. 포도당 내성 검사와 인슐린 수치는 일반적으로 비정상적이다.[48] 한 연구에서는 36명의 포르피린증 환자 중 15명이 당뇨병이 있었다.[49] 이 질병의 변화무쌍한 발현은 거의 모든 장기에 영향을 줄 수 있다. 하지만 주로 헴 결핍으로 인한 세포 호흡이 제 기능을 못 하는 것으로 진단하고 있다.[50] 사실 이 질병을 보다 잘 설명할 포르피린 전문가는 지금까지 없었다.

전체 인구의 5~10%에 해당하는 포르피린 효소 수치가 낮은 사람

---

43 Andant et al. 1998. See also Kauppinen and Mustajoki 1988.

44 Linet et al. 1999.

45 Halpern and Copsey 1946; Markovitz 1954; Saint et al. 1954; Gold- berg 1959; Eilenberg and Scobie 196o; Ridley 1969; Stein and Tschudy 1970; Beattie et al. 1973; Menawat et al. 1979; Leonhardt 1981; Laiwah et al. 1983; Laiwah et al. 1985; Kordač et al. 1989.

46 Ridley 1975.

47 I. P. Bakšiš, A. I. Lubosevičute, and P. A. Lopateve, "Acute Intermittent Porphyria and Necrotic Myocardial Changes," *Terapevticheskiĭ arkhiv* 8: 145-46 (1984), cited in Kordač et al. 1989.

48 Sterling et al. 1949; Rook and Champion 1960; Waxman et al. 1967; Stein and Tschudy 1970; Herrick et al. 1990.

49 Berman and Bielicky 1956.

50 Labbé 1967; Laiwah et al. 1983; Laiwah et al. 1985; Herrick et al. 1990; Kordač et al. 1989; Moore et al. 1987; Moore 1990.

들을 소위 '탄광의 카나리아'라고 불렀다. 하지만 그들의 경고성 울음소리는 비참하게도 무시되어왔다. 그들은 지금까지 오랜 시대를 걸쳐 다음과 같이 계속 되어왔다: 전신선이 전 세계를 휩쓸었던 19세기 후반 신경쇠약을 앓게 된 사람; 1880년대 말 수면제, 1920년대 신경안정제, 1930년대 설파 약물의 희생자들; 제2차 세계대전 후 넘쳐나는 화학약품의 홍수에 중독되어 다중화학물질 과민성을 갖게 된 성인 남녀와 어린이; 컴퓨터 시대에 전자파 과민증에 걸려서 버려진 영혼들; 무선혁명이 가져온 피할 수 없는 전자파로 외로운 망명이 강요된 자들.

그들의 경고에 주의를 기울이지 않은 결과 전 세계 인류가 얼마나 심각한 고통을 받아왔는지 하권에서 보게 될 것이다.

제11장

야생 동물 교란과 숲의 파괴

알폰소 발모리 마르티네즈(Alfonso Balmori Martinez)는 스페인 발라돌리드(Valladolid)에 거주하는 야생생물학자다. 그는 공무원 자격으로 자신이 사는 카스틸라 레온(Castilla y Leon) 시의 환경과에서 야생동물을 관리하는 일을 한다. 그러나 그는 10년도 넘게 자신이 적어도 중요하다고 생각하는 것을 위해서 직무와 다른 일도 해왔다. "휴대전화 안테나 때문에 이웃과 지인들 중에서 나타난 심각한 건강 문제를 알기 시작한 것은 2,000년경이었습니다."라고 그가 말했다. "그때 우리 두 아들이 다니던 학교도 심각한 상황이었습니다." 그는 두 아들을 학교로 데려다 줄 때마다 마주쳐야 했기 때문에 가르시아 뀐따나 학교(Colegio Garcia Quintana)의 문제를 외면할 수 없었다. 근처에 있는 건

알폰소 발모리 마르티네즈
(Alfonso Balmori Martinez)

물 옥상에는 거대한 바늘꽂이 같은 곳에 온갖 모양과 크기의 휴대전화 안테나가 60여 개 정도 박혀서 놀이터를 향해 드리우고 있었다.

안테나 농장은 통신이라는 작물을 빠르게 싹 틔웠다. 통신작물이 성장하던 첫해인 2000년 12월부터 2002년 1월 사이에 백혈병과 림프종 5건이 연속으로 진단되었다. 4세부터 9세까지 4명의 어린이와 학교에서 청소 일을 했던 17세 젊은 여성 한 명이 폐암 진단을 받았다. 전년도에는 12세 미만의 백혈병과 림프종 환자가 발라도리드 주 전체에서 4건밖에 진단되지 않은 것을 비교해보고, 지역주민들은 겁에 질렸다. 이 학교는 2002년 1월 10일 보건부에 의해 일시적으로 문을 닫았고, 검사관들이 학교 내의 위험한 요소를 찾지 못하자 몇 주 후에 다시 문을 열었다. 하지만 안테나는 2001년 12월에 내려진 법원 명령에 따라 철거되었고, 새로운 조직인 AVAATE(Asociacion Vallisoletana de Afectatadas poph Antenas de TElefonia, 발라도리드 통신안테나 피해자 협회)가 이 사건의 유산으로 만들어졌다. 이 조직은 당시 자신이 알고 있는 사실들 때문에 안테나 문제를 걱정해오던 발모리 마르티네즈(스페인에서는 부모 양쪽의 성을 모두 사용함, 이하 발모리라 칭함)라는 인물에 의해 다 꺼져 가던 잿더미에서 새롭게 성장했다. 안테나에 노출된 사람들은 단지 암뿐만 아니라 훨씬 더 많은 사람이 두통, 불면증, 기억상실, 심장 부정맥, 그리고 생명을 위협하는 심각한 신경 반응을 일으키고 있었다. 그는, "몇 달 동안 여기에 관해 공부한 결과, 당국이 너무나도 명백한 것을 뭔가 근거 없는 공포이자 과학적 근거 없는 '사회적 정신 질환'에 지나지 않는다고 여기고 있음을 알게 되었다. 그래서 나는 동식물에 미치는 영향을 연구하기로 결심했다. '집단 정신병'이나 '근거 없는 공포'라는 개념이 인간이 아닌 생명체에는 적용될 수는 없다고 생각했기 때문이다. 나는 황새, 비둘기, 나무, 곤충, 올챙이를 연구하고 그 결과를 발표하기 시작했다."라고 말했다.

발모리가 발견한 피해는 드라마틱했고 곳곳에 산재해 있었다. 휴대전화 안테나의 방사선은 그가 관찰한 모든 생물 종에 영향을 미쳤다. 황새를 예로 들어보면, 흰 황새(White storks, 학명 *Ciconia ciconia*)는 많은 스페인 도시에서 흔히 볼 수 있는 도시형 새로, 참새나 비둘기와 함께 건물이나 교회의 뾰족탑에 자리를 튼다. 2003년의 봄 발모리는 60개의 옥상 둥지를 선택하여 망원경으로 황새를 관찰해 번식이 성공하였는지를 판단했다. 둥지 30개는 한 개 이상의 휴대전화 안테나가 200미터 이내에 있고, 또 다른 30개의 둥지는 휴대전화 안테나가 300미터 이상 떨어져 있는 곳으로 했다. 그는 각 위치의 전기장을 측정하고 안테나와 가까운 곳의 전자파 방사선이 평균 4배 반 정도 더 강력하다는 것을 확인했다. 그 후 2003년 2월과 2004년 6월 사이에 그는 모든 번식 단계의 새를 관찰하기 위해 안테나로부터 100미터 이

내에 있는 20개의 둥지를 수백 번 방문했다.

그 결과는 야생생물학자에게 엄청난 충격을 주었다. 가장 가까운 안테나 타워로부터 거리가 200미터 이내인 둥지에서 성장한 새끼 황새의 수는 훨씬 멀리 떨어져 있는 둥지에 있는 새끼 수의 절반에 달했다. 전자파에 가장 강하게 노출된 30개 둥지 중 12개는 새끼가 한 마리도 없었던 반면, 덜 노출된 둥지 중에서는 딱 한 곳만이 새끼가 없었다. 강한 노출로 인하여 새끼가 한 마리도 없는 12개 둥지 가운데 일부는 알이 부화되지 않았고 다른 일부에서는 부화하자마자 새끼가 죽었다. 타워에서 100미터 이내에 둥지를 튼 새들의 행동 역시 골칫거리였다. 황새 짝들은 둥지를 짓는 문제를 두고 싸웠다. 이들이 둥지를 지으려고 하는 동안 막대기가 땅에 떨어졌다. "일부 둥지는 완성되지 않았고 황새들은 안테나 앞에서 둥지 만들기에 수동적인 모습을 보였다."

유럽에서 집 참새의 수가 급감하는 것을 우려하여, 발모리는 2002년에서 2006년 사이에도 발라돌리드 지역의 30개 공원 또는 공원 같은 장소에 사는 참새의 수를 관찰하기 시작했다. 그는 4년 동안 한 달에 한 번꼴로 이 지점들을 일요일 아침에 방문하여 새의 수를 헤아리고 전자파 방사선을 측정했다. 그는 참새의 수가 시간이 흐르면서 대체로 훨씬 더 적어지고 있는 반면, 방사선 수치가 낮은 지역에서 새의 수가 믿을 수 없을 정도로 더 많다는 것을 발견했다. 전기장이 미터당 0.1볼트인 곳에서는 헥타르당 42마리의 참새들이 발견됐으나, 전기장이 미터당 3볼트 넘는 지역에서는 헥타르당 겨우 1 또는 2 마리의 참새들만이 발견되었다. 이것으로 발모리에게는 왜 그 종이 사라지고 있는지 분명했다. 영국에서는 1994년과 2002년 사이에 영국 도시에서 집 참새의 개체수가 75%나 감소한 후 그 종은 이미 멸종위기종과 감소추세종 목록(Red List)에 추가되었다. 발모리는 "이것은 이동전화의 출시 시기와 일치한다."라고 적었다. 그는 자기가 사는 곳에서 관찰한 감소추세가 계속된다면 2020년에 이르러서는 발라돌리드에서 집 참새가 멸종될 것이라고 말했다.[1]

그리고 전자파의 가시적 영향은 황새와 참새에게만 국한되지 않았다. 안테나들은 1990년대에 발라돌리드의 "캄포 그란데(Campo Grande)" 도시공원에 설치되어 있었고, 발모리는 그 이후에 10년 동안 그곳에 있는 새의 개체수를 관찰했다. 2003년부터 마르티네즈가 관찰한 내용은 다음과 같다.

황조롱이(Kestrel) : "휴대전화 안테나가 설치된 후, 인근 지붕에서 매년 번식하던 황조롱이 전반적으로 사라졌다."

흰 황새(White Stork) : "이 종은 열악한 환경에서도 웬만해서는 둥지를 버리지 않지만, 휴대전화 안테나 타워 전자파 빔 근처에 있던 둥지는 점차 사라졌다."

공작비둘기(Rock Dove, domestic 국내) : "휴대전화 안테나 타워 부근에는 죽은 사체가 많이 나타났다."

---

1 Balmori and Hallberg 2007.

까치(Magpie) : "전자파 방사선으로 오염된 지점에서 발견된 다수의 사체에서 다음 이상 현상이 관찰되었다. 머리와 목의 깃털 악화, 운동기관의 문제(다리와 날개, 날기가 어려움), 부분적인 색소결핍증과 흑색증(특히 옆구리에서), 나무의 낮은 부분과 땅에서 오래 머무르는 경향"

녹색 딱따구리(Green woodpeckers), **짧은 발톱 나무발바리**(short toed treecreepers), **보넬리 휘파람새**(Bonnelli's warblers) : 모두가 예전에는 흔했지만 1999년에서 2001년 사이에 사라졌고 이후 다시 보지 못했다.

발모리가 지적하였듯이 이 공원에 서식하는 14종의 조류 중 절반은 대기오염이 개선되었음에도 불구하고 개체수가 심각하게 감소하거나 사라졌다.

새들의 비극

집 참새의 수가 줄어드는 것은 세계적인 비극이다. 제니 드라에(Jenny De Laet)와 제임스 섬머스-스미스(James Denis Summers-Smith)는 "20년, 아니 10년 전만 해도 집 참새가 국제 조류학회나 환경 컨퍼런스에서 논의의 초점이 된다는 것은 상상조차 할 수 없는 일이었다." 라고 썼다. 이들의 2007년 연구는 런던, 글래스고, 에든버러, 더블린, 함부르크, 겐트(Ghent), 앤트워프(Antwerp), 브뤼셀에서 집 참새의 개체수가 90% 이상 급감하는 것을 알아냈다. 1984년까지만 해도 적어도 250마리의 참새가 에든버러 중심부에 있는 50에이커(약 20만 m²) 규모의 공원인 프린스 스트리트 가든(Princes Street Gardens) 여기저기에 흩어져 살고 있었다. 1997년에는 단 한 곳에 15~30마리만 남아있었다. 런던 중심부를 빛내는 275에이커(약 111만 m²)의 공원인 켄싱턴 가든(Kensington Gardens)의 참새 개체수는 1925년 2,603마리에서 2002년 단 4마리로 줄었다. 적어도 1만년 동안 인간과 교류한 이 새는 씨앗과 곤충이 풍부한 곳에서도 사라지고 있다. 하지만 조류학자들은 사라지는 뚜렷한 원인을 찾지 못하고 있다. 분명 원인은 있고, 눈에 잘 보이는 곳에 있다. 오늘날 켄싱턴 가든의 북쪽, 서쪽, 남쪽 경계에 26개의 안테나 시설이 줄서있고, 보다폰, T-모바일, 오렌지, O2, 3, 에어웨이브와 같은 통신사가 운영하고 있다. 안테나 시설은 방문객들이 휴대전화를 사용하고 경찰이 통신장비를 사용할 수 있도록 이 아름다운 공원을 전자파로 가득 채우고 있다. 에든버러의 프린스 스트리트 가든의 상황은 더욱 심각하다. 34개의 안테나 타워가 아주 작은 이 공원을 둘러싸고 있는데, 대부분은 지상에서 5미터도 채 안 되는 위치에 있다. 1997년에도 여전히 참새가 둥지를 튼 유일한 장소인 게이트키퍼의 오두막(Gatekeeper's cottage)이라는 곳은 마운드(The Mound)라 불리는 인공 언덕 바닥이 감싸주기 때문에 여러 전자파 안테나 빔이 직접 닿지 않는 공원 전체에서 유일한 곳이다. **1992년에 시작된 이러한 공원들의 전자파 방사는 집 참새 개체군의 비극적인**

붕괴와 같은 선상에 있다.

스위스의 상황은 너무 심각해서 조류보호협회(Swiss Association for the Protection of Birds)가 집 참새를 2015년의 '올해의 새'로 선언했다. 2008년과 2009년 인도 케랄라(Kerala)에서 동물학자 사이누덴 파타지(Sainudeen Pattazhy)가 행한 연구에서는 집 참새가 사실상 그곳에서 멸종된 것으로 밝혀졌다. 델리에서는 조류학자 모하메드 딜라와(Mohammed Dilawar)가 "2001년 3월까지만 해도 집 참새들이 우리 집에 들락날락했는데, 우리가 잠시 떠났다가 돌아와 보았더니, 가장 흔한 새가 둥지를 떠나버렸다."라고 회고했다.[2] 파타지의 결론은 발모리와 같다. 휴대전화 안테나 타워가 참새 살 곳을 없애고 있다. 그는 "전자파 방사선이 새의 몸을 계속 침투해서 신경계와 비행 능력에 영향을 준다. 새가 날 때 조종 능력을 잃고 먹이를 구할 수 없게 되었다. 타워 근처에 둥지를 튼 새들은 일주일 안에 둥지를 떠난다."라고 말했다. 또한 "한 번에 품는 알이 하나에서 여덟 개가 될 수 있다. 알 품기는 10~14일 정도 걸린다. 하지만 타워 근처에 둥지를 튼 알은 30일이 지나도 부화하지 못했다."라고 말했다.[3]

새 중에서 참새가 전기에 가장 민감하게 반응하는 것 같아서 놀라워 보일 수도 있다. 그러나 우리는 7장에서 태양 흑점이 살아나고 오로라가 북극의 하늘에 나타난 후 1732~1733년의 인플루엔자 대유행

---

2 Sen 2012.
3 Deccan Herald 2012.

이 발생했고 이때 참새가 모든 조류 중에서 가장 많은 영향을 받았던 것을 알 수 있었다.

전파가 조류 생식에 미치는 영향은 더 이상 추측의 문제가 아니다. 발모리가 황새를 대상으로 현장 연구를 하는 동안 그리스의 과학자들은 실험실에서 영향을 증명하고 있었다. 테살로니키의 아리스토텔레스대학교(Aristotle University of Thessaloniki)의 이오아니스 마그라스(Ioannis Magras)와 토마스 제노스(Thomas Xenos)는 먼저 갓 낳은 메추리알 240개를 인큐베이터에서 FM 라디오 송신기에서 방출되는 방사선에 노출시켰다. 방사선 수준은 새들이 5만 와트 타워로부터 1~300야드(1~274m) 떨어진 곳에 둥지를 튼 것과 거의 같았다. 그러나 이 알들은 단 3일간, 하루에 한 시간 오전 오후 각각 30분간씩 노출되었다. 45개 배아가 죽었다. 그 곁에 있던 노출이 없는 인큐베이터 안에 있는 60개의 메추리알은 단 한 개의 배아도 죽지 않았다.

그 후 같은 연구자들은 휴대전화 안테나에서 방출되는 것과 같은 형태인 펄스 전자파에 3일간 연속으로 60개의 메추리알을 더 노출시켰다. 전자파 강도는 오늘날 도시에서 흔히 볼 수 있는 노출 수준인 제곱센티미터 당 5마이크로와트였다. 이러한 조건에서 65%의 배아가 죽었다.

세 번째 실험에서는 380개의 계란을 제곱센티미터 당 8.8마이크로와트 수준의 마이크로웨이브 방사선에 노출시켰다. 연구원들은 계란을 낳자마자 방사선에 노출시키는 대신 발육 3일에서 10일 사이의 계란을 노출시켰다. 이러한 조건에서 대부분의 배아는 살았지만, 비정상적인 발육이 일어났다. 연속적인 방사선 복사에서는 86%의 알이 부화했지만, 14%의 병아리는 태어나자마자 죽었다. 나머지 병아리들의 거의 절반은 발달이 지체되었고 3%는 심각한 선천적 결함을 가지고 있었다. 펄스 방사선에서는 비슷한 수가 죽었고, 발달이 지체된 수는 절반 정도였고, 선천성 결함은 두 배였다. 방사선 노출이 없었던 116개의 알에서는 2개만 부화하지 못했고, 선천적 결함은 없었으며 발달이 지체된 것은 2개뿐이었다.

전파가 새에 미치는 끔찍한 영향은 1930년대에 그들과 가장 밀접하게 연관된 사람들에 의해 처음 발견되었다. 전서구(homing pigeon, 편지 배달 비둘기) 경주자들과 당시 전서구를 통신에 여전히 사용하고 있는 군 사단이 바로 그들이다. 미국의 비둘기 경주 스포츠의 아버지인 찰스 헤이츠만(Charles Heitzman)과 전 미 육군 비둘기군단(US Army's Pigeon Corps) 단장이었던 오토 마이어(Otto Meyer) 소령은 라디오 방송 확대가 전성기를 맞이하고 있을 시기에 비둘기들이 길을 잃은 것에 놀랄 수밖에 없었다.[4]

외관상으로는 비둘기가 여러 세대를 거치면서 새로운 조건에 적응하는 법을 배웠고, 문제가 완전히 사라진 것은 아니지만 대부분 잊혀졌다.

그 후 1960년대 후반에 와서 캐나다 연구팀이 그 문제에 대해 새

4 New Mexico pigeon racer Larry Lucero(1999), 개인 교신.

로운 견해를 밝혔다. 캐나다 국립연구위원회(National Research Council) 제어시스템 연구소의 알란 태너(J. Alan Tanner), 퀸즈대(Queens University) 신경해부학 교수 세사르 로메로-시에라(Cesar Romero-Sierra)와 생물물리학자 제이메 델블란코(Jaime Bigu del Blanco)가 그들이다. 그들은 어린 닭들을 제곱센티미터 당 10~30밀리와트의 비교적 높은 수준에서 마이크로웨이브 방사선에 노출하기 시작했다. 닭들은 보통 5~20초 안에 케이지 바닥에 쓰러졌다. 그들은 꼬리 깃털에만 노출되어도 비명을 지르고 배변을 하고 도망치려 했다. 비둘기와 갈매기를 이용한 실험도 비슷한 결과를 낳았다. 하지만 깃털이 뽑힌 닭들은 달랐다. 깃털이 뽑힌 닭들은 약 12일이 지나 새로 난 깃털이 1센티미터 가량 다시 자랄 때까지 방사선을 쬐는 것에 대해 뚜렷한 반응을 보이지 않았다.

그 후 연구원들은 각 깃털 간 거리를 달리한 배열을 이용하여 실험실의 방사선 패턴을 측정했고, **새의 깃털이 전자파를 흡수하는 효율적인 수신 안테나로 작용한다는 것을 증명했다.** 만약 새가 날고 있을 때 이런 일이 일어난다면, "전자파 강도의 증가는 새에 의해 분명 '감지'될 것"이라고 그들은 말했다.[5]

1970년대에 코넬대(Cornell University) 윌리엄 키톤(William Keeton) 교수는 비둘기가 자기장 교란에 너무 민감해서 지구 자기장 평균치의 1만분의 1이하에 해당하는 변화에도 새가 집으로 향하는 비행 이륙

5 Bigu del Blanco et al. 1973.

방향을 심각하게 변화시켰다는 것을 증명했다.

1990년대와 2000년대 초반에는 휴대전화 안테나 타워가 급속히 늘어나면서 전 세계 곳곳에서 전자파 방사선의 환경 수준이 수십 배에서 수백 배로 높아졌다. 흰 황새들이 안테나 근처에서 번식하는 데 어려움을 겪었으며, 집 참새들은 영국에서 멸종위기종 목록에 올랐다. 또 비둘기 경주 클럽의 멤버십이 폭락하자 비둘기 애호가들은 1950년대에 그들이 포기했던 문제에 다시 관심을 기울일 수밖에 없었다. 아일랜드의 뉴로스앤디스트릭트 비둘기 클럽(New Ross and District Pigeon Club)의 사무총장 짐 파워(Jim Power)는 1995년경에 시작된 새들이 사라지는 새로운 문제를 "위성 텔레비전과 이동 통신망" 탓으로 돌렸다. 그 이야기는 아일랜드 타임즈(*Irish Times*) 1면을 장식했다.[6] 두 사건, 즉 안테나 타워의 급증과 심각한 비둘기 실종 문제는 모두 1997년에 미국으로 건너왔다.[7]

1998년 10월 초, 비둘기 경주가 곳곳에서 큰 실패로 끝나고 새의 90%가 사라지게 되면서 이 이야기는 2주간 미국 전역에서 헤드라인을 장식했다. "새들은 헛간에서, 모이통 밑에서, 창문 선반에서도 나타난다. 때로는 비를 맞으며 그냥 서 있기도 한다."라고 워싱턴 포스트 기사의 첫 단락은 이렇게 시작했다. 버지니아주 뉴마켓(New Market)에서 펜실베이니아주 알렌타운(Allentown)에 이르는 경주

6 Haughey 1997.
7 Larry Lucero, 개인 교신.

에 참가한 1,800마리의 새 중 약 1,500마리가 사라졌다. 펜실베이니아주 서부에서 필라델피아 교외에 이르는 경주에서 비둘기 900마리 중 700마리가 돌아오지 못했다. 피츠버그에서 브루클린까지 350마일(563.3km)의 경주에서 1,200마리의 새 중 1,000마리가 끝내 나타나지 않았다. 아주 적은 수의 야생 새들이 날고 있었다. 매들은 사냥하러 나가지 않았다.[8] 거위들은 전형적인 "V"자 형태로 나는 대신 온 하늘에 흩어져 있었다.[9] **갑자기 새들이 방향을 잃은 2주간의 시작을 알리는 방아쇠는 분명 인공위성으로부터 비처럼 떨어지는 마이크로웨이브 대량 살포였다.** 1998년 9월 23일, 새롭게 발사된 모토로라의 66개 이리듐 위성(Iridium satellites)은 전 세계 모든 곳에 있는 첫 2,000명의 시험 가입자들에게 우주에서 최초로 위성 전화 서비스를 제공하기 시작했다.

영국 왕립비둘기경주협회(British Royal Pigeon Racing Association)의 많은 회원들은 경주를 할 때 휴대전화 안테나 타워를 피하고 비둘기를 잃어버리는 것을 막기 위해 새들이 날아가는 경로를 변경했다.[10] 2004년 협회는 마이크로웨이브 방사선이 조류에 미치는 영향에 대한 더 많은 연구를 요구했다. 그리고 오랜 비둘기 경주자들이 낙담하여 점차 떠나면서, 그 자리는 거의 모든 경주 비둘기가 자기 횃대를 찾아

---

8 Robert Costagliola, Fogelsville, Pennsylvania, 개인 교신.

9 Gary Moore, the "liberator" for the western Pennsylvania-to-Philadelphia race, 개인 교신.

10 Elston 2004.

갔던 것이 어떠했는지를 기억하지 못하는 젊은 열성가들로 대체되었다. 1997년 뉴멕시코주 래리 루체로(Larry Lucero)는 8주간 경주 동안 80%의 새를 잃은 사실에 대해 엄청난 일이라고 불만을 토로했다. 하지만 지금은 더 이상 흔치 않은 일로 여겨지지 않는다. 인도의 첸나이 호머(Chennai Homer) 비둘기협회 회장 산카링엄(Sankaralingam)은 옛날 추억을 되살렸다. 그는 "휴대전화가 나오기 전에는 내가 이웃 지역 코동개유르(Kodungaiyur)에서 비둘기 100마리를 풀어두면 한 마리도 빠짐없이 모두 몇 분 안에 집으로 돌아오곤 했다."라고 말했다.[11] 텍사스 비둘기 경주자 로버트 벤슨(Robert Benson)은 오늘날에는 "최고의 조건에서도, 경주가 시작되기 전에 25% 정도의 손실을 예상할 수 있다. 75% 손실을 보는 것도 놀랍지 않다."라고 말한다. 스코틀랜드 앵거스대(Angus College)의 케빈 머피(Kevin Murphy)는 "매년 발생하는 손실의 수는 전혀 나아질 기미를 보이지 않고 있으며 비둘기 애호가들에게 물어본다면 항상 똑같은 이야기만 들을 것이다. 어린 새들의 높은 손실률 때문에 3, 4년에서 5년 정도의 경험이 있는 새들로 구성된 기성 팀을 만들 수 있는 애호가들은 거의 없다."라고 말한다.

무선통신칩 장착 동물

앵거스대 머피는 비둘기가 제멋대로 날아가도 행방을 추적하기

11 Indian Express 2010.

위해 다리에 GSM/GPS(Global System for Mobile communication/Global Positioning System) 장치를 장착함으로써 문제를 해결하자고 제안했다. 이것은 과학적 어리석음을 연습하는 것에 지나지 않는다. 원래 이것은 태양 불꽃과 자기 폭풍이 새의 회귀능력에 미치는 영향을 알아보기 위해 고안된 연구 프로젝트였다고 그는 말했다. 그러나 이 장치는 현재 태양 불꽃보다 훨씬 더 많은 비둘기 손실을 야기하는데 책임이 있는 바로 그 위성이나 안테나 타워를 이용하여 새의 경로를 추적할 것이다. 우려되는 점은, 무선 송신기 자체인 이 장치들이 먼 곳의 안테나 타워보다 훨씬 더 높은 수치의 방사선에 새들을 직접 접촉 지점에서 노출시킬 수 있을 것이라는 사실이다.

경로 추적을 위한 마이크로칩 부착 비둘기는 이 스포츠 분야에서 아직 표준 방법은 아니다. 그러나 최근 몇 년 동안 비둘기 경주자들은 이미 모든 시합에서 새의 발에 무선 주파수 식별(Radio Frequency Identification, RFID) "칩 고리"를 부착함으로써 상황을 악화시키고 있다. 새가 출발점으로 와서 결승선을 통과하면 RFID 스캐너가 자동으로 도착 시간을 기록한다. 이것들은 배터리가 없고 외부 에너지원에 의해 작동하는 수동 장치다. 하지만 마이크로칩을 부착한 직후 외래 조류들의 갑작스러운 죽음은 예사롭지 않다.[12] 칩을 심은 운전면허증이나 여권조차 만지지 못하는 전기적으로 민감한 사람들이 많이 있다. 이들이 내부에 있는 무선 주파수 발진기를 찾아내는 것을 봐서,

---

12 Roberts 2000.

귀소 능력이 없는 생명체조차도 당연히 수동적인 장치가 그들의 신경계에 충분히 영향을 줄 인접 환경을 오염시킨다.

야생동물에 무선 추적 장치를 부착하는 것은 그 동물에게 차고 다닐 휴대전화를 주는 것과 같다. 육지에 기반을 둔 야생동물 추적 시스템은 148~220MHz 주파수를 사용하며 밤낮으로 10밀리와트를 방출한다. 돌고래와 고래를 추적하는데 사용되는 위성추적시스템은 250밀리와트부터 최대 2와트를 방출하는 훨씬 더 강력한 송신기를 동물에 부착해야 한다. 이것은 동물에게 위성 전화기를 주는 것과 같다. 이것들은 거북이, 상어, 북극곰, 사향소, 낙타, 늑대, 코끼리, 그리고 아주 먼 거리를 돌아다니거나 헤엄치는 다른 동물들을 추적하는 데도 사용된다. 또한 알바트로스(albatross), 독수리, 펭귄, 백조 같은 이동거리가 길거나 도망가기 쉬운 새들에게도 사용된다.

뱀, 양서류, 박쥐에게도 무선태그를 부착한다. 심지어 나비들, 그리고 호수나 강에 있는 물고기들도 무선 송신기를 갖추고 있다. 만약 안테나를 멋있게 부착할 수 있을 만큼 큰 생명체가 존재한다면, 오늘날 재주 좋은 야생생물학자들은 목걸이, 마구(harness, 말안장), 혹은 외과용 임플란트를 이용하여 안테나를 그 생명체에게 부착할 방법을 고안해낼 것이다. 꿀벌이 사라지는 이유를 밝혀내기 위한 노력으로 호주의 대표적인 과학연구기관인 국가과학산업연구원(Commonwealth Scientific and Industrial Research Organization)은 250만 마리의 벌의 등에 강력한 풀로 RFID 태그를 부착하고 1,000개의 벌통

안에 RFID 판독기를 배치하는 작업을 진행하고 있다. 이는 아주 잘못된 판단을 하고 있는 것이다.

2002년 2월 6일 미국 국립공원관리공단은 무선추적 장치가 그것을 사용하여 연구하는 바로 그 반응 자체를 근본적으로 변화시킬 수 있으며, 그 장치의 물리적 크기뿐만 아니라 장치가 방출하는 전자파가 동물의 건강에 해로울 수 있다고 경고하는 보고서를 야생생물학자들에게 발표했다.[13] 이 보고서 및 다른 문헌에 따르면 칩이 부착된 새들은 깃털 고르기 증가, 체중 감소, 알 품기 포기, 날개 사용 시간 감소, 신진대사 증가, 물의 회피, 짝짓기 활동 감소, 먹이 활동 감소, 품는 알의 생존 감소, 날개 성장 감소, 포식자에 대한 예민함 증가, 낮은 생식 성공률, 높은 사망률을 보였다.[14]

아프리카 세렌게티(Serengeti)에서 무선 칩을 목에 단 토끼, 들쥐, 레밍, 오소리, 여우, 사슴, 무스(moose), 아르마딜로(armadillo), 강 수달, 해달, 들개와 같은 포유류들은 사망률 증가, 땅 파기 능력 저하, 체중 감소, 활동량 감소, 자기 방목 증가, 변화된 사회 상호 작용, 생식 기능 저하, 새끼의 성비에서 큰 변화를 겪었다.[15] 무스에 관한 한 연구에서, 귀에 아무것도 없는 평범한 태그를 단 새끼와 태그를 달지 않은 새끼의 사망률은 같았던 반면, 송신기가 들어 있는 태그를 단 새끼는 68%가 죽었다. 연구원들은 평범한 태그와 새끼를 죽인 태그 사이에

13 Mech and Barber 2002, p. 29.
14 Withey et al. 2001, pp. 47-49; Mech and Barber 2002, p. 30.
15 Burrows et al. 1994, 1995 on wild dogs; Mech and Barber 2002, pp. 50-51.

전자파의 존재를 제외하고는 아무런 차이도 발견할 수 없었기 때문에 머리를 긁적였다.[16] 영국의 뷰레 마쉬 국립자원보호구역(Bure Marshes National Nature Reserve)에 있는 들쥐에 관한 또 다른 연구에서, 무선 태그가 부착된 암컷들이 다른 곳들의 암컷에 비해 수컷 새끼를 암컷보다 4배 이상 더 많이 낳았다. 연구원들은 무선 태그가 붙은 암컷 들쥐는 한 마리의 암컷도 낳지 않았을 가능성이 크다고 결론지었다.[17]

어떤 경우에는 멸종 위기에 처한 종에 무선 태그를 부착하는 것은 그 종을 멸종으로 몰고 갈 수도 있다. 1998년, 최초로 시베리아 눈 호랑이가 임신 기간 내내 무선 목걸이를 착용한 상태에서 4마리의 호랑이를 출산했는데, 그중 두 마리가 유전적 이상에 의해 죽었다.[18]

무선 태그가 부착된 동물에 대한 836개의 과학적 연구를 조사한 문헌을 포괄적으로 검토한 결과가 2003년 발간되었다. 이 자료에 따르면 연구의 90%가 동물에 대한 무선 태그의 영향을 무시한 것으로 밝혀졌고, 그들은 큰 영향이 없다는 암묵적인 가정을 하고 있었다. 하지만 이에 대해 문제를 제기한 연구의 대다수는 이러한 장치들이 그것이 장착된 동물들에게 미치는 해로운 영향을 하나 이상 발견했다.[19]

---

16 Swenson et al. 1999.
17 Moorhouse and Macdonald 2005.
18 Reader's Digest 1998.
19 Godfrey and Bryant 2003.

1) 철새

케톤 교수의 연구는 조류 보전에 있어 광범위한 중요성을 지니고 있다. 철새들은 갇혀 있는 동안에도 이동하는 계절이 오면, 그들은 날고 싶은 충동을 느끼는 방향을 마주하게 될 것이다. 독일 올덴부르크대(University of Oldenburg)의 과학자들은 2004년부터 연구해온 철새들이 이제는 봄에는 북쪽으로, 가을에는 남서쪽으로 방향을 잡을 수 없다는 사실을 발견하고 충격을 받았다. 전자파 오염이 원인일 수도 있다는 의심을 품고 2006~2007년 겨울부터 유럽산 울새가 사는 새장을 접지된 알루미늄판으로 둘러쌌다. 2014년 발표한 이 연구의 저자들은 "새의 방향 능력에 미치는 영향이 심했다."라고 썼다. 알루미늄판이 접지되었을 때만 새들은 봄철에 정상적으로 방향을 잡았다. 그리고 둘러싼 것이 접지되지 않은 경우 20MHz 미만의 주파수만 허용되었는데, 새들은 분명히 휴대전화 중계기 타워가 아니라 AM 라디오 안테나 타워에서 방출되는 방사선과 일반 가정용 전자제품에 의해서도 방향을 잃고 있었다. 올덴부르크 외곽의 시골 지역에서는 울새들이 알루미늄판 없이도 방향을 잡을 수 있었다. 그러나 과학자들은 "만약 인공 전자기장이 철새의 자기 나침반을 사용하지 못하게 한다면, 특히 태양과 별 나침반 정보를 사용할 수 없는 흐린 날씨에는 이동 중인 철새의 생존 가능성이 현저히 줄어들 수 있다. 밤에 이동하는 철새의 개체수가 급격히 줄고 있다."라고 경고했다.[20]

---

20 Engels et al. 2014.

2) 양서류

1996년, 내가 첫 번째 책인 『우리의 지구를 마이크로웨이브하다: 무선혁명의 환경영향(*Microwaving Our Planet: The Environmental Impact of the Wireless Revolution*)』을 쓰고 있을 때, 세계 곳곳에서 일어나는 개구리, 두꺼비, 도롱뇽, 기타 양서류의 개체수 감소가 경보음처럼 나의 관심을 끌었다. 나는 왜 사람들이 더는 관심을 기울이지 않는지 의아했다. 난파된 배의 잔해처럼, 이 재앙은 인류의 우주선에 방향을 바꿀 긴급 사항을 알려야 한다. 뉴욕 뉴스데이 신문은 헤드라인에 "양서류의 공포 이야기"라고 비명을 질렀다.[21] 타임지는 "수련 잎의 고난"이라고 발표했다.[22] 『우리의 개구리를 훔치는 외계인(*Space Aliens Stealing Our Frogs*)』이라는 슈퍼마켓 타블로이드판 책도 나왔다.[23] 미국 중서부 전역의 자연 그대로의 호수, 하천, 숲에서 돌연변이 개구리가 수천 마리씩 나타나는 것 같았다. 개구리의 기형적인 다리, 다리가 더 달리거나, 눈이 없거나, 엉뚱한 곳에 달린 눈 등 다른 유전적 오류들은 야외로 소풍 가는 아이들을 무섭게 하고 있었다.[24] 요세미티 국립공원에 있는 모든 종의 개구리와 두꺼비가 사라지고 있다는 것을 나는 알게 되었다. 콜로라도주 불더(Boulder) 근처에는 개체수가 너무 많아서 운전자들이 산길에서 많이 깔아뭉갰던 보어 두꺼비(boreal

---

21 Souder 1996.
22 Hallowell 1996.
23 Stern 1990.
24 Hallowell 1996; Souder 1996.

toad)는 개체수가 이전의 약 5%로 엄청나게 줄어들었다.[25] 내가 좀 더 깊이 파고들었을 때 나는 다른 나라에서도 10년 넘는 세월 동안 많은 개구리가 죽고 있다는 것을 알게 되었다. 코스타리카의 몬테베르데 클라우드 산림보호구역(Monteverde Cloud Forest Preserve)에서는 밝은 색깔의 피부로 이름 붙여진 유명한 황금 두꺼비가 엄격하게 보호되었지만 멸종되었다. 브라질 열대우림 보호구역에 있는 13종의 개구리 중 8종이 사라졌다. 위(stomach)에서 새끼를 키우는 습성이 있다고 해서 이름 붙여진 호주의 위장 부화(gastric-brooding) 개구리는 "더 이상 부화하지 않는다."[26] 한때 서반구 열대지방의 하천 근처에 서식했던 화려한 할리퀸(harlequin) 개구리 75종은 1980년대 이후 볼 수 없게 됐다.[27]

과학자들을 너무 어리둥절하게 만든 것은 진화에서 아주 오래된 동물(양서류)의 모든 그룹이 사라지고 있다는 사실 때문이 아니라 오염되지 않은 것으로 여겨지는 아주 많은 자연 그대로의 외딴 환경 속에서도 이들이 사라져 가고 있다는 사실이다. 그것이 내 관심을 끌었던 이야기의 일부다. 대개 환경론자들은 대부분의 현대 일반인들과 마찬가지로 한 가지 놀라운 맹점을 가지고 있다. 그들은 전자파 방사선을 환경적 요인으로 인정하지 않고, 가장 외지고 깨끗한 산악지대의 중앙에 배치된 송전선, 유선전화 중계 타워, 휴대전화 안테나 타

25 Watson 1998.
26 상동.
27 Revkin 2006.

워, 레이더 기지국에 대해 불편함을 느끼지 못하며, 이러한 시설이 그런 환경을 심하게 오염시키고 있다는 것을 결코 깨닫지 못하고 있다. 나는 그 당시 중서부 지역에서 심하게 기형화된 개구리의 발견이 그곳 농부들의 기형 소와 말에 대한 보고와 관련이 있을 것이라고 단지 추측만 하고 있었다. 그 농부들은 자신들의 농장이나 부근에 안테나 타워가 세워진 후 목과 다리 뒤쪽에 물갈퀴가 달린 소와 말이 태어난다고 점점 더 자주 보고하고 있었다.[28] 1996년에 안테나 타워가 건설되었을 것이 거의 확실시되는 인기 휴양지인 호수에서 기형 양서류가 나온다는 보고는 우연의 일치 이상으로 보였다.

발모리와 나의 호기심은 동일 선상에 있었다. 2009년에는 그는 자신의 추측을 시험했다. 그는 발라돌리드 아파트의 5층 테라스에 보통 개구리의 올챙이 탱크를 설치하고 두 달 동안 관찰했다. 10,040미터 떨어진 곳에 있는 8층 건물 옥상에 휴대전화 기지국 네 곳이 있었는데, 여기서 부근에 전자파를 보내고 있었다. 두 올챙이 탱크의 유일한 차이점은 얇은 천을 한 탱크 위에 드리웠다는 것이었다. 금속 섬유로 짠 이 천은 공기와 빛을 투과시키면서도 전자파를 차단했다. 결과는 전 세계에서 일어나고 있는 일을 충격적으로 확인시켜 주었다. 두 달 동안, 피폭된 탱크에서는 올챙이 사망률이 90%, 보호 탱크에서는 4%에 불과했다. 피폭 탱크의 올챙이 대다수가 아파트 주민들이 받은 전자파 정도에만 노출되었는데, 이상하게 헤엄치고, 먹이에 별로 관

28 Hawk 1996.

심이 없었고, 6주 후에는 죽었다. 발모리는 그의 2010년 논문 제목을 "휴대전화 안테나 깃대가 보통 개구리(*Rana temporaria*) 올챙이에 미치는 영향: 실험실로 변한 도시"로 정했다.

1990년대 후반, 모스크바의 연구자들은 또 다른 도시의 실험실에서 이런 효과를 검사했다. 그들은 모두가 당연하게 여기는 다른 장치를 사용했다. 그들은 발달 과정에 있는 개구리 배아와 올챙이를 일반 개인용 컴퓨터 전자파에 노출시켰다. 결과로 나온 개구리들은 무뇌증(뇌가 없음), 심장과 다리 없음, 꼬리 괴사, "생존 부적합"을 나타내는 기타 신체 변형들을 포함하는 심각한 기형을 가지고 있었다.[29]

3) 곤충

곤충은 양서류만큼 전자기 오염에 취약하다. 사실, 2004년에 알렉산더 챈(Alexander Chan)이 발견한 것처럼, 컴퓨터와 휴대전화가 작은 생명체에 미치는 영향을 보여주기는 너무 쉬워서 고등학교 2학년생도 과학전시회 프로젝트용으로 실험을 할 수 있다. 뉴욕 퀸스에 있는 벤자민 카르도조(Benjamin Cardozo) 고등학교 학생인 챈은 매일 초파리(fruit fly) 유충을 확성기, 컴퓨터 모니터, 휴대전화에 노출시키고 발달 과정을 관찰했다. 휴대전화 전자파에 노출된 파리에서는 날개가 나오지 않았다. "방사선과 전자파 방출은 사람들이 알고 있는 것보다 정말로 훨씬 더 해롭다."라고 이 놀란 십대는 결론지었다.[30]

---

29 Hoperskaya et al., p. 254.
30 Serant 2004.

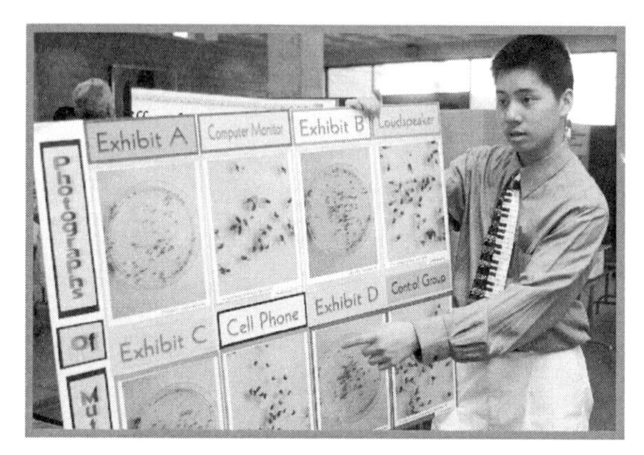

<그림 11-1> 휴대전화 전자파에 노출된 초파리 실험 결과
촬영: 알란 라이아(Alan Raia), 뉴욕 뉴스데이(New York Newsday)

그리스 아테네대학(University of Athens)의 디미트리스 파나고풀루스(Dimitris Panagopoulous)는 10년 반 동안 초파리에 비슷한 실험을 해오면서 놀라운 결과를 발표해왔다. 전자파 방사선을 연구하는 다른 대부분의 과학자들과는 달리, 그는 세포생물학 및 생물물리학 학과 동료들과 함께 초파리를 특수 장비가 아니라 앞에서 설명한 챈처럼 사용 중인 일반 휴대전화에 노출하기로 했다. 2000년에 그들의 첫 실험에서, 그들은 몇 분간의 노출이 초파리의 생식을 근본적으로 방해하기에 충분하다는 것을 밝혔다. 성충 초파리를 5일 연속으로 하루 6분 동안만 작동 중인 휴대전화의 안테나에 노출하면 낳는 알의 수가 50~60% 줄었다. 이 곤충들이 겨우 이틀 동안 노출되었을 때, 즉 총 12분 동안 방사선을 쬐었을 때, 알의 수는 평균 42%나 줄어들었다. 5일 동안 하루 1분씩만 노출된 파리도 노출되지 않은 사촌들보다 36% 적은 수의 새끼를 낳았다. 수컷, 암컷, 또는 둘 다 노출되었든 상관없이, 새끼 수는 크게 줄어들었다. 그렇게 급속한 불임은 과학자들이 일반 휴대전화가 아닌 엑스레이 노출에서 보는 영향이었기 때문에 그들의 실험은 설명이 반드시 필요했다.[31] 그래서 후속 실험에서, 하루에 6분씩 5일 동안 휴대전화에 파리를 노출시킨 후, 연구자들은 파리를 죽인 후 표준 기술인 TUNEL 분석법을 사용하여 암컷 파리의 난소와 난자의 방에서 조각난 DNA를 찾아냈다. 그들은 이 기술을 사용하여 휴대전화에 잠깐 노출되는 것이 모든 발달 단계에서 알과 관련 지지 세포의 50~60%를 죽거나 퇴화시킨다는 것을 증명했다.[32]

이 과학자들은 이러한 실험을 통해 전자기 방사선 연구에서 뛰어난 발견인 최대 효과의 "강도의 창(intensity windows)"을 찾아냈다. 즉, 가장 심한 손상은 항상 가장 높은 수준의 방사선에 의해 이루어지는 것은 아니다. 휴대전화를 머리에서 멀리 떨어뜨려 놓는 것은 실제로 피해를 더 악화시킬 수 있다. 파나고풀루스는 900MHz의 전화기를 사용하여 파리를 전자파에 노출시켰는데, 안테나가 파리가 들어있는 유리병에 직접 닿았을 경우와 1피트(0.3m) 정도 멀리한 경우를 비교했다. 멀리한 경우가 직접 닿은 경우보다 노출 수준이 거의 40배 줄었지만 훨씬 더 적은 수의 새끼를 낳았다. 1,800MHz 전화기로는 최대 사망률은 8인치(20cm) 거리에서 발생했다.[33] 추가적인 일련의 대규모 노출 실험에서, 무선전화기 본체, 무선전화기, 와이파이 라우터, 베이

31 Panagopoulos et al. 2004.
32 Panagopoulous, Chavdoula, Nezis, and Margaritis 2007; Panagopoulos 2012a.
33 Panagopoulos and Margaritis 2008, 2010; Panagopoulos, Chavdoula, and Margaritis 2010; Panagopoulos 2011.

비 모니터, 전자레인지, 여러 종류의 블루투스 장치는 두 가지 종의 초파리 새끼 수를 30%까지 낮췄다. 노출 시간은 6분 동안 딱 한 번, 9일 동안 하루에 30분까지 다양했다. 모든 실험은 피폭 시간과 관계없이 발육하는 난자에서 세포가 죽었고, 새끼의 수가 적어도 10% 감소했다.[34]

벨기에 곤충학자 마리클레어 캠마어츠(Marie-Claire Cammaerts)는 고등학생들도 따라할 수 있는 쉬운 실험에서 배터리가 남아 있는 한 휴대전화는 꺼졌을 때도 분명히 위험하다는 것을 보여주었다. 그녀는 브뤼셀 자유대(Free University of Brussels)의 실험실로 수천 마리의 개미들을 가지고 와서, 오래된 플립형 휴대전화 위에 개미 집단을 올려놓고 걷는 것을 단순히 지켜보았다. 이때 개미들은 휴대전화를 볼 수도 냄새를 맡을 수도 없었다. 전화기에 배터리가 없을 때는 개미들에게 전혀 영향을 미치지 않았다. 배터리만 단독으로 있었을 때도 효과는 같았다. 하지만 전화기에 배터리를 넣자마자(아직 꺼져 있는 상태임에도 불구하고) 개미들의 허둥지둥하는 동작은 급격히 방해받게 되었다. 작은 생명체들은 눈에 보이지 않는 적을 피하려는 듯 더욱 원기왕성하게 앞뒤로 뛰어다녔다. 그들이 방향을 바꾸는 각속도(angular speed, 단위 시간당 방향의 변화량)는 80% 증가했다. 다시 전화기를 대기 모드로 전환했을 때, 개미들은 훨씬 더 방향을 바꾸었다. 마지막으로 캠마어츠가 전화를 켰다. 2~3초 안에 개미들은 눈에 띄게 속도를

34 Margaritis et al. 2014.

줄였다.

캠마어츠는 다음으로 새로운 개미 집단을 스마트폰과 "DECT(Digital Enhanced Cordless Telecommunications)" 무선전화기에 노출시켰다. 두 경우, 개미들의 각속도는 2배 또는 3배 증가했지만, 실제 걷는 속도는 급격히 느려졌다. 이 반응은 1~3초 안에 일어났다. DECT 전화기가 켜져 있을 때 개미들은 "거의 마비 상태"가 되었다. 두 전화기에 각 3분씩 노출시킨 뒤 다시 정상으로 돌아오기까지는 2~4시간이 걸렸다. 캠마어츠는 다시 새로운 개미 집단을 가지고 실험을 반복했는데, 이번에는 대기 모드의 플립폰 위에 먹이 찾는 곳이 아닌 둥지를 두었다. 모든 개미는 즉시 알, 유충, 약충(큰 유충)을 데리고 둥지를 떠났다. 그녀는 "대단한 장관이었다."라고 말했다. "개미들은 휴대전화가 있는 곳에서 멀리 떨어진 곳으로 둥지를 옮겼다. 실험이 끝난 후, 휴대전화가 제거되자 개미들은 새끼들을 둥지로 돌려보내면서 원래의 둥지로 돌아왔다. 이렇게 다시 돌아오기까지는 한 시간 정도 걸렸다.

끝으로 캠마어츠는 와이파이 라우터를 시험했다. 약 1피트(0.3m) 떨어진 두 개미 집단 사이에 와이파이 라우터를 두었다. 라우터가 꺼져 있는 동안에는 특이한 일은 일어나지 않았다. 하지만 "노출된 후 몇 초 뒤에는 개미들은 행동 이상과 건강 악화 증세를 뚜렷하게 보였다." 30분 동안 라우터에 노출된 후 개미들은 평상시와 같이 먹이를 찾기까지 6~8시간의 회복 기간을 가졌다. "불행히도 여러 마리가 회복되지 않았고 며칠 후에 결국 죽은 채로 발견되었다."라고 캠마어츠는 적었다.

파나고풀로스는 2012년 초파리(*Drosophila melanogaster*)에 관한 책의 저술에 참여하여 자신이 쓴 장에서 세계를 향해 심각하고 이례적인 경고를 내놓았다. "우리가 한 실험과 다른 실험에서 나온 결과는 환경에서 일상적으로 접하는 극초단파(마이크로웨이브) 수준에 하루에 겨우 몇 분 동안 며칠만 노출돼도 현대인에게는 가장 강력한 스트레스 요인이 될 것이라는 사실을 보여준다. 이것은 지금까지 경험해 온 굶주림, 더위, 화학 물질, 전기장, 자기장과 같은 스트레스 요인에 비유될 수 있다." 그는 발생 과정에 있는 난자의 DNA 손상은 다음과 같이 경고했다. **"차세대에 전달되는 유전적 돌연변이를 일으킬 수 있다. 이런 이유로 마이크로웨이브로 인한 생물학적 변화는 생식능력의 변화에만 국한되지 않기 때문에 훨씬 더 위험할 수 있다."**

4) 봉군 붕괴 증후군

근래에 앨버트 아인슈타인에 관한 근거가 불분명한 이야기가 떠돌았다. "벌이 지구에서 사라지면, 인간은 4년 이상 살지 못할 것이다."라고 그가 이런 말을 했다고 한다.

꿀벌이 사라지는 것은 세계를 향한 경고가 분명하게 되지만 실제로 일어나는 이야기는 세상에 유포되지 않고 있다. 왜냐하면 전기에 관련된 문화적 가리개를 벗겨내는 것은 아직 받아들여질 수 없기 때문이다. 세계의 양봉가들은 꿀벌을 사라지게 하는 것에 주목하는 대신 꿀벌을 죽이지도 않는 기생충을 적으로 삼아 자신들의 꿀벌을 여전히 독으로 오염시키고 있다.

페르디난드 루지카(Ferdinand Ruzicka)는 2002년 오스트리아 양봉업계에 "나는 내 벌들이 심하게 안절부절못하고 떼를 지으려는 욕구가 크게 증가한 것을 목격했다."라고 썼다. 비엔나대(University of Vienna)에서 은퇴한 의학 물리학자 루지카는 아마추어 양봉가이기도 하다. 그는 벌통 인근 들판에 통신 안테나가 등장한 후 이상한 행동을 관찰했다. 그는 다음과 같이 썼다. "나는 양봉가(frame-hive beekeeper)다. 벌들은 이제 틀에 정해진 방식이 아니라 들쑥날쑥 방식으로 벌집을 만들었다. 여름에는 벌떼가 뚜렷한 원인도 없이 붕괴됐다. 겨울에는 눈이 내리고 기온이 영하로 내려가도 벌들이 날아 나와 벌통 옆에서 얼어 죽곤 했다. 겨울 전에는 활동적인 여왕과 함께 강하고 건강한 집단이었지만 이러한 행동을 보인 벌떼는 붕괴됐다. 벌들은 적절한 추가 식량을 공급받았고 가을에 공급한 꽃가루도 충분한 양 이상이었다."

루지카는 베에넨웰트(*Bienenwelt*, 벌들의 세계)에서 자신의 이야기를 들려주었고, 벌통 근처에 안테나가 있는 사람들에게 접촉 요청을 하며 조사한 자료를 비에넨베터(*Bienenvater*, 양봉가)에 출간했다.[35] 조사에 참여한 비에넨베터 독자 대다수는 그가 쓴 글을 확증했다. 그들의 벌은 안테나가 나타나자 갑자기 공격적으로 되었고, 떼를 지어 다니기 시작했다. 그들의 건강한 봉군(벌 무리)들은 다른 이유 없이 사라

35 Bienenvater, issue no. 9, 2003.

져 버렸다.[36]

제9장에서 보았듯이 벌 무리는 통신탑 근처에서 1세기가 넘게 사라지고 있다. 1901년 마르코니가 세계 최초로 장거리 무선전신을 보낸 영국 남해안에 있는 작은 섬에서 벌들이 사라지기 시작했다. 1906년에 이르러 당시 세계에서 가장 높은 전파 밀도를 나타냈던 그 섬에는 벌들이 거의 없었다. 수천 마리의 벌들이 날지 못하고 벌통 밖으로 나와 땅 위에서 기어 다니고 죽어가는 것이 발견되었다. 본토에서 들여온 건강한 벌들은 도착한 지 일주일도 안 되어 죽어가기 시작했다.

그 후 수십 년 동안 영국 전역과 이탈리아, 프랑스, 스위스, 독일, 브라질, 호주, 캐나다, 남아프리카, 미국에서 "와이트섬의 병"이 보고되었다.[37] 거의 모든 사람들이 그 병이 전염성이 있다고 생각했다. 1912년 케임브리지대 그레이엄 스미스(Graham Smith)가 몇몇 병든 벌의 위(stomach)에서 기생충(학명: *Nosema apis*)을 발견했을 때, 대다수 사람들은 그 미스터리가 해결되었다고 생각했다. 그러나 이 이론은 곧 스코틀랜드의 존 앤더슨(John Anderson)과 존 레니(John Rennie)에 의해 틀렸음이 입증되었다. 와이트섬의 병에 걸려 "기어 다니고" 있던 벌떼는 기생충이 없었던 반면, 건강한 벌들은 기생충으로 가득 찬 채 발견되었다. 마침내 두 연구자는 의도적으로 기생충을 봉군에 감염시켰다. 하지만 기생충 감염이 병을 유발하지 않았다.

---

36 Ruzicka 2006.
37 Phillips 1925; Bailey 1964; Underwood and vanEngelsdorp 2007.

그래서 다른 기생충에 관한 조사가 진행되었고, 1919년 레니는 벌의 호흡 관에 서식하는 아카라피스 우디(*Acarapis woodi*)를 선보였다. 에든버러 왕립학회 논문집(*Transactions of the Royal Society of Edinburgh*)에 게재된 그의 논문은 상당한 영향력을 보여 기관지 진드기(tracheal mite)가 오늘날 봉군 붕괴 증후군을 일으키는 두 가지 주요 원인 중 하나로 간주된다. 기관지 진드기들은 벌의 피를 빨아들이고 그들의 호흡 관을 막음으로써 벌을 죽인다고 여겨졌다. 사실, 이것이 널리 받아들여져 상업적인 양봉업자들이 모든 벌에게 진드기 살충제를 사용하여 기관지 진드기와 다른 하나인 바르로아(*Varroa*) 진드기를 죽이는 것을 일반적인 관행으로 여기게 되었다. 그러나 1953년 후반에 유명한 영국의 양봉 병리학자인 레슬리 베일리(Leslie Bailey)에 의해서 기관지 진드기 이론도 틀렸음이 입증되었다. 그는 진드기에 감염된 벌들이 감염되지 않은 벌들보다 사망률이 높지 않다는 것을 보여주었을 뿐만 아니라, 건강한 벌들에게 의도적으로 기생충을 감염시켰고 그것이 질병을 일으키지 않는다는 것을 증명했다. 1991년 베일리는 "진드기 침입의 유일한 영향은 벌의 수명을 아주 약간 단축한다는 것이지만, 기관지 진드기가 비정상적으로 우글거리고 있음에도 불구하고 일반적으로 질병을 명백하게 일으키지는 않는다."라고 썼다.

베일리는 또한 바르로아 진드기에 너무 많은 중요성을 부여하지 말라고 경고했는데, 그는 그 진드기가 악명을 얻게 된 이유 중 하나는 그 크기 때문이라고 밝혔다.[38] 바르로아 진드기는 꿀벌에 흔히 있는 기생충 중에서 육안으로 볼 수 있고 손 렌즈로 확인할 수 있는 유일한 종이다. 바르로아 진드기는 사실 해롭지 않고, 일본[39]과 러시아[40]에서는 1세기 동안, 좀 더 최근에는 세르비아[41], 튀니지[42], 스웨덴[43], 브라질[44], 우루과이[45], 심지어 캘리포니아[46]와 뉴욕[47] 일부에서도 야생 꿀벌 개체군과 공존해왔다. 베일리는 다른 환경 요인들이 이 기생충으로 인한 피해 규모를 결정한다고 말했다.

와이트섬의 병에 관련된 문제는 수십 년 동안 들끓었지만, 뉴스거리가 되지는 않았다. 그러나 미국의 양봉가에 의해 관리되는 꿀벌 집단 수는 1940년대 이후로 조용히 감소하고 있었다.[48] 1960년대와 1970년대에 원인을 알 수 없는 대규모 감소로 인해 "사라지게 하는 질병"이라는 새로운 이름을 얻었고, 사라지는 현상은 몬태나, 네브래스카, 루이지애나, 캘리포니아, 텍사스, 유럽, 멕시코, 아르헨티나, 호

---

38 Bailey 1991, pp.97-101.
39 상동, p.101.
40 Rinderer et al. 2001.
41 Sanford 2004.
42 Boecking and Ritter 1993.
43 Fries et al. 2006.
44 Page 1998; Rinderer et al. 2001.
45 Rinderer et al. 2001.
46 Kraus and Page 1995.
47 Seeley 2007.
48 National Research Council 2007; Kluser and Peduzzi 2007; vanEngelsdorp 2009.

주에서 보고되었다. 양봉가들이 가을이나 겨울에 따온 꽉 찬 꽃가루와 꿀을 채취하려고 벌집을 열어보지만 벌은 없다. 벌집에는 몇몇 죽거나 살아있는 벌이 있었지만, 벌들은 영양실조 상태는 아니었고 진드기나 다른 기생충, 박테리아, 바이러스, 독 같은 것은 없었다. "병든" 벌통에서 벌을 옮겨서 건강한 상태로 만들려는 시도는 실패했다. 1975년 미국 농무부에 의해 조사가 시행되었을 때, 이런 문제들은 10년이나 15년 동안 그 지역에 널리 퍼져 있었고, 해가 지날수록 점점 더 악화되고 있다고 주정부를 통해 양봉업자들은 밝혔다.[49]

그 후로 1990년대 후반, 통신업계가 도시, 농지, 야생지에 안테나를 설치하기 시작했을 때 미국 농민들은 다시 위기에 부딪혔다. 사라져 가는 벌로 인해 반쯤 잊혀진 채로 묻어두었던 문제가 다시 화염으로 분출됐다. 워싱턴 포스트는 1996년 6월 15일에 "벌 부족에 괴로운 농부들"이라는 헤드라인으로 경고했다. 지난겨울 양봉가들은 벌집을 켄터키에서 45%, 미시간에서 60%, 메인에서 80%를 잃었다.[50] 또한 농민들은 야생 꿀벌이 농작물을 수분하기 위해 오지 않을 것이라는 사실을 깨달았다.[51] 전국의 모든 야생 꿀벌 집단의 90%가 이미 사라졌기 때문이다. 적어도 미국에서는 이 모든 대량 피해가 두 종의 기생충(기관지 진드기와 바르로아 진드기)에 의해 야기된 것으로 생각하고

49 Wilson and Menapace 1979; Underwood and vanEngelsdorp 2007; McCarthy 2011.
50 Also Finley et al. 1996.
51 O'Hanlon 1997.

있었다. 특히 좀 더 잘 먹어치우는 바르로아 진드기는 1980년대에 유럽과 아시아에서 감염된 벌들이 미국으로 오는 과정에서 함께 들어온 것으로 추측하고 있었다.

그러나 경고 신호는 2002~2003년 겨울 동안 유럽에 확산되었다. 공식적인 대혼란은 없었다. 봉군 손실은 단지 스웨덴에서 20%, 독일에서 29%에 불과했다. "북유럽 침묵의 봄?"이라는 제목의 기사를 낸 스웨덴 양봉가 보르제 스벤손(Borje Svensson)은 상황이 다르다고 절규했다. 그해 겨울 그가 벌집을 열었을 때 70개의 봉군 중 50개에는 살아있는 벌이 없었다. 한 이웃은 120개의 봉군 중 95개를 잃었고, 다른 이웃은 25개의 봉군 중 24개를 잃었다. 오스트리아, 독일, 벨기에, 덴마크, 핀란드의 동료 양봉가들은 바르로아 진드기, 부저병(유충이 썩는 병), 백묵병(곰팡이 병), 기생충, 기타 양봉 질병이 없었음에도 불구하고 스웨덴과 유사한 막대한 손실을 보고하고 있었다.

끝으로 2006~2007년 겨울 동안 한때 와이트섬의 병으로 알려졌던 것이 전 세계적으로 동물 대유행성이 되어, 도처의 농부들과 대중들에게 공포를 안겨주었고, 또 다른 이름인 봉군 붕괴 증후군이라는 이름을 갖게 되었다.[52] 미국은 단 몇 달 만에 꿀벌의 3분의 1을 잃었고, 벌 전체를 잃어버린 양봉가들도 많았다.[53] 처음 유럽, 북아메리카, 브라질[54]에 국한된 것으로 여겨졌던 봉군 붕괴 증후군은 곧 중국, 인도,

---

52 Hamzelou 2007.
53 Kluser and Peduzzi 2007.
54 Borenstein 2007.

일본, 아프리카로 확산되었다.[55] 지금 많은 나라의 농부들은 농작물이 자라는 땅에 절반으로 줄어든 벌로 수분시키고 해마다 그 손실을 더 큰 어려움과 비용으로 채워나가고 있다.

그리고 미국과 벨기에 공동 연구팀이 실시한 연구에 따르면, 범인은 기관지 진드기, 바르로아 진드기, 노세마(Nosema, 포자충류 기생충), 또 다른 어떤 특정한 전염병 매개체인 것 같지는 않다. 2006~2007년의 비참한 겨울 동안, 미국 농무부 벌 연구소의 제프리 페티스(Jeffery Pettis)가 이끄는 이 팀은 플로리다와 캘리포니아에 있는 11명의 상업 양봉업자들이 소유하고 있는 13개의 큰 양봉장을 조사했다. 그 결과 그들은 놀랍게도 봉군 붕괴 증후군을 유발할 어떤 특정한 영양 결핍, 독성 또는 감염을 찾을 수 없었다. 기관지 진드기는 실제로 건강한 봉군의 경우 떼죽음 당한 봉군보다 세 배 이상 널리 퍼져 있었다. 파괴적이라고 여겨지는 바르로아 진드기조차 떼죽음 당한 봉군에 더 널리 퍼져 있지 않았다. 이 과학자들이 도출할 수 있었던 단 하나의 유익한 결론은 "어떤 다른 요인"이 벌 건강의 약화된 상태에 책임이 있을 것이라는 점이었고, "그 다른 요인"은 특정 장소와 관련이 있는 것 같다는 점, 즉 이 붕괴증후가 있는 봉군은 함께 모여 있는 경향이 있다는 점이었다.

양봉가들을 그렇게 완전 당황하게 한 이 병의 상황은 어떤 실질적인 범죄 증거는 없지만 대량 살인은 확실한 현장과 닮았다. 미국에

55 McCarthy 2011; Pattazhy 2012.

서 1년에 1백만 개의 봉군이 흔적도 없이 갑자기 사라진다. 여왕벌과 벌집 어미는 일개미들로부터 너무 쉽게 버림받고 굶어 죽는다. 과학자들을 더욱 어리둥절하게 만든 것은 죽은 봉군은 아무것도 없이 홀로 남겨져 있었다는 점이다. 봉군에 감염하여 벌을 죽이는 기생충조차 그곳에서 발견되지 않았다는 것이다. 마치 이 벌통 입구에 커다란 "출입 금지(KEEP OUT)" 간판이 있는 것처럼 그 어떤 생물체도 이 벌집에 접근하지 않았다.

국제 양봉업계는 벌이 사라지게 하는 것은 전염병이라고 오랜 기간 믿어왔고 이 믿음을 포기하는 것을 극도로 꺼렸다. 그래서 증거가 없는 상황에서 대부분의 양봉가들은 그들이 알고 있는 유일한 원인이 진드기이기 때문에 진드기를 죽이기 위해 독성이 강한 살충제에만 의지하고 있었다.[56]

그러나 같은 기생충이 원인이 아닌 수많은 다른 곤충들의 떼죽음은 비감염 인자가 작용하고 있다는 사실을 강하게 암시한다. 한때 오리건주 남서부 지역에서 많이 살았던 프랭클린 호박벌(Franklin bumble bee)은 10년 동안 보이지 않았다. 1990년대 중반까지만 해도 서부 호박벌은 뉴멕시코부터 캐나다 서스캐처원(Saskatchewan), 알래스카까지 북아메리카 서부 전역의 숲, 들판, 도시 뒤뜰에 많이 살았다. 현재 콜로라도 록키산의 작은 포켓 지역들을 제외하고는 사라졌다. 내가 학생이었을 때 코넬대 캠퍼스에 자주 꽃을 보러 오는 친숙한

56 Le Conte et al. 2010.

방문객이었던 녹슨 호박벌(rusty-patched bumble bee)은 2004년 이후 뉴욕주에서 볼 수 없었다. 한때 미국 26개 주와 캐나다 2개 주에서 흔했던 이 곤충은 미국 동부와 캐나다에서 자취를 감췄고, 중서부에서도 급격히 줄어들었다. 무척추동물 보존을 위한 크세레스협회(Xerces Society for Invertebrate Conservation)에는 북아메리카와 하와이가 원산지인 벌 57종과 나비와 나방 49종이 전체 지역에서 허약하거나, 위험에 처하거나, 멸종된 것으로 명시되어 있다.[57] 매사추세츠 어업 및 야생동물 부서(Massachusetts Division of Fisheries and Wildlife)는 매사추세츠주에서 감소추세와 멸종위기에 처한 생물 종으로 46종의 나비와 나방을 열거하고 있다.

전자기장에 대한 독특한 민감성은 다양한 곤충에서 나타나고 있다. 예를 들어, 흰개미들은 먹이를 놓고 서로 경쟁하지 않기 위해 다른 흰개미 무리 근처에 집을 짓는 것을 피한다. 흰개미들은 서로 경쟁을 피하려고 벽도 통과하는 신호를 사용하고 있다. 1977년 건터 베커(Gunther Becker)는 흰개미 무리가 신호를 사용하여 벽을 통과할 때 서로가 마주치는 것을 피할 수 있게 하며, 그 신호는 알루미늄에 의해서는 차단될 수 있지만, 두꺼운 폴리스티렌과 단단한 유리에 의해서는 차단되지 않는다는 것을 증명했다. 알루미늄에 차단된 신호는 흰개미들이 보내는 전기장을 반복하는 것이 틀림없었다.

독일 생물학자인 울리히 워네크(Ulrich Warnke)는 "모든 곤충은 안

57 Evans et al. 2008.

테나 한 쌍을 갖추고 있고 그것은 명백한 전자파 센서임을 잊지 말아야 한다."라고 경고한다.[58] 실제로 꿀벌들끼리 서로 통신하는 신호가 안테나를 만날 때 이는 오실로스코프에 의해 기록될 수 있으며 180~250Hz 사이의 주파수로 변조되는 것으로 보인다.[59]

워네크는 다음과 같이 말한다. "꿀벌들은 유명한 8자 춤을 통해 동료에게 태양을 기준으로 먹이 위치의 정확한 방향을 말해주는 것이다. 먹이 찾기 성공 여부는 태양의 정확한 위치를 아는 것에 달려있으며, 흐린 날이나 어두운 벌집 속에서도 태양의 위치를 파악해야 한다." 벌들은 지구 자기장의 미세한 변화를 감지함으로써 이 대단한 일을 완수한다고 그는 말한다. 그런데 그 감지 센서는 끊임없이 변화하는 자기장과 함께하는 무선통신이 공격하면 무용지용이 될 수 있다.[60]

연구자들은 벌집을 파괴하는 가장 빠른 방법은 그 안에 무선전화를 설치하는 것임을 알아냈다. 무선통신기술이 환경에 전혀 영향을 미치지 않는다고 하는 우리 사회의 완전한 부정을 생각하면, 이 실험결과는 거의 놀라움에 가깝다.

2009년 인도 판자브대(Panjab University) 환경과학자 베드 샤르마(Ved Parkash Sharma)와 동물학자 닐리마 쿠마르(Neelima Kumar)는 4개 벌통 중 2개에 휴대전화를 각각 2개씩 넣어두고 통화연결이 이루

58 Warnke 1976; Becker 1977.
59 Warnke 1989.
60 Lindauer and Martin 1972; Warnke 2009.

어지도록 하나는 발신 모드로 다른 하나는 수신 모드로 두었다. 연구자들은 아침 11시에 15분 동안, 그리고 오후 3시에 15분 동안 휴대전화 전원을 켰다. 이것을 2월부터 4월까지 일주일에 두 번 했다. 전화를 켜자마자 벌들은 조용해졌고 "어떻게 해야 할지 결정할 수 없는" 상태로 머물렀다. 3개월 동안 그 두 개의 벌통에 들어오고 나가는 벌의 수는 점점 줄어들었다. 여왕벌이 낳은 알은 하루 546개에서 145개로 줄었다. 알이 차지하는 면적은 2,866제곱센티미터에서 760로 줄었다. 꿀이 들어있는 면적도 3,200제곱센티미터에서 400로 줄었다. "실험이 끝났을 때, 그곳에는 꿀도, 꽃가루도, 알도, 벌도 없었고, 이렇게 해서 봉군은 완전히 사라졌다."라고 저자들은 기록했다.

다음 해 쿠마르는 12장에서 보다 자세히 설명된 획기적인 실험을 했다. 이 실험은 전자기장이 세포 대사에 어떻게 간섭하는지를 간단하면서도 극적으로 보여주었다. 그녀는 전년도(2009년) 실험과 같은 수준의 전자파 노출을 반복한 다음, 벌의 혈액(일명 hemolymph)을 분석했다. 휴대전화를 켜진 지 10분 만에 포도당, 콜레스테롤, 총탄수화물, 총지질, 총단백질의 농도가 엄청나게 높아졌다. 달리 표현하면, 휴대전화에 노출된 지 10분 만에 벌들은 사실상 당분, 단백질, 지방을 대사할 수 없게 된 것이다. 인간(12장, 13장, 14장, 15장 참조)과 마찬가지로 그들의 세포는 산소가 부족해지고 있었다. 그러나 그것은 벌의 몸에서 훨씬 더 빨리 일어났다. 전화기를 20분 이상 켜두자 벌들은 처음에는 조용했지만, 다음에 공격적으로 되었고 동요하며 날개를 치기 시작했다.

스위스 로잔시 아피아리학교(Apiary School)에서 대니얼 파브르(Daniel Favre)는 그 실험을 반복하고 다시 한 단계 발전시켰다. 그는 갑자기 공격적으로 변한 벌들이 내는 소리를 자세히 분석했다. 그는 휴대전화에 노출된 벌들이 조용해지고 처음에는 그대로 조용히 머물러 있다가 30분 안에 크고 높은 주파수의 소리를 내기 시작하는 것을 확인했다. 전화기가 20시간 동안 켜져 있을 때, 벌들은 12시간이 지난 후에도 미친 듯이 여전히 윙윙거리고 있었다. 파브르는 그 소리를 분석해서 이륙 직전에 벌이 무리 지을 준비할 때만 주로 내는 소위 "노동자의 피리 소리(worker piping, 일하러 가자는 소리)"라고 판단했다.

파브르의 벌들은 한 번에 20시간 동안 노출 후에 실제로 벌집을 떠나지는 않았지만, 사이나딘 패타지(Sainudeen Pattazhy)의 벌들은 훨씬 더 짧은 시간 동안의 노출 후에도 벌집을 떠났다. 인도 스리 나라야나 대학(Sree Narayana College) 교수 패타지는 기본적으로 쿠마르의 초기 실험을 반복했다. 단 한 가지 차이는 쿠마르는 일주일에 두 번 노출시켰지만 패타지는 매일 잠깐씩 노출시켰다. 그는 6개의 벌집 안에 각각 1개의 휴대전화를 넣고 10일 동안 하루에 한 번 10분씩 전화를 켰다. 전화기가 켜져 있는 동안 벌들은 잠잠해졌다. 전화기가 켜져 있는 동안 1분당 평균 18마리가 벌집에서 나왔다. 다른 경우(전화기가 꺼져 있는 경우) 1분당 38마리가 벌집을 나왔다. 여왕벌의 배란율은 하루 355개에서 100개로 줄었다. 그리고 열흘이 지난 후에는 어떤 벌통

에도 벌은 남아 있지 않았다.[61]

유럽 최초의 UMTS(Universal Mobile Telecommunication System) 네트워크는 현재 "3G"로 알려진 것으로 "3세대(third generation)"의 줄임말이다. 이것은 모든 휴대전화를 컴퓨터로, 그리고 모든 휴대전화 안테나 타워를 광대역 방사선 송신기로 바꿨다. 유럽 UMTS가 2002년 가을에 처음으로 서비스를 시작했는데, 이때가 유럽에서 그렇게 많던 꿀벌들이 사라진 대참사가 일어난 겨울 바로 직전이다.

워네크는 고주파 오로라 활동 연구 프로그램(HAARP: High-frequency Active Auroral Research Project)가 2006~2007년 겨울에 시작된 전 세계적인 봉군 붕괴 증후군의 원인이라고 믿고 있다.[62]

최근까지 미 공군이 소유하고 해군과 알래스카대(University of Alaska)가 공동으로 운영하고 있는 "이온층 가열기(ionospheric heater)", HAARP는 지구상에서 단 하나밖에 없는 가장 강력한 무선 송신기다. 40억 와트의 최대 유효 복사 전력을 방출할 수 있는 이것의 목적은 생물권이 울리도록 하는 것이다. 180개의 안테나 타워가 알래스카 랭겔 세인트 일리아스(Wrangell-St. Elias) 국립공원 북서쪽 끝에 자리잡고 있는 HAARP은 이온층 자체를 잠수함과 교신을 비롯한 군사용 통신에 유용한 거대한 무선 송신기로 변화시켜 왔다. 이온층은 하늘에 있는 생명 보호층으로 지구의 모든 생명체는 여기에 조율

61 Pattazhy 2011a, 2011b, 2012, 개인 교신.
62 Warnke 2009.

되어 있다. HAARP는 오로라가 지구와 만나는 북극 근처에서 진동 에너지의 좁은 빔을 위쪽으로 조준하도록 하여 하늘의 강(이온층)이 펄스 주파수로 무선 송신을 방출하여 이러한 신호들을 지구상 거의 모든 곳으로 보내도록 할 수 있다. 1988년 HAARP 계획이 아직 초기 단계에 있을 때, 프린스턴대 데이비드 사르노프 연구소(David Sarnoff Laboratory)의 컨설턴트 물리학자 리처드 윌리엄스(Richard Williams)는 이 프로젝트를 "세계적인 공공기물을 파괴하는(global vandalism) 무책임한 행위"라고 불렀다. "사용할 에너지 강도를 보라!" 그는 미국 물리학회 뉴스레터인 "물리학과 사회(*Physics and Society*)"에 글을 썼다. "이것은 10~100개 대형 발전소의 생산량과 맞먹는다." 1994년, HAARP의 첫 18개 안테나를 가동하려고 할 때, 윌리엄스는 한 잡지(*Earth Island Journal*)와 인터뷰를 했다. 그는 "100억 와트 발전기"라며 "한 시간 동안 계속 가동된다면 히로시마 원자폭탄 크기에 버금가는 양의 에너지를 방출하게 될 것이다."라고 말했다.

1999년 3월, HAARP는 48개의 안테나와 약 10억 와트에 달하는 유효 복사 에너지로 확장되었다. 180개 안테나에 대한 나머지 보완은 2004~2006년에 이루어져 시설이 2006~2007년 겨울에는 계획했던 전체 전력에 도달할 수 있게 되었다. 공군은 2014년에 HAARP를 폐쇄하고 시설 해체를 제안했지만, 알래스카대학교 페어뱅크 분교가 이 시설을 매입한 후 2017년 2월 다시 문을 열어 과학계가 연구용으로 사용할 수 있도록 했다. 대학은 현재 이 시설을 적자 운영하고 있으며, 지난 2019년에는 만약 충분한 재정 지원이 이루어지지 않으면 HAARP를 영원히 폐쇄할 것이라고 선언했다.

HAARP의 주파수는 지구의 모든 생명체가 조율되어 있는 하늘의 자연 공명 주파수에 부자연스러운 자기 공명을 더하는 것이라고 워네크는 말한다. 지구에 생명체가 출현한 이후 자연 공명 주파수의 하루 동안 변동은 지금까지 변하지 않았다. 이것은 벌들에게 재앙이다. 그는 "벌들은 몇백만 년 동안 믿을 수 있는 하루 중 시간의 지표가 되어 주던 나침반을 잃어버렸다."라고 말했다.

죽어가는 숲

1980년경 세계는 겉보기에 마구잡이로 일어나는 숲의 소멸이라는 새로운 환경 문제에 눈을 떴다. 큰 줄기의 나무들이 성장이 저조하고, 일찍 늙어버리고, 잎은 떨어지고, 뚜렷한 원인도 없이 사라져 갔다. 키 크고 왕성한 다른 나무들은 갑자기 윗부분의 잎을 다 잃고 위에서부터 아래로 죽어갔다. 테네시의 그레이트 스모키 산(Great Smoky Mountains), 캐나다의 펀디만(Bay of Fundy), 중부 유럽에서는 이 비극이 산업 문명의 황 배출로 인한 산성비 탓으로 돌렸다. 하지만 멀리 떨어진 산등성이에서 오염되지 않은 공기를 마시는 숲 또한 비슷한 병을 겪고 있었다. 은퇴한 물리학자이자 전기 기술자인 볼프강 볼크로트(Wolfgang Volkrodt)는 그 이유를 알고 있다고 생각했다.

과거 다국적 기술 거대기업 지멘스(Siemens)에서 일했던 볼크로트는 자신이 사는 독일 배드 뉴스타트(Bad Neustadt)의 육림사업에서 발생한 숲의 이상한 현상 때문에 나무에 관심을 두게 되었다. 그의 집 북쪽에는 전나무가 몇 년 동안 병들어 있었고, 남쪽에는 모든 나무가 강하고 튼튼했다. 어떻게 그의 집 한쪽에만 산성비가 내릴 수 있었을까? 그는 골똘히 생각했다. 그는 빈틈없는 관찰력으로 나무뿐만 아니라 흙도 조사했다. 그는 후에 "중부 유럽의 토양 산성화 현상이 과거 몇십 년간 현저하게 증가한 것은 분명해 보인다."라고 썼다. "역설적으로 이 현상은 '산성비'는 끝나고 흔적만 있는 지금 깨끗한 공기 지역에서도 관찰된다. 이것은 대기로부터의 화학적 강수가 없는데 어떻게 흙이 산성이 될 수 있는지에 대한 곤혹스러운 질문을 제기한다. 추가 범인이 있을 것이다."라고 그는 말했다.

집에서 북쪽으로 12마일(19.3km) 떨어진 곳에 군사기지가 위치한 사실이 전기 기술자인 볼크로트의 관심을 끌었다. 그가 집 주변을 조사했더니, 그의 집 북쪽에서 죽어가는 나무들이 멀리 떨어진 군용 레이더에 노출되어 있을 뿐만 아니라 우편 통신용으로 사용되는 가까운 곳에 있는 송신기의 무선 빔 앞에 직접 놓여있다는 사실을 우연히 알게 되었다. 남쪽의 건강한 나무들은 어느 것에도 노출되지 않는 곳에 있었다. 그래서 그는 이것이 단순한 우연인지 아닌지를 판단하는 것부터 출발했다.

그는 다음과 같이 썼다. "나는 피히텔게비르(Fichtelgebirge)의 산,

흑림(Black Forest), 바이에른(Bavarian) 산림, 잘츠부르크 지역을 두루 통과하는 여행을 했다. 군사 레이더 기지나 우편 · 전화 · 전신 중계탑이 전자파 방사선으로 방사하는 모든 숲에서 나타나는 나무의 피해를 간과할 수 없다. 나는 스위스도 가보았다. 상황은 정확히 똑같았다." 그리고 그가 레이더 기지 부근에서 보았던 손상된 숲 어디든, 토양은 죽었고 산성화되어 있었다.

1989년 보덴호(Lake Constance, 독일, 오스트리아, 스위스에 걸쳐 있는 호수)에서 개최된 산림쇠퇴 연구에 관한 국제회의에서 볼크로드는 죽은 숲의 사진을 수백 장 전시했는데, 모든 숲은 레이더 기지 조준선에 있었다. 그는 다음과 같은 자신의 이론을 제시했다. "나무의 활엽과 침엽은 안테나와 같은 공명 흡수장치이며, 마이크로웨이브 에너지는 전류로 바뀔 수도 있다. 그래서 전자는 잎으로부터 이온 결합 상태로 나와 줄기로 가서 다시 뿌리를 통해 토양으로 들어간다. 토양에서는 일종의 전해질 침적이 일어나서 여러 가지 현상이 나타난다. 그중에서도 중요한 것은 알루미늄을 녹여내고, 토양을 산성화시키는 것이다. 일반적으로 산성비 영향과 유사하다." 물론 레이더 기지에 의한 나무의 유도 전류량에 관한 공식적인 연구는 없었으나, 그의 이론은 그 회의와 다른 곳에서 산림생물학자들의 관심을 불러일으켰다. 그는 곧 캐나다의 관찰자들로부터 보고를 받았는데, 자신들이 캐나다 북쪽 대서양에서 태평양까지 줄지어 있는 조기경보레이더 기지들이 앞에 있는 나무들을 죽이고 있을 것이라는 그의 예측을 확인했다는 내용이었다.

나무의 침엽과 활엽에 마이크로웨이브 유도 전류 흐름을 측정한 산림생물학자 알로이스 후터만(Aloys Huttermann)의 실험에 따라 볼크로드는 몇 가지 기초적인 계산을 했다. 그는 먼저 아주 적은 양의 에너지(0.1와트 정도)가 몇 와트 전력으로 한 지점에서 다른 지점까지 장거리 전화 서비스를 하는 무선 안테나 앞에 있는 숲의 한 구역에 흡수되고 있었다고 가정했다. 다음에 그는 그곳에 100그루의 나무가 있고, 각 나무는 100평방미터의 잎 표면이 있어서 마이크로웨이브 에너지를 전류로 변환할 수 있다고 가정했다. 직관적으로 총 0.1와트 마이크로웨이브 방사선이 1에이커($4,050m^2$) 토양 위에 펼쳐지는 것은 대수롭지 않아 보였지만, 볼크로트가 시간이라는 인자를 고려했을 때 놀라운 결론이 나왔다. 그는 "겉보기에는 극미한 0.1와트에 불과하지만, 한 방향으로 나오는 에너지에 10년 동안 노출되면 나무 군락이 받는 총 에너지는 합하면 8.8킬로와트시(kilowatt hours)가 된다."라고 썼다. "8.8킬로와트시 전기는 물을 전기분해하면 토양 내에 2천 리터의 수소

<그림 11-2> 냉전 시대 서독의 산림 피해; 1988년 독일 율리히(Jülich) 산림쇠퇴(미국 연방환경보호청 및 독일 과학기술부를 위한 율리히 원자력연구센터 보고서에서 발췌)

가스를 만들기에 충분하다."라고 그는 계산했다. 이렇게 되면 산성비의 흔적이 없더라도 토양이 산성화될 것이다. 그리고 레이더 설비가 때로는 몇 와트가 아니라 몇백만 와트의 에너지를 방출한다는 것을 고려할 때, 그것은 엄청난 넓이의 토양을 산성화시킬 수 있다는 것을 그는 알게 되었다.

볼크로트의 이론에 대한 부분적인 확인은 스위스에서 발표되지 않은 현장 실험에서 나왔다. 어린 전나무들이 제곱센티미터당 10밀리와트 이하의 에너지 밀도로 전자파에 노출되고, 4개월 후 나무들은 거의 모든 잎을 잃었고, 토양은 죽고 산성화되었다.

한편, 중부 유럽의 산림 전문가들은 산림 상태가 급격히 악화되는 것을 보게 되었다. 경보음이 처음 울렸던 서독에서는 1970년경부터 흰 전나무가 원인도 모르게 줄어들기 시작했다. 가문비나무(Spruce)는 1979년경, 붉은 소나무(Scots pine)는 1980년경, 너도밤나무(European beech)는 1981년경에 이런 재난을 겪었다. 얼마 지나지 않아, 건강 악화와 비정상적인 성장 현상은 숲에서 자라는 거의 모든 종류의 나무, 초본, 관목에서도 나타났다. 피해를 입은 숲의 면적은 1982년 약 8%에서 1983년 약 34%, 1984년에는 약 50%로 늘어났다.[63] 피해는 고도가 높은 산에서 가장 심각했다. 볼크로트는 이에 대해 간단한 설명을 내놓았다. 1970년대와 1980년대에 강력한 레이더 기지들이 많이 건설되고 또 고도화되었는데, 동독과 서독 양쪽 국경에 있

63 Schütt and Cowling 1985.

는 산맥을 향해 전자파를 방사해왔다는 것이었다.

독일이 통일되고, 자국 영역을 보호하던 레이더가 폐기되었을 때, 볼크로트는 또 다른 예측을 했다: "이러한 시설들에 의해 20~30년 동안 전자파에 노출되어온 숲의 일부는 이제 재생의 기회를 갖게 되었다." 그리고 이 예측도 실현되었다. 2002년, 유엔 유럽경제위원회(United Nations Economic Commission for Europe)는 유럽위원회(European Commission)와 협력하여 유럽의 모든 숲의 상태를 조사했다. 결과 보고서는 있었던 그대로를 잘 기술했다. **냉전이 끝난 후 1990년대 중반에, 독일뿐만 아니라 유럽 전역의 숲들이 활력을 되찾았다.**

1990년대에 스위스, 폴란드, 라트비아에서는 정부 지원으로 사람, 농장 가축, 야생 동물, 그리고 숲에 가해지는 무선통신의 영향을 증명하는 유명한 실험들이 행해졌다. 조만간 이런 실험들은 더 이상 할 수 없게 될 것이다. 왜냐하면 곳곳에 셀 타워가 세워지고 나면 노출이 없는 대조군을 찾을 수 없기 때문이다.

라트비아의 수도 리가에서 150킬로미터 떨어진 스크룬다(Skrunda)라는 작은 마을은 한때 북서쪽 하늘을 정찰한 러시아의 조기경보 레이더 기지로부터 불과 몇 킬로미터 떨어진 곳에 있었다. 두 개의 레이더가 1967년과 1971년에 가동에 들어갔다. 농장으로 둘러싸인 푸른 계곡에 위치한 이 레이더들은 처음부터 지역 주민들의 격렬한 항의 대상이었다. 전자파 방사선이 그들의 건강, 농작물, 가축 그리고 숲을 파괴하고 있다는 항의였다. 마침내 1989년 베를린 장벽이 무너지고 냉전이 끝나면서, 정부는 과학자들에게 이러한 항의를 시험하는 연구 제안서를 제출할 것을 요청했다. 라트비아 전역의 의사, 역학자, 세포생물학자, 식물학자, 조류학자, 물리학자들이 이 지역에 모여 현장 조사를 했다. 그리고 연구자들은 주최 측이 놀랄 정도로 예외가 거의 없는 생물학적 훼손 증거를 찾아냈다. 연구 결과는 1994년 6월 17일부터 21일까지 열린 "무선 주파수 전자파 방사선이 유기체에 미치는 영향"이라는 학회에서 발표되었다.

레이더로부터 20킬로미터나 떨어진 곳에 사는 학교 어린이들조차 운동 기능, 기억력, 주의력을 손상시켜 왔다. 어린이들에게 30초 동안 가능한 한 빨리 오른손과 왼손으로 두 개의 키를 누르라고 했을 때, 스크룬다의 아이들은 근처에 레이더 기지가 없다는 것을 제외하고는 모든 면에서 비슷한 농촌 지역 프레일리(Preiļi)의 아이들만큼 빨리 해내지 못했다. 신호음을 듣거나 번쩍이는 불빛을 보았을 때 버튼을 누르라는 지시를 받고 그들은 그렇게 빨리 반응할 수 없었다. 프레일리 아이들은 스크룬다 아이들보다 더 길고 복잡한 숫자들을 기억했다. 그리고 스크룬다 내에서도 계곡의 서쪽 경사면에 사는 아이들은 레이더에 직접 노출되어 더 멀리 사는 아이들보다 더 나쁜 기억력을 가지고 있었다. 표준 심리테스트는 작업에 주의를 집중하고 작업 간에 주의를 전환할 수 있는 능력을 평가했다. 노출이 적었던 스크룬다 아이들이 서쪽 언덕 지역에서 노출이 심했던 아이들보다 능력이 우수했고, 프레일리 아이들은 노출이 적었던 스크룬다 아이들보다 능력이 우수했다.

직접 노출된 아이들은 다른 아이들에 비해 폐활량이 낮고 백혈구 수치가 높았다. 사실, 스크룬다의 전체 시민들은 더 먼 지역의 사람들보다 더 많은 백혈구 수를 가지고 있었고 더 많은 두통과 수면 장애로 고통받았다. 심지어 생식 기능에도 영향을 주어 출생아 성비에도 영향을 미치는 것으로 나타났다.[64] 레이더 설치 초기에는 남자아이가 여자아이보다 적게 태어났다. 스크룬다 전체에서 9학년 남학생이 16% 적었는데, 직접 피폭된 지역에서는 25%나 적었다.[65]

농장 가축과 야생 동물에 미치는 영향도 아주 명백했다. 레이더 기지 앞에 있는 초지에서 방목한 67마리의 라트비아 갈색 소에서 채취한 혈액에서는 절반 이상에서 염색체 손상이 발견됐다.[66]

600개의 박스로 만든 새 둥지가 레이더 기지로부터 최대 19킬로미터 떨어진 거리까지 배치되었다. 둥지의 14%만을 얼룩무늬 딱새들이 차지했는데, 라트비아의 경우에서는 극히 낮은 수치였다. 박스 둥지에 거처를 잡은 크고 푸른 박새의 수는 레이더로부터 떨어진 거리에 따라 꾸준히 증가했다.[67]

그 지역의 숲에 미치는 영향도 똑같이 심각했다. 레이더 앞에서

64 Microwave News 1994.
65 Kolodynski and Kolodynska 1996.
66 Balode 1996.
67 Liepa and Balodis 1994.

거리를 달리하는 29개 지점에서 스코틀랜드 소나무 그루를 표본 추출했다. 모든 나무들은 정확히 1971년부터 예외 없이 훨씬 더 얇은 나이테를 만들었고, 레이더 가동 기간 내내 계속되었다. 평균 나이테 두께는 레이더가 건설되기 전의 절반 정도였다.[68]

솔방울은 50~60년 된 나무 꼭대기에서 채취되었다. 레이더에 적게 노출된 나무의 씨앗은 모두 발아한 반면, 많이 노출된 위치에서 나온 씨앗은 25~50%만이 발아했다. 솔잎에서 송진이 풍부하게 분비된다는 것은 노출된 나무들이 조숙하고 노화되었음을 보여주고 있었다.[69]

또 다른 실험에서는 새로 발아한 개구리밥들을 레이더로부터 2킬로미터 떨어진 곳에서 단 88시간 동안 노출시킨 뒤 먼 곳으로 옮겼다. 개구리밥은 연못의 표면에 살며 싹을 틔워 번식하는 작은 부유식물이다. 노출 후 처음 20일 동안, 그 식물들은 정상속도의 거의 두 배로 번식했다. 그 후 번식은 급감했다. 열흘이 지나자 많은 식물이 비정상적으로 자라기 시작했다. 식물은 기형적으로 되었다. 발아한 뿌리가 위를 향해 자라고, 잘못된 쪽에서 싹이 트고, 기형적인 새끼 식물들이 번식했다. 식물을 추가하여 120시간 동안 레이더에 노출했더니 평균 수명이 86일에서 67일로 단축되고 생식능력도 20%나 떨어졌다.[70]

1998년 8월 31일, 스쿠룬다 레이더 기지는 영구적으로 폐쇄되었다.

---

68 Balodis et al. 1996.
69 Selga and Selga 1996.
70 Magone 1996.

콘스탄티노우(Konstantynow)는 바르샤바에서 북서쪽으로 약 60마일(96.6km) 떨어진 폴란드의 중심부에 있는 작은 도시로, 근처에 비스툴라(Vistula) 강이 흐르며 서쪽으로 넓은 소나무 숲이 펼쳐져 있다. 1974년부터 1991년까지 17년 동안, 이 도시 인근에는 유럽 전 지역을 향하여 폴란드 언어로 방송하는 장파 라디오 안테나가 세워져 있었던 관계로 "폴란드의 목소리"와 같은 곳이다. 높이가 2,100피트(640m) 이상인 안테나는 세계에서 인간이 만든 가장 높은 구조물이었으며, 200만 와트의 바르샤바 중앙 라디오(Warsaw Central Radio)는 세계에서 가장 강한 주파수의 라디오 방송국 중 하나였다. 그리고 17년 동안 주변 마을 사람들은 자신들의 건강이 파괴되고 있다고 불평했다.

1991년, 정부의 한 연구가 그들이 옳다는 것을 증명했다. 프워크(Płock) 카운티에 있는 라디아티오(Radiatio) 보호부에서 일했던 비에스와프 플라키에비츠(Wiesław Flakiewicz) 박사가 관장한 연구는 간단하고 저렴했다. 그것은 방송탑으로부터 각각 6킬로미터 떨어진 산니키(Sanniki)와 가빈(Gabin)이라는 두 지역에서 무작위로 선정된 99명의 주민으로부터 채취한 혈액을 분석하는 연구였다. 첫 번째 결과는 뭔가 실제로 주민들의 건강에 영향을 주고 있다는 것을 보여주었다. 가빈 주민 68%는 비정상적으로 높은 수준의 스트레스 호르몬인 코르티솔을 가지고 있었다. 42%는 저혈당, 30%는 갑상선 호르몬 증가, 32%는 높은 콜레스테롤, 32%는 비정상적으로 높은 적혈구 수치가 나타났다. 58%의 사람들은 전해질 장애를 앓고 있었다. 그들은 칼슘, 나트륨, 칼륨 수치가 높고, 인 수치가 낮은 경향이 있었다. 산니키의 사람들에게서는 갑상선과 전해질 장애가 훨씬 더 흔하고 심각하다는 점을 제외하면 비슷했고, 인구의 41%은 혈소판 수치가 높아져 골수의 과잉자극 증상을 보였다.

그 후, 1991년 8월 8일, 세계에서 가장 높다는 안테나가 무너지는 뜻밖의 사건이 일어났다. 플라키에비츠는 이 기회를 최대한 이용했고, 10월에 가빈 지역 실험대상자 50명을 다시 실험실로 불러 새로운 혈액 샘플을 채취했다. 새로운 결과는 놀라웠다. 방사선의 영향을 가장 심하게 받은 가장 어린 실험 대상자 중 소수의 사람은 여전히 비정상적인 포도당 수치와 적혈구 수치를 가지고 있었고, 나이 든 실험 대상자들은 여전히 높은 콜레스테롤 수치를 보였다. 그러나 모든 전해질 수준, 모든 갑상선 호르몬 수준, 그리고 모든 코르티솔 수치는 예외 없이 이번에는 완전히 정상이었다.

라디오 방송국에 노출된 식물들에 대한 실험도 똑같이 놀라운 결과를 낳았다. 크라코프(Krakow)의 핵물리학 연구소에서 일했던 안토니나 세불스카-와실레우스카(Antonina Cebulska-Wasilewska) 박사는 이 단계의 연구를 지휘했다. 그녀는 실험 대상으로 자주달개비(*Tradescantia*) 식물을 선택했다. 이 식물은 그녀가 원자력 방사선 연구용으로 매우 잘 알고 있었고 전 세계 전이성 방사선의 표준 측정용으로 사용되었다. 엑스선이나 감마선에 노출되면, 자주달개비 꽃의 수술 털이 푸른색에서 분홍색으로 변한다. 전이성 방사선에 노출될수록 분홍색 수술 세포의 수가 많아진다.

여기서도 역시 노출 전과 후의 연구였다. 방송국이 가동 중이었던 1991년 6월 10~20일 동안 가빈과 산니키의 4개소에 각각 30여 송이의 꽃이 핀 자주달개비를 심은 화분을 놓고, 전자파에 노출 후 크라코프의 실험실로 옮겨 11일에서 25일 사이에 꽃의 수술 털을 검사했다. 세 곳에 있던 꽃의 돌연변이는 방송국 근처에 있지 않았던 꽃에서 나타난 분홍색 돌연변이의 약 2배가 되었다. 네 번째 장소에 있던 꽃들은 학교 교실에 전화기 받침 근처에 있었는데 분홍색 돌연변이가 9배가 되었다. 전화기 선이 전자파 방사선을 증폭시키는 안테나 역할을 한 것이다. 전화기 받침 근처의 식물들에도 100배나 되는 치명적인 돌연변이들이 있었고, 30여 송이 중 겨우 3개만이 개화했다.

방송탑이 무너진 후 실험은 반복되었다. 1991년 8월 14일부터 23일까지 10일 동안의 노출 기간이 있었다(방송탑이 8월 8일에 무너졌기 때문에 이 기간은 방사선이 없는 노출임). 이번에는 처음 세 곳에서 돌연변이가 증가하지 않았다. 전화기 받침대 근처에 있는 식물들은 여전히 정상의 분홍색 돌연변이 수의 2배였지만, 이번에는 모든 꽃들이 활짝 피었다. 전이성 방사선 수준을 평가하기 위해 이러한 식물을 주로 사용한 세불스카 와실레우스카 박사는 6킬로미터 거리에서 단 11일 동안만 무선 방송탑에 식물을 노출시켜도 X선이나 감마선의 3센티그레이(centigray) 선량에 노출시키는 것과 같았다고 말했다. 이는 흉부 X선보다 약 1,000배, CT 스캔보다 10배, 히로시마에서 원자 폭탄 투하시 살아 남은 평균 생존자가 받은 방사선량과 거의 같다.

1995년 1월, 폴란드 의회는 콘스탄티노우에 장파 라디오 방송국의 재건을 승인하는 법안을 만들고 대통령은 서명했다. 격렬한 현지 시위가 이어졌다. 유럽에서 가장 높은 안테나 근처에 사는 사람들의 보호를 위한 협회가 토폴로(Topolno) 마을에 결성되었다. 한 달 동안 계속된 단식투쟁에 15명이 참가했다.

방송탑은 재건되지 않았다.

슈바르첸부르크(Schwarzenburg)는 스위스 알프스의 북쪽 기슭에 자리 잡은 초록이 무성한 들판에 둘러싸인 센스(Sense) 강변의 작은 시골 마을이다. 1939년 외국에 사는 스위스 출신 이민자들에게 방송하기 위해 마을에서 동쪽으로 약 3킬로미터 떨어진 곳에 단파 라디오 스위스 국제 방송국(Radio Swiss International)이 건설되었다. 전 세계 모든 대륙에 보내기 위해 매 2시간에서 4시간마다 송신 방향을 바꾸면서 방송했다.

처음에는 그 마을이 이웃과 잘 지냈다. 하지만 1954년 방송국의 출력을 45만 와트로 올리기 위해 새로운 안테나가 추가된 이후 주변 지역 사람들이 안테나가 자신들의 건강, 가축, 산림에 피해를 준다고 불평하기 시작했다. 거의 40년 뒤에 연방 교통에너지부가 조사를 시작했다. 스위스 연방환경산림조경부가 관여했고 베른대(University of Berne) 사회예방의학과 학과장인 데오도르 아베린(Theodor Abelin) 교수가 책임을 담당했다.

1992년 여름에 광범위한 건강 조사가 시행됐다. 자기장 강도의 측정이 수많은 실외 지점과 참가자의 침실에서 이루어졌다. 주민들에게는 4회에 걸쳐 10일씩 1시간 간격으로 증상과 불만을 기록하는 메모장이 주어졌다. 이 조사는 2년 동안 두 번의 여름으로 나누어, 각 2회씩 이루어졌다. 혈압을 모니터링하고 학교 성적을 조사했으며, 멜라토닌 수치를 측정하기 위해 소변 샘플을 채취했다. 지역의 소에서 채취한 침의 멜라토닌 수치도 측정했다. 두 번째 여름에는 예고 없이 송신기를 3일 동안 꺼버렸다.

그 결과는 오랫동안 계속된 불평을 확인시켜 주었다. 안테나에서 900미터 이내에 살던 사람들 중 3분의 1은 4킬로미터 떨어진 곳에 사는 사람들보다 3.5배나 더 자주 수면이 어렵다고 호소했다. 그들은 팔다리와 관절통은 4배, 신체 허약과 피로는 3.5배 더 자주 호소했다. 그들은 밤에 3번씩이나 자주 일어났다. 그들은 더 변비가 심했고 집중이 더 어려웠으며 복통, 심장 두근거림, 호흡곤란, 두통, 현기증, 기침과 가래가 더 잦았다. 3분의 1은 비정상적인 혈압을 가지고 있었다. 42%가 집을 떠나 여가를 보낸 데 비해 4킬로미터 떨어진 곳에 사는 사람들은 6%에 불과했다.

2년차 메모장은 송신기를 끄는 것의 극적인 효과를 보여주었다. 4킬로미터 떨어진 곳에 살던 사람들도 송신기가 꺼져 있는 밤 동안 잠을 깨는 횟수가 절반 정도에 불과했다. 송신기가 꺼진 3일 동안 인간의 멜라토닌 수치는 크게 변하지 않았지만, 소의 수치는 2배에서 7배까지 증가했고, 송신기를 켜면 다시 감소했다.

두 학교 학생들의 성적은 1954~1993년에 안테나 근처에 사는 아이들은 초등학교에서 중학교로 진학할 가능성이 상당히 낮다는 것을 보여주었다.

숲에 대한 피해를 기록하는 것은 슈바르첸부르크 주민들에게 맡겨졌다. 울리히 헤르텔(Ulrich Hertel)은 죽은 나무들의 그루터기 사진을 출간하면서 수십 년 동안 성장의 압축을 나타내는 나이테를 보여주었다. 그는 안테나를 향한 방향의 나이테를 보면 “나무는 생명을 위협하는 길에서 벗어나려고 노력해온 것을 알 수 있다.”라고 적고 있다. 볼크로트의 논문보다 두 달 먼저 나온 1991년 라움앤자이트(*Raum & Zeit*)에 낸 헤르텔의 기고에는 병들어 죽어가는 슈바르첸부르크 지역의 숲 사진이 곳곳에 제시되어 있다.

1996년 5월 29일, 연방환경·숲·경관국 국장인 필립 로스(Philliffe Roch)는 “수면장애와 무선송신 가동 간의 연관성이 증명되었다.”라고 말했다. 연방보건국도 동의했다. 1998년 3월 28일 슈바르첸부르크의 단파 송신국은 영원히 폐쇄되었다.

오랜 거주자 한스-울리히 야콥(Hans-Ulrich Jakob)은 이렇게 썼다. “나에게 가장 놀라운 것은 사람들이 이전에 보지 못했던 기쁨과 솔직함을 되찾았다는 사실이다. 그리고 나는 이 지역에서 40년 이상 살고 있다. 지인들이 수없이 보였던 우울하고 때로는 공격적인 행동들이 완전히 사라졌다. 나이가 50세 정도인 한 농부가 나에게 송신기가 꺼진 지 2주가 되었을 때 평생 처음으로 밤새도록 잤다고 말했다."

그리고 야콥은 나무에 대해 할 이야기가 있었다. 그는 "방사선에 쪼였던 숲이 지금 빨리 회복되고 있는 것이 너무 보기 좋다."라고 말했다. 내 생각에 나무의 성장 속도는 과거 몇 년 동안에 비해 2배나 빨라졌다. 어린나무들도 화살처럼 곧게 자라고 있고 송신기로부터 먼 방향으로 도망치려 하지 않는다."

아벨린 박사 팀은 송신국 해체를 이용하여 그들의 원래 실험 대상자 54명에 대해 전후(Before and After) 수면 연구를 시행했다. 이 연구는 1998년 3월 23일부터 4월 3일까지 이루어졌다. 3월 28일 폐쇄 이후 수면의 질이 향상되었을 뿐만 아니라, 멜라토닌 수치는 소에서 그랬던 것과 마찬가지로 반등했다. 폐쇄 후 일주일 동안 안테나에 가장 가까이 살았던 사람들의 멜라토닌 수치가 1.5배에서 6배 사이로 올랐다.

냉전 말기에 시작된 유럽의 삼림회복은 10년밖에 지속하지 않았다. 2002년 유엔 팀이 방문했을 때 나무의 거의 4분의 1이 다시 피해의 조짐을 보였다. 유럽 나무 다섯 그루 중 하나는 고엽 피해를 보인 것이 대표적이다.[71] 한편 산성비는 중공업이 중국과 인도로 이전함에 따라 그쪽으로 옮겨갔다. 그래서 많은 산림전문가들은 숲의 잎마름병의 원인을 지구온난화인 것으로 보이도록 교과서를 수정했다. 하

71 Lorenz et al. 2003.

지만 그것 역시 진짜 범인은 아니었다.

중세 온난기, 소빙하기, 그리고 수없이 많은 가뭄과 홍수를 겪은, 어떤 것은 삼천 년도 넘은 역사를 가진 삼나무가 지구의 표면에서 사라지고 있다.

레바논 삼목(Cedars of Lebanon)은 취약해서 약 5천에이커(2천 25만 m^2)에 달하는 지역에 겨우 12군락이 남아있는데 지금 눈에 띄게 쇠락하고 있다.

알제리 아틀라스산맥의 삼나무는 1982년경부터 쇠락하기 시작했고, 모로코의 삼나무는 2000년경부터 급속도로 죽어가고 있다.[72]

알래스카 남동부와 캐나다 브리티시콜롬비아에 걸친 60여만 에이커(24.3억 m^2)에 있는 노란 삼나무들이 사라지고 있다. 다 자란 성목 약 70%가 죽었고, 몇몇 지역에는 현재 삼나무가 아예 없다. 산림전문가들은 삼나무의 높은 사망률로 인해 충격에 빠졌다. 노란 삼나무가 항상 무성하게 자라는 습한 토양이 있고 어떤 병원체도 찾을 수 없어서 어디에 책임을 지울 수 있을지 모르는 상태다.

1990년, 알래스카 주노(Juneau)에 주둔하고 있는 미국 산림청 과학자인 폴 헤논(Paul Hennon)은 놀라운 발견을 했다. 오래된 항공사진들이 오늘날 손상된 노란 삼나무 군락 중 일부가 1927년, 1948년, 1965년, 1976년에 이미 손상되었다는 사실을 보여주었다. 그리고 더욱 놀라운 것은 1990년의 쇠락 지역이 1927년에 비해 약간 더 커졌을 뿐이

72 Bentouati and Bariteau 2006.

라는 점이다. 그리고 그는 옛 임업 문헌을 샅샅이 뒤졌다. 1800년대의 원정대에서 나온 보고서에는 시트카(Sitka) 근처와 알래스카 남동부의 다른 지역에서 노란 삼나무에 대한 관찰이 모두 포함되었고, 죽어가는 나무들에 대한 언급은 없었다. 찰스 셸던(Charles Sheldon)은 1909년 알래스카 모든 곳을 통틀어 처음으로 죽은 노란 삼나무에 관하여 보고했다. 그는 시트카 지역 피버스(Pybus) 만 근처에 있는 어드미랄티(Admiralty) 섬에서 "넓은 지역은 완만한 늪지대였고, 노란 삼나무들은 거의 죽어있다."라고 말했다. 해롤드 앤더슨(Harold E. Anderson)도 역시 1916년에 시트카 근처에서 죽어가는 삼나무를 보았다.[73]

헤논은 인간에 의한 어떤 요소도 그렇게 오래전에 알래스카로부터 바다로 돌출된 곳(반도)에서 삼나무를 쇠락하게 하는 원인이 될 수 없다고 결론 내렸지만, 그는 틀렸다. NPB 시트카(NPB Sitka)는 해군이 운영하는 20킬로와트 장파 라디오 방송국으로, 1907년 피버스만 서쪽에, 육군 라디오 방송국은 1908년에 피터스버그(Petersburg)와 워란겔(Wrangell)에 설치됐다. 사설 라디오 방송국도 운영되고 있었다. 미국 라디오 방송국의 1913년 목록에는 알래스카 남동부에서 마르코니사가 운영한 5개가 포함되어 있는데, 여기에는 피버스 만에서 프레드릭 사운드(Frederick Sound)를 직접 건너서 쿠프레노프 섬(Kupreanof Island)의 카케(Kake)에 있는 1개도 포함되어 있다.[74]

---

73 Hennon et al. 1990; Hennon and Shaw 1994; Hennon et al. 2012.

74 Navy Department, Bureau of Equipment 1907, 1908; United States Department of Commerce, Bureau of Navigation 1913.

아마존 열대 우림 전역에 뚜렷한 원인 없이 나무가 죽어가고 있다는 사실은 2005년에 처음 알려졌고, 그 해 특이한 가뭄을 야기한 지구온난화에 다시 한 번 비난을 보냈다.[75] 전 세계 열대우림 네트워크(RAINFOR)와 연결된 연구자들은 브라질과 7개 이웃 국가에 흩어져 있는 자신들이 연구하는 숲 구역으로 돌아갔다. 그들은 1970년대 이후 경우에 따라 3년 또는 5년마다 그곳 숲을 조사해 왔다. 놀랍게도 각 지역의 가뭄 강도는 숲의 건강 상태와 아주 미미한 연관만 있을 뿐이었다. 어떤 지역은 나무의 사망률은 높았지만, 가뭄은 없었고, 어떤 지역은 가뭄을 겪었지만, 사망률은 낮았다. 사망률이 높은 지역은 성장률이 거의 또는 전혀 떨어지지 않은 나무들로 둘러싸여 있었다. 그러나 전체적으로는 2005년 한 해 동안 숲 면적 절반만 생물 총량이 증가했는데 이는 전례가 없는 상황이었다. 그들이 우려했던 것처럼 아마존은 순탄소 흡수원에서 순탄소 공급원으로 바뀌고 있었고, 대기에 심각한 영향을 주고 있었다. 그들은 이러한 변화를 지구온난화 탓으로 돌렸다. 왜냐하면 다른 변화의 이유를 찾을 수 없었기 때문이다. 하지만 알래스카의 헤논과 그의 팀처럼, 그들은 틀렸다.

2002년 7월 27일 아마존의 모든 환경은 갑자기 극적으로 변화했다. 그날 미국 자금 지원으로 레이시온(Raytheon)이 건설한 14억 달러 규모의 SIVAM(System for Vigilance of the Amazon)이라 불리는 레이더와 센서 시스템이 200만평방마일(322만km^2) 규모의 접근 불가능한 외

75 Phillips et al. 2009.

딴 야생에 대한 모니터링 활동을 시작했다. 이 새로운 시스템의 주요 목적은 마약 밀매업자들과 게릴라들이 흔적도 남기지 않는 정글에 숨어서 받는 보호를 박탈하는 것이었다. 그러나 이 시스템은 열대우림을 세계 역사상 유례가 없는 수준의 방사선으로 피폭하고 숲에서 살아가는 소중한 생명체와 사람에 아무런 영향을 주지 않는 것처럼 가장하는 것을 요구했다. 2002년 이후 이 시스템은 25대의 엄청 강력한 감시 레이더, 10대의 도플러 기상 레이더, 200대의 부상형 물 감시소, 900대의 무전기를 갖춘 "감청초소", 32대의 라디오 방송국, 8대의 공중 첨단감시 제트기, 99대의 "공격/훈련" 지원 비행기를 갖췄다. 이를 통해 브라질은 사람만큼 작은 이미지를 어디서든 추적할 수 있게 되었다. 이 시스템은 매우 광범위하게 퍼져 브라질 관계자들이 아마존 어디에서나 나뭇가지 부러지는 소리까지도 들을 수 있다고 자랑했다.[76] 그러나 그것은 지구상의 가장 다양한 동물과 식물, 그들에게 의존하는 사람들, 그리고 우리의 대기를 희생시켰다.

콜로라도 로키산맥 기슭에 있는 작은 뒷마당 실험실에서 케이티 해거티(Katie Haggerty)는 가장 간단하고 정교한 실험을 했다: 그녀는 전파를 막기 위해 화분에 담긴 북미 사시나무 묘목 9그루 주변에 알루미늄 스크린을 걸어놓고 그것들이 자라는 것을 지켜보았다. 빛은 스크린으로 잘 차단되지 않았다. 실험 통제를 확실히 하기 위해 그녀

76 Rohter 2002.

는 사시나무 27그루를 사서 나란히 키웠다. 9그루는 울타리 없이, 9그루는 알루미늄 스크린에 둘러싸여, 9그루는 광섬유 스크린에 둘러싸여 자랐다. 광섬유 스크린은 빛은 거의 들어오지 못하게 했지만 모든 전파는 들여보냈다. 그녀는 2007년 6월 6일에 실험을 시작했다. 불과 두 달 후, 방사선이 차단된 식물들의 새싹은 가짜로 차단되거나 차단되지 않은 식물보다 74% 더 길었고, 잎은 면적이 60% 더 넓었다.

10월 5~6일, 그녀는 세 그룹의 식물 상태를 평가했다. 방사선이 가짜로 차단되거나 차단되지 않은 이 식물들은 현재 콜로라도에서 매년 가을 보는 사시나무와 비슷했다. 즉, 잎과 잎맥은 노란색에서 초록색, 잎줄기는 옅은 빨간색에서 분홍색, 모든 잎은 썩어가는 회색과 갈색으로 덮여 있었다.

방사선이 차단된 사시나무들은 가까운 과거에 보았던 사시나무들과 모습이 비슷했다. 그때의 잎은 훨씬 더 크고 반점과 부패가 거의 없었고 밝은 오렌지, 노랑, 초록, 짙은 빨강, 검은색 등 화려한 가을 색상의 넓은 팔레트를 보여주었다. 잎맥은 짙은 색에서 밝은 색, 잎자루는 밝은 빨간색이었다.

정확히 2004년에 콜로라도 전역에서 시작된 사시나무의 갑작스러운 쇠락은 이 놀라운 나무들의 선명한 가을 풍경을 사랑하고 그리워하는 모든 사람에게 경악과 절망의 원천이 되어왔다. 2003년부터 2006년까지 3년 만에 사시나무 피해 면적은 1만2천에이커(4.86억 m^2)에서 1만4천 에이커(5.67억 m^2)로 늘어났다. 국유림에서 사시나무 사망률은 3~7배 증가했고, 일부 지역에서는 사시나무의 60%가 죽었다.[77] 여기에는 이유가 있었다.

콜로라도주는 디지털 트렁크 라디오 시스템(Digital Trunked Radio System)이라고 불리는 정교한 공공안전통신 네트워크를 운영하고 있었는데, 203개의 높은 무선 송신탑이 그 주의 구석구석을 커버하고 있었다. 이 시스템은 경찰, 소방관, 공원 감시원, 응급 의료 서비스, 학교, 병원, 그리고 여러 시, 주, 연방, 인디언 부족의 관리들에 의해 아주 많이 사용됐다. 덴버 메트로폴리탄 지역을 포함하는 이 시스템의 시범 단계가 1998~2000년에 구축되고 시험운행을 마쳤다. 2001년과 2002년에는 콜로라도 북동부, 남동부, 동부 평원에 라디오 타워가 건설됐다. 그리고 2003년, 2004년, 2005년, 이 시스템은 서부 산악의 사시나무 지역을 침공했다.

알폰소 발모리 마르티네즈는 "나는 지금 일어나고 있는 일을 때로는 서서히 자해하는 집단 자살의식 현상에 비유한다."라고 말한다. 그러나 그는 그것이 무한정 계속될 수 있다고 생각하지 않는다. **"언제인지는 모르지만, 사회가 전자파 오염이라는 심각한 문제와 참새, 개구리, 벌, 나무, 그리고 우리 자신을 포함한 다른 모든 생명체에 끼치는 위험한 영향에 대해 깨달을 날이 올 것이다."라고 그는 말한다.**

---

77 Worrall et al. 2008.

참고문헌

제1장 ~ 제4장

Adams, George. 1787, 1799. *An Essay on Electricity*, 3rd ed. London: R. Hindmarsh; 5th ed. London: J. Dillon.

Aldini, Jean. 1804. *Essai Théorique et Expérimental sur le Galvanisme*. Paris: Fournier Fils.

Baker, Henry. 1748. "A Letter from Mr. Henry Baker, F.R.S. to the President, concerning several Medical Experiments of Electricity." *Philosophical Transactions* 45: 370-75.

Beard, George Miller and Alphonso David Rockwell. 1883. *A Practical Treatise on the Medical and Surgical Uses of Electricity*, 4th ed. New York: William Wood.

Beaudreau, Sherry Ann and Stanley Finger. 2006. "Medical Electricity and Madness in the 18th Century: The Legacies of Benjamin Franklin and Jan Ingenhousz." *Perspectives in Biology and Medicine* 49(3): 330-45.

Beccaria, Giambatista. 1753. *Dell'Elettricismo Artificiale e Naturale*. Torino: Filippo Antonio Campana.

Becket, John Brice. 1773. *An Essay on Electricity*. Bristol.

Bell, Whitfield Jenks, Jr. 1962. "Benjamin Franklin and the Practice of Medicine." *Bulletin of the Cleveland Medical Library* 9: 51-62.

Berdoe, Marmaduke. 1771. *An Enquiry Into the Influence of the Electric Fluid in the Structure and Formation of Animated Beings*. Bath: S. Hazard.

Bertholon, Pierre Nicholas. 1780. *De l'Électricité du Corps Humain dans l'État de Santè et de Maladie*. Lyon: Bernusset.

———. 1783. *De l'Électricité des Végétaux*. Paris: P. F. Didot Jeune.

———. 1786. *De l'Électricité du Corps Humain dans l'État de Santè et de Maladie*, 2 vols. Paris: Didot le jeune.

Bertucci, Paola. 2007. "Sparks in the Dark: the Attraction of Electricity in the Eighteenth Century." *Endeavor* 31(3): 88-93.

Bonnefoy, Jean-Baptiste. 1782. *De l'Application de l'Éléctricité a l'Art de Guérir*. Lyon: Aimé de la Roche.

Bose, Georg Matthias. 1744a. *Tentamina electrica in Academiis Regiis Londinensi et Parisina*. Wittenberg: Johann Joachim Ahlfeld.

———. 1744b. *Die Electricität nach ihrer Entdeckung und Fortgang, mit poetischer Feder entworffen*. Wittenberg: Johann Joachim Ahlfeld.

Bresadola, Marco. 1998. "Medicine and Science in the Life of Luigi Galvani." *Brain Research Bulletin* 46(5): 367-80.

Bryant, William. 1786. "Account of an Electric Eel, or the Torpedo of Surinam." *Transactions of the American Philosophical Society* 2: 166-69.

Brydone, Patrick. 1773. *A Tour Through Sicily and Malta*, 2 vols. London: W. Strahan and T. Cadell.
Cavallo, Tiberius. 1786. *Complete Treatise on Electricity in Theory and Practice*. London: C. Dilly.
Chaplin, Joyce E. 2006. *The First Scientific American: Benjamin Franklin and the Pursuit of Genius*. New York: Basic Books.
Delbourgo, James. 2006. *A Most Amazing Scene of Wonders: Electricity and Enlightenment in Early America*. Cambridge, MA: Harvard University Press.
Donndorf, Johann August. 1784. *Die Lehre von der Elektricität theoretisch und praktisch aus einander gesetzt*, 2 vols. Erfurt: Georg Adam Kayser.
Donovan, Michael. 1846, 1847. "On the Efficiency of Electricity, Galvanism, Electro-Magnetism, and Magneto-Electricity, in the Cure of Disease; and on the Best Methods of Application." *Dublin Quarterly Journal of Medical Science* 2: 388-414, 3: 102-28.
Dorsman, C. and C. A. Crommelin. 1951. *The Invention of the Leyden Jar*. Leyden: National Museum of the History of Science. Communication no. 97.
Duchenne (de Boulogne), Guillaume Benjamin Amand. 1861. *De l'Électrisation Localisée*, 2nd ed. Paris: J.-B. Baillière et Fils.
Duhamel du Monceau, Henri Louis. 1758. *La Physique des Arbres*. Paris: H. L. Guérin & L. F. Delatour.
Elliott, Paul. 2008. "More Subtle than the Electric Aura: Georgian Medical Electricity, the Spirit of Animation and the Development of Erasmus Darwin's Psychophysiology." *Medical History* 52(2): 195-220.
Flagg, Henry Collins. 1786. "Observations on the Numb Fish, or Torporific Eel." *Transactions of the American Philosophical Society* 2: 170-73.
Franklin, Benjamin. 1758. "An Account of the Effects of Electricity in Paralytic Cases. In a Letter to John Pringle, M.D. F.R.S." *Philosophical Transactions* 50: 481-83.
———. 1774. *Experiments and Observations on Electricity*, 5th ed. London: F. Newbery.
———. *Benjamin Franklin Papers*, <http://franklinpapers.org>.
Gale, T. 1802. *Electricity, or Ethereal Fire*. Troy: Moffitt & Lyon.
Galvani, Luigi. 1791. *De viribus electricitatis in motu musculari. Commentarius*. Bologna: Istituto delle Scienze. Translation by Robert Montraville Green, *Commentary on the Effect of Electricity on Muscular Motion* (Cambridge: Elizabeth Licht), 1953.
Gerhard, Carl Abraham. 1779. "De l'Action de l'Électricité Sur le Corps humain, et de son usage dans les Paralysies." *Observations Sur la Physique, Sur l'Histoire Naturelle, et Sur les Arts* 14: 145-53.
Graham, James. 1779. *The General State of Medical and Chirurgical Practice, Exhibited; Showing Them to be Inadequate, Ineffectual, Absurd, and Ridiculous*. London.
Gralath, Daniel. 1747, 1754, 1756. "Geschichte der Electricität." *Versuche und Abhandlungen der Naturforschenden Gesellschaft in Danzig* 1: 175-304, 2: 355-460, 3: 492-556.

Haller, Albrecht von. 1745. "An historical account of the wonderful discoveries, made in Germany, etc. concerning Electricity." *The Gentleman's Magazine* 15: 193-97.

Hart, Cheney. 1754. "Part of a Letter from Cheney Hart, M.D. to William Watson, F.R.S. giving some Account of the Effects of Electricity in the County Hospital at Shrewsbury." *Philosophical Transactions* 48: 786-88.

Heilbron, John L. 1979. *Electricity in the 17th and 18th Centuries: A Study of Early Modern Physics*. University of California Press: Berkeley.

Histoire de l'Academie Royale des Sciences. 1746. "Sur l' Électricité," pp. 1-17.

———. 1747. "Sur l' Électricité," pp. 1-32.

———. 1748. "Des Effets de l'Électricité sur les Corps Organisés," pp. 1-13.

Houston, Edwin J. 1905. *Electricity in Every-Day Life*, 3 vols. New York: P. F. Collier & Son.

Humboldt, Friedrich Wilhelm Heinrich Alexander von. 1799. *Expériences sur le Galvanisme*. Paris: Didot Jeune.

Jallabert, Jean. 1749. *Expériences sur l'Électricité*. Paris: Durand & Pissot.

Janin, Jean. 1772. *Mémoires et Observations Anatomiques, Physiologiques, et Physiques sur l'Œil*. Lyon: Perisse.

Kratzenstein, Christian Gottlieb. 1745. *Abhandlung von dem Nutzen der Electricität in der Arzneywissenschaft*. Halle: Carl Hermann Hemmerde.

La Beaume, Michael. 1820. *Remarks on the History and Philosophy, But Particularly on the Medical Efficacy of Electricity in the Cure of Nervous and Chronic Disorders*. London: F. Warr.

———. 1842. *On Galvanism*. London: Highley.

Ladame, Paul-Louis. 1885. "Notice historique sur l'Électrothérapie a son origine." *Revue Médicale de la Suisse Romande* 5: 553-72, 625-56, 697-717.

Laennec, René. 1819. *Traité de l'Auscultation Médiate*, 2 vols. Paris: Brosson & Chaudé.

Lindhult, Johann. 1755. "Kurzer Auszug aus des Doctors der Arztneykunst, Johann Lindhults, täglichem Verzeichnisse wegen der Krankheiten, die durch die Electricität sind gelindert oder glücklich geheilet worden. In Stockholm im November und December 1752 gehalten." *Abhandlungen aus der Naturlehre* 14: 312-15.

Louis, Antoine. 1747. *Observations sur l'Électricité*. Paris: Osmont & Delaguette.

Lovett, Richard. 1756. *The Subtil Medium Prov'd*. London: Hinton, Sandby and Lovett.

Lowndes, Frances. 1787. *Observations on Medical Electricity*. London: D. Stuart.

Mangin, Arthur. 1874. *Le Feu du Ciel: Histoire de l'Électricité*, 6th ed. Tours: Alfred Mame et Fils.

Marat, Jean-Paul. 1782. *Recherches Physiques sur l'Électricité*. Paris: Clousier.

———. 1784. *Mémoire sur l'électricité médicale*. Paris: L. Jorry.

Martin, Benjamin. 1746. *An Essay on Electricity: being an Enquiry into the Nature, Cause and Properties thereof, on the Principles of Sir Isaac Newton's Theory of Vibrating Motion, Light and Fire*. Bath.

Mauduyt de la Varenne, Pierre-Jean-Claude. 1777. "Premier Mémoire sur l'électricité, considérée relativement à l'économie animale et à l'utilité dont elle peut être en Médecine." *Mémoires de la Société Royale de Médecine*, Année 1776, pp. 461-513.

———. 1778. "Lettre sur les précautions nécessaires relativement aux malades qu'on traite par l'électricité." *Journal de Médecine, Chirurgie, Pharmacie, &c.* 49: 323-32.
———. 1780. "Mémoire sur le traitement électrique, administré à quatre-vingt-deux malades." *Mémoires de la Société Royale de Médecine*, Années 1777 et 1778, pp. 199-455.
———. 1782. "Nouvelles observations sur l'Électricité médicale." *Histoire de la Société Royale de Médecine*, Année 1779, pp. 187-201.
———. 1785. "Mémoire sur les différentes manières d'administrer l'Électricité." *Mémoires de la Société Royale de Médecine*, Année 1783, pp. 264-413.
Mazéas, Guillaume, Abbé. 1753-54. "Observations Upon the Electricity of the Air, made at the Chateau de Maintenon, during the Months of June, July, and October, 1753." *Philosophical Transactions* 48(1): 377-84.
Morel, Auguste Désiré Cornil. 1892. *Étude historique, critique et expérimentale de l'action des courants continus sur le nerf acoustique à l'état sain et à l'état pathologique.* Bordeaux: E. Dupuch.
Morin, Jean. 1748. *Nouvelle Dissertation sur l'Électricité des Corps.* Chartres: J. Roux.
Musschenbroek, Pieter van. 1746. Letter to René de Réaumur. *Procès-verbaux de l'Académie Royale des Sciences* 65: 6.
———. 1748. *Institutiones Physicæ.* Leyden: Samuel Luchtman and Son.
———. 1769. *Cours de Physique Expérimentale et Mathématique*, 3 vols. Paris: Bailly.
Mygge, Johannes. 1919. "Om Saakaldte Barometermennesker: Bidrag til Belysning af Vejrneurosens Patogenese." *Ugeskrift for Læger* 81(31): 1239-59.
Nairne, Edward. 1784. *Déscription de la machine électrique.* Paris: P. Fr. Didot le jeune.
Newton, Isaac. 1713. *Philosophiæ Naturalis Principia Mathematica*, 2nd ed. Cambridge. English translation by Andrew Motte, *Newton's Principia. The Mathematical Principles of Natural Philosophy* (New York: Daniel Adee), 1846.
Nollet, Jean Antoine (Abbé). 1746a. *Essai sur l'Électricité des Corps.* Paris: Guérin.
———. 1746b. "Observations sur quelques nouveaux phénomènes d'Électricité." *Mémoires de l'Académie Royale des Sciences* 1746: 1-23.
———. 1747. "Éclaircissemens sur plusieurs faits concernant l'Électricité." *Mémoires de l'Académie Royale des Sciences* 1747: 102-131.
———. 1748. "Éclaircissemens sur plusieurs faits concernant l'Électricité. Quatrième Mémoire. Des effets de la vertu électrique sur les corps organisés." *Mémoires de l'Académie Royale des Sciences* 1748: 164-99.
———. 1753. *Recherches sur les Causes Particulières des Phénomènes Électriques.* Paris: Guérin.
Nouvelle Bibliothèque Germanique. 1746. "Nouvelles Littéraires, Allemagne, de Greifswald." 2 (part 1): 438-40.
Paulian, Aimé-Henri. 1790. *La Physique à la Portée de Tout le Monde.* Nisme: J. Gaude.
Pera, Marcello. 1992. *The Ambiguous Frog: The Galvani-Volta Controversy on Animal Electricity.* Princeton University Press. Translation of *La rana ambigua* (Torino: Giulio Einaudi), 1986.

Plique, A. F. 1894. "L'électricité en otologie," *Annales des Maladies de l'Oreille, du Larynx, du Nez et du Pharynx* 20: 894-910.
Priestley, Joseph. 1767. *The History and Present State of Electricity*. London: J. Dodsley, J. Johnson, B. Davenport, and T. Cadell.
———. 1775. *The History and Present State of Electricity*, 3rd ed. London: C. Bathurst and T. Lowndes.
Recueil sur l'Électricité Médicale. 1761. Second ed., 2 vols. Paris: P. G. Le Mercier.
Rowbottom, Margaret and Charles Susskind. 1984. *Electricity and Medicine: History of Their Interaction*. San Francisco Press.
Sauvages de la Croix, François Boissier de. 1749. "Lettre de M. de Sauvages." In: Jean Jallabert, *Expériences sur l'Électricité* (Paris: Durand & Pissot), pp. 363-79.
Schiffer, Michael Brian. 2003. *Draw the Lightning Down: Benjamin Franklin and Electrical Technology in the Age of Enlightenment*. Berkeley: University of California Press.
Sguario, Eusebio. 1746. *Dell'elettricismo*. Venezia: Giovanni Battista Recurti.
Sigaud de la Fond, Joseph. 1771. *Lettre sur l'Électricité Médicale*. Amsterdam.
———. 1781. *Précis Historique et Expérimental des Phénomènes Électriques*. Paris: Rue et Hôtel Serpente.
———. 1803. *De l'Électricité Médicale*. Paris: Delaplace et Goujon.
Sparks, Jared. 1836-40. *The Works of Benjamin Franklin*, 10 vols. Boston: Hilliard, Gray.
Sprenger, Johann Justus Anton. 1802. "Anwendungsart der Galvani-Voltaischen Metall-Electricität zur Abhelfung der Taubheit und Harthörigkeit." *Annalen der Physik* 11(7): 354-66.
Steiglehner, Celestin. 1784. "Réponse à la Question sur l'Analogie de l'Électricité et du Magnétisme." In: Jan Hendrik van Swinden, *Recueil de Mémoires sur l'Analogie de l'Électricité et du Magnétisme* (The Hague: Libraires Associés), vol. 2, pp. 1-214.
Stukeley, William. 1749. "On the Causes of Earthquakes." *Philosophical Transactions Abridged* 10: 526-41.
Sue, Pierre, aîné. 1802-1805. *Histoire du Galvanisme*, 4 vols. Paris: Bernard.
Symmer, Robert. 1759. "New Experiments and Observations concerning Electricity." *Philosophical Transctions* 51: 340-93.
Thillaye-Platel, Antoine. 1803. *Essai sur l'Emploi Médical de l'Électricité et du Galvanisme*. Paris: André Sartiaux.
Torlais, Jean. 1954. *L'Abbé Nollet*. Paris: Sipuco.
Trembley, Abraham. 1746. "Part of a Letter concerning the Light caused by Quicksilver shaken in a Glass Tube, proceeding from Electricity." *Philosophical Transactions* 44: 58-60.
van Barneveld, Willem. 1787. *Medizinische Elektricität*. Leipzig: Schwickert.
van Swinden, Jan Hendrik. 1784. *Recueil de Mémoires sur l'Analogie de l'Électricité et du Magnétisme*, 3 vols. The Hague: Libraires Associés.
Veratti, Giovan Giuseppi. 1750. *Observations Physico-Médicales sur l'Électricité*. Geneva: Henri-Albert Gosse.

Volta, Alessandro. 1800. "On the Electricity excited by the mere Contact of conducting Substances of different Kinds." *The Philosophical Magazine* 7 (September): 289-311.
———. 1802. "Lettera del Professore Alessandro Volta al Professore Luigi Brugnatelli sopra l'applicazione dell'elettricità ai sordomuti dalla nascita." *Annali di Chimica e Storia Naturale* 21: 100-5.
Voltaire (François-Marie Arouet). 1772. *Des Singularités de la Nature*. London.
Wesley, John. 1760. *The Desideratum: Or, Electricity Made Plain and Useful*. London: W. Flexney.
Whytt, Robert. 1768. *The Works of Robert Whytt, M.D.* Edinburgh: Balfour, Auld, and Smellie. Reprinted by The Classics of Neurology and Neurosurgery Library, Birmingham, AL, 1984.
Wilkinson, Charles Hunnings. 1799. *The Effects of Electricity*. London: M. Allen.
Wilson, Benjamin. 1752. *A Treatise on Electricity*. London: C. Davis and R. Dodsley.
Winkler, John Henry. 1746. "An Extract of a Letter from Mr. John Henry Winkler, Græc. & Lat. Litt. Prof. publ. Ordin. at Leipsick, to a Friend in London; concerning the Effects of Electricity upon Himself and his Wife." *Philosophical Transactions* 44: 211-12.
Wosk, Julie. 2003. *Women and the Machine*. Baltimore: Johns Hopkins University Press.
Zetzell, Pierre. 1761. "Thèses sur la médecine électrique." In: *Recueil sur l'Électricité Médicale*, 2nd ed. (Paris: P. G. Le Mercier), vol. 1, pp. 283-300.

날씨 민감성(Weather Sensitivity)

Buzorini, Ludwig. 1841. *Luftelectricität, Erdmagnetismus und Krankheitsconstitution*. Constanz: Belle-Vue.
Craig, William. 1859. *On the Influence of Variations of Electric Tension as the Remote Cause of Epidemic and Other Diseases*. London: John Churchill.
Faust, Volker. 1978. *Biometeorologie: Der Einfluss von Wetter und Klima auf Gesunde und Kranke*. Stuttgart: Hippokrates.
Hippocrates. *The Genuine Works of Hippocrates*. Translation by Francis Adams (Baltimore: Wilkins & Williams), 1939.
Höppe, Peter. 1997. "Aspects of Human Biometeorology in Past, Present and Future." *International Journal of Biometeorology* 40(1): 19-23.
International Journal of Biometeorology. 1973. "Symposium on Biological Effects of Natural Electric, Magnetic and Electromagnetic Fields. Held During the 6th International Biometeorological Congress at Noordwijk, The Netherlands, 3-9 September 1972." 17(3): 205-309.
———. 1985. Issue on air ions and atmospheric electricity. 29(3).
Kevan, Simon M. 1993. "Quests for Cures: a History of Tourism for Climate and Health." *International Journal of Biometeorology* 37(3): 113-24.
König, Herbert L. 1975. *Unsichtbare Umwelt: Der Mensch im Spielfeld Elektromagnetischer Kräfte*. München: Heinz Moos Verlag.

Peterson, William F. 1935-1937. *The Patient and the Weather*, 4 vols. Ann Arbor, MI: Edwards Brothers.
———. 1947. *Man, Weather and Sun*. Chicago: Thomas.
Sulman, Felix Gad. 1976. *Health, Weather and Climate*. Basel: Karger.
———. 1980. *The Effect of Air Ionization, Electric Fields, Atmospherics and Other Electric Phenomena on Man and Animal*. Charles C. Thomas: Springfield, IL.
———. 1982. *Short- and Long-Term Changes in Climate*, 2 vols. Boca Raton, FL: CRC Press.
Sulman, Felix Gad, D. Levy, Y. Pfeifer, E. Superstine, and E. Tal. 1975. "Effects of the Sharav and Bora on Urinary Neurohormone Excretion in 500 Weather-Sensitive Females." *International Journal of Biometeorology* 19(3): 202-209.
Tromp, Solco W. 1983. *Medical Biometeorology: Weather, Climate and the Living Organism*. Amsterdam: Elsevier.

제5장

American Psychiatric Association. 2013. *DSM-V, Diagnostic and Statistical Manual for Mental Disorders*. Washington, DC.
Anonymous. 1905. "Die Nervosität der Beamten." *Zeitschrift für Eisenbahn-Telegraphen-Beamte* 23: 179-81.
Aronowitz, Jesse N., Shoshana V. Aronowitz, and Roger F. Robison. 2007. "Classics in Brachytherapy: Margaret Cleaves Introduces Gynecologic Brachytherapy." *Brachytherapy* 6: 293-97.
Arndt, Rudolf. 1885. *Die Neurasthenie (Nervenschwäche)*. Wien: Urban & Schwarzenberg.
Bartholow, Roberts. 1884. "What is Meant by Nervous Prostration?" *Boston Medical and Surgical Journal* 110(3): 53-56, 63-64.
Beard, George Miller. 1869. "Neurasthenia, or Nervous Exhaustion." *Boston Medical and Surgical Journal*, new ser., 3(13): 217-21.
———. 1874. "Cases of Hysteria, Neurasthenia, Spinal Irritation and Allied Affections, with Remarks." *Chicago Journal of Nervous and Mental Disease* 1: 438-51.
———. 1875. "The Newly-Discovered Force." *Archives of Electrology and Neurology* 2(2): 256-82.
———. 1876. *Hay-Fever; Or, Summer Catarrh: Its Nature and Treatment*. New York: Harper.
———. 1877. "The Nature and Treatment of Neurasthenia (Nervous Exhaustion), Hysteria, Spinal Irritation, and Allied Neuroses." *The Medical Record* 12: 579-85, 658-62.
———. 1878. "Certain Symptoms of Nervous Exhaustion." *Virginia Medical Monthly* 5(3): 161-85.
———. 1879a. "The Nature and Diagnosis of Neurasthenia (Nervous Exhaustion)." *New York Medical Journal* 29(3): 225-51.
———. 1879b. "The Differential Diagnosis of Neurasthenia – Nervous Exhaustion." *Medical Record* 15(8): 184-85.

———. 1880. *A Practical Treatise on Nervous Exhaustion (Neurasthenia)*. New York:William Wood.
———. 1881a. *American Nervousness: Its Causes and Consequences.* New York: G. P. Putnam's Sons.
———. 1881b. *A Practical Treatise on Sea-Sickness: Its Symptoms, Nature and Treatment.* New York: Treat.
Berger, Molly W. 1995. "The Old High-Tech Hotel." *Invention and Technology Magazine* 11(2): 46-52.
Bernhardt, P. 1906. *Die Betriebsunfälle der Telephonistinnen*. Berlin: Hirschwald.
Beyer, Ernst. 1911. "Prognose und Therapie bei den Unfallneurosen der Telephonistinnen." *Medizinische Klinik*, no. 51, pp. 1975-78.
Blegvad, Niels Reinhold. 1907. "Über die Einwirkung des berufsmässigen Telephonierens auf den Organismus mit besonderer Rücksicht auf das Gehörorgan." *Archiv für Ohrenheilkunde* 71: 111-16, 205-36; 72: 30-49. Original in Swedish in *Nordiskt Medicinskt Arkiv (Kirurgi)* 39(3): 1-109.
Böhmig, H. 1905. "Hysterische Unfallerkrankungen bei Telephonistinnen." *Münchener medizinische Wochenschrift* 52(16): 760-62.
Bouchut, Eugène. 1860. *De l'État Nerveux Aigu et Chronique, ou Nervosisme.* Paris: J. B. Baillière et Fils.
Bracket, Cyrus F., Franklin Leonard Pope, Joseph Wetzler, Henry Morton, Charles L. Buckingham, Herbert Laws Webb, W. S. Hughes, John Millis, A. E. Kennelly, and M. Allen Starr. 1890. *Electricity in Daily Life*. New York: Charles Scribner's Sons.
Butler, Elizabeth Beardsley. 1909. "Telephone and Telegraph Operators." In: Butler, *Women and the Trades, Pittsburgh, NY, 1907-1908* (New York: Charities Publication Committee), pp. 282-94.
Calvert, J. B. 2000. *District Telegraphs.* University of Denver.
Campbell, Hugh. 1874. *A Treatise on Nervous Exhaustion.* London: Longmans, Green, Reader, and Dyer.
Capart, fils (de Bruxelles). 1911. "Maladies et accidents professionnels des téléphonistes." *Archives Internationales de Laryngologie, d'Otologie et de Rhinologie* 31: 748-64.
Castex, André. 1897a. "La médecine légale dans les affections de l'oreille, du nez, du larynx et des organes connexes: L'oreille dans le service des téléphones." *Bulletins et Mémoires de la Société Française d'Otologie, de Laryngologie et de Rhinologie* 13 (part 1): 86-87.
———. 1897b. *La médecine légale dans les affections de l'oreille, du nez, du larynx et des organes connexes*. Bordeaux: Férét et Fils.
Cerise, Laurent. 1842. *Des fonctions et des maladies nerveuses dans leur rapports avec l'éducation sociale et privée, morale et physique*. Paris: Germer-Baillière.
Chatel, John C. and Roger Peele. 1970. "A Centennial Review of Neurasthenia." *American Journal of Psychiatry* 126(10): 1404-13.

Cherry, Neil. 2002. "Schumann Resonances, a Plausible Biophysical Mechanism for the Human Health Effects of Solar/Geomagnetic Activity." *Natural Hazards Journal* 26(3): 279-331.
Cheyne, George. 1733. *The English Malady: Or, a Treatise of Nervous Diseases of all Kinds.* London: G. Strahan.
Cleaves, Margaret Abigail. 1899. *Report of the New York Electro-therapeutic Clinic and Laboratory. For the Period Ending June 1, 1899.*
———. 1904. *Light Energy: Its Physics, Physiological Action and Therapeutic Applications.* New York: Rebman.
———. 1910. *Autobiography of a Neurasthene.* Boston: Richard G. Badger.
Cronbach, E. 1903. "Die Beschäftigungsneurose der Telegraphisten." *Archiv für Psychiatrie und Nervenkrankheiten* 37: 243-93.
Dana, Charles Loomis. 1921. *Text-book of Nervous Diseases*, 9th ed. Bristol: John Wright and Sons. Chapter 24, "Neurasthenia," pp. 536-56.
———. 1923. "Dr. George M. Beard: A Sketch of His Life and Character, with Some Personal Reminiscences." *Archives of Neurology and Psychiatry* 10: 427-35.
Department of Labour, Canada. 1907. *Report of the Royal Commission on a Dispute Respecting Hours of Employment between The Bell Telephone Company of Canada, Ltd. and Operators at Toronto, Ont.* Ottawa: Government Printing Bureau.
Desrosiers, H. E. 1879. "De la neurasthénie." *L'Union Médicale du Canada* 8: 145-54, 201-11.
D'Hercourt, Gillebert. 1855. "De l'hydrothérapie dans le traitement de la surexcitabilité nerveuse." *Bulletin de l'Académie Impériale de Médecine* 21: 172-76.
———. 1867. *Plan d'études simultanées de Nosologie et de Météorologie, ayant pour but de rechercher le rôle des agents cosmiques dans la production des maladies, chez l'homme et chez les animaux.* Montpellier: Boehm et fils.
Dickens, Charles. 1859. "House-Top Telegraphs." *All the Year Round*, November 26. Reproduced in George B. Prescott, *History, Theory, and Practice of the Electric Telegraph* (Boston: Ticknor and Fields), 1860, pp. 355-62.
Dubrov, Aleksandr P. 1978. *The Geomagnetic Field and Life.* New York: Plenum.
Durham, John. 1959. *Telegraphs in Victorian London.* Cambridge: Golden Head Press.
Engel, Hermann. 1913. *Die Beurteilung von Unfallfolgen nach Reichsversicherungsordnung: Ein Lehrbuch für Ärzte.* Berlin: Urban & Schwarzenberg.
Eulenburg, A. 1905. "Über Nerven- und Geisteskrankheiten nach elektrischen Unfällen." *Berliner Klinishe Wochenschrift* 42: 30-33, 68-70.
Fisher, T. W. 1872. "Neurasthenia." *Boston Medical and Surgical Journal* 9(5): 65-72.
Flaskerud, Jacquelyn H. 2007. "Neurasthenia: Here and There, Now and Then." *Issues in Mental Health Nursing* 28(6): 657-59.
Flint, Austin. 1866. *A Treatise on the Principles and Practice of Medicine.* Philadelphia: Henry C. Lea.

Fontègne, J. and E. Solari. 1918. "Le travail de la téléphoniste." *Archives de Psychologie* 17(66): 81-136.

Freedley, Edwin T. 1858. *Philadelphia and its Manufactures.* Philadelphia: Edward Young.

Freud, Sigmund. 1895. "Über die Berechtigung von der Neurasthenie einen bestimmten Symptomencomplex als 'Angstneurose' abzutrennen." *Neurologisches Centralblatt* 14: 50-66. Published in English as "On the Grounds for Detaching a Particular Syndrome from Neurasthenia under the Description 'Anxiety Neurosis,'" in *The Standard Edition of the Complete Psychological Works of Sigmund Freud* (London: The Hogarth Press), 1962, vol. 3, pp. 87-139.

Fulton, Thomas Wemyss. 1884. "Telegraphists' Cramp." *The Edinburgh Clinical and Pathological Journal* 1(17): 369-75.

Gellé, Marie-Ernest. 1889. "Effets nuisibles de l'audition par le téléphone." *Annales des maladies de l'oreille, du larynx, du nez et du pharynx* 1889: 380-81.

Goering, Laura. 2003. "'Russian Nervousness': Neurasthenia and National Identity in Nineteenth-Century Russia." *Medical History* 47: 23-46.

Gosling, Francis George. 1987. *Before Freud: Neurasthenia and the American Medical Community 1870-1910.* Urbana: University of Illinois Press.

Graham, Douglas. 1888. "Local Massage for Local Neurasthenia." *Journal of the American Medical Association* 10(1): 11-15.

Gully, James Manby. 1837. *An Exposition of the Symptoms, Essential Nature, and Treatment of Neuropathy, or Nervousness.* London: John Churchill.

Harlow, Alvin F. 1936. *Old Wires and New Waves: The History of the Telegraph, Telephone, and Wireless. New York:* D. Appleton-Century.

Heijermans, Louis. 1908. *Handleiding tot de kennis der beroepziekten.* Rotterdam: Brusse.

He-Quin, Yan. 1989. "The Necessity of Retaining the Diagnostic Concept of Neurasthenia." *Culture, Medicine, and Psychiatry* 13(2): 139-45.

Highton, Edward. 1851. *The Electric Telegraph: Its History and Progress.* London: John Weale.

Hoffmann, Georg, Siegfried Vogl, Hans Baumer, Oliver Kempski, and Gerhard Ruhenstroth-Bauer. 1991. "Significant Correlations between Certain Spectra of Atmospherics and Different Biological and Pathological Parameters." *International Journal of Biometeorology* 34(4): 247-50.

Hubbard, Geoffrey. 1965. "Cooke and Wheatstone and the Invention of the Electric Telegraph." London: Routledge & Kegan Paul.

Jenness, Herbert T. 1909. *Bucket Brigade to Flying Squadron: Fire Fighting Past and Present.* Boston: George H. Ellis.

Jewell, James S. 1879. "Nervous Exhaustion or Neurasthenia in its Bodily and Mental Relations." *Journal of Nervous and Mental Disease* 6: 45-55, 449-60.

———. 1880. "The Varieties and Causes of Neurasthenia." *Journal of Nervous and Mental Disease* 7: 1-16.

Jones, Alexander. 1852. *Historical Sketch of the Electric Telegraph*. New York: George P. Putnam.
Journal of the American Medical Association. 1885. "Functional Troubles Dependent on Neuasthenia." 5(14): 381-82.
Julliard, Charles. 1910. "Les accidents par l'électricité." *Revue Suisse des Accidents du Travail*. Summarized in *Revue de Médecine Légale* 17(1): 343-45.
Killen, Andreas. 2003. "From Shock to Schreck: Psychiatrists, Telephone Operators and Traumatic Neurosis in Germany, 1900-26." *Journal of Contemporary History* 38(2): 201-20.
Kleinman, Arthur. 1988. "Weakness and Exhaustion in the United States and China." In: Kleinman, *The Illness Narrative* (New York: Basic Books), pp. 100-20.
König, Herbert L. 1971. "Biological Effects of Extremely Low Frequency Electrical Phenomena in the Atmosphere." *Journal of Interdisciplinary Research* 2(3): 317-23.
———. 1974a. "ELF and VLF Signal Properties: Physical Characteristics." In: Michael A. Persinger, ed., *ELF and VLF Electromagnetic Field Effects* (New York: Plenum), pp. 9-34.
———. 1974b. "Behavioral Changes in Human Subjects Associated with ELF Electric Fields." In: Michael A. Persinger, ed., *ELF and VLF Electromagnetic Field Effects* (New York: Plenum), pp. 81-99.
Kowalewsky, P. J. 1890. "Zur Lehre vom Neurasthenia." *Zentralblatt für Nervenheilkunde und Psychiatrie* 13: 241-44, 294-304.
The Lancet. 1862. "The Influence of Railway Travelling on Public Health. Report of the Commission." 1: 15-19, 48-53, 79-84, 107-10, 130-32, 155-58, 231-35, 258, 261.
Le Guillant, Louis, R. Roelens, J. Begoin, P. Béquart, J. Hansen, and M. Lebreton. 1956. "La névrose des téléphonistes." *Presse médicale* 64(13): 274-77.
Levillain, Fernand. 1891. *La Neurasthénie, Maladie de Beard*. Paris: A. Maloine.
Lin, Tsung-yi, Guest Editor. 1989a. "Neurasthenia in Asian Cultures." *Culture, Medicine and Psychiatry* 13(2), June issue.
———. 1989b. "Neurasthenia Revisited: Its Place in Modern Psychiatry." *Culture, Medicine, and Psychiatry* 13(2): 105-29.
Ludwig, H. Wolfgang. 1968. "A Hypothesis Concerning the Absorption Mechanism of Atmospherics in the Nervous System." *International Journal of Biometeorology* 12(2): 93-98.
Lutz, Tom. 1991. *American Nervousness, 1903: An Anecdotal History*. Ithaca, NY: Cornell University Press.
Ming-Yuan, Zhang. 1989. "The Diagnosis and Phenomenology of Neurasthenia: A Shanghai Study." *Culture, Medicine, and Psychiatry* 13(2): 147-61.
Morse, Samuel Finley Breese. 1870. "Telegraphic Batteries and Conductors." *Van Nostrand's Eclectic Engineering Magazine* 2: 602-13.
Müller, Franz Carl. 1893. *Handbuch der Neurasthenie*. Leipzig: F. C. W. Vogel.

Nair, Indira, M. Granger Morgan, and H. Keith Florig. 1989. *Biological Effects of Power Frequency Electric and Magnetic Fields*. Washington, DC: Office of Technology Assessment.
Nature. 1875. "The Progress of the Telegraph." Vol. 11, pp. 390-92, 450-52, 470-72, 510-12; Vol. 12, pp. 30-32, 69-72, 110-13, 149-51, 254-56.
Onimus, Ernest. 1875. "Crampe des Employés au Télégraphe." *Comptes Rendus des Séances et Mémoires de la Société de Biologie*, pp. 120-21.
———. 1878. *Le Mal Télégraphique ou Crampe Télégraphique*. Paris: de Cusset.
———. 1880. "Le Mal Télégraphique ou Crampe Télégraphique." *Comptes Rendus des Séances et Mémoires de la Société de Biologie*, pp. 92-96.
Pacaud, Suzanne. 1949. "Recherches sur le travail des téléphonistes: Ètude psychologique d'un métier." *Le travail humain* 1-2: 46-65.
Persinger, Michael A., ed. 1974. *ELF and VLF Electromagnetic Field Effects*. New York: Plenum.
Persinger, Michael A., H. Wolfgang Ludwig, and Klaus-Peter Ossenkopp. 1973. "Psychophysiological Effects of Extremely Low Frequency Electromagnetic Fields: A Review." *Perceptual and Motor Skills* 36: 1131-59.
Politzer, Adam. 1901. *Lehrbuch der Ohrenheilkunde*, 4th ed. Stuttgart: Enke. Pp. 649-50 on telephone operators' illnesses.
Pomme, Pierre. 1763. *Traité des Affections Vaporeuses des Deux Sexes, ou Maladies Nerveuses*, Lyon: Benoit Duplain.
Preece, William Henry. 1876. "Railway Travelling and Electricity." *Popular Science Review* 15: 138-48.
Prescott, George B. 1860. *History, Theory, and Practice of the Electric Telegraph*. Boston: Ticknor and Fields.
———. 1881. *Electricity and the Electric Telegraph*, 4th ed. New York: D. Appleton.
Reid, James D. 1886. *The Telegraph in America*. New York: John Polhemus.
Robinson, Edmund. 1882. "Cases of Telegraphists' Cramp." *British Medical Journal* 2: 880.
Sandras, Claude Marie Stanislas. 1851. *Traité Pratique des Maladies Nerveuses*. Paris: Germer-Baillière.
Savage, Thomas, ed. 1889. *Manual of Industrial and Commercial Intercourse between the United States and Spanish America*. San Francisco: Bancroft. Pages 113-23 on the extent of telegraphs in Central and South America.
Scherf, J. Thomas. 1881. *History of Baltimore City and County*. Philadelphia: Louis H. Everts.
Schilling, Karl. 1915. "Die nervösen Störungen nach Telephonunfällen." *Zeitschrift für die gesamte Neurologie und Psychiatrie* 29(1): 216-51.
Schlegel, Kristian and Martin Füllekrug. 2002. "Weltweite Ortung von Blitzen: 50 Jahre Schumann-Resonanzen." *Physik in unserer Zeit* 33(6): 256-61.
Sheppard, Asher R. and Merril Eisenbud. 1977. *Biological Effects of Electric and Magnetic Fields of Extremely Low Frequency*. New York: NYU Press.

Shixie, Liu. 1989. "Neurasthenia in China: Modern and Traditional Criteria for its Diagnosis." *Culture, Medicine, and Psychiatry* 13(2): 163-86.
Shorter, Edward. 1992. *From Paralysis to Fatigue: A History of Psychosomatic Illness in the Modern Era*. New York: The Free Press.
Sterne, Albert E. 1896. "Toxicity in Hysteria, Epilepsy and Neurasthenia – Relations and Treatment." *Journal of the American Medical Association*, 26(4): 172-74.
Strahan, J. 1885. "Puzzling Conditions of the Heart and Other Organs Dependent on Neurasthenia." *British Medical Journal* 2: 435-37.
Suzuki, Tomonori. 1989. "The Concept of Neurasthenia and Its Treatment in Japan." *Culture, Medicine, and Psychiatry* 13(2): 187-202.
Thébault, M. V. 1910. "La névrose des téléphonistes." *Presse médicale* 18: 630-31.
Thompson, H. Theodore and J. Sinclair. 1912. "Telegraphists' Cramp." *Lancet* 1: 888-90, 941-44.
Tommasi, Jacopo. 1904. "Le lesioni professionali e traumatiche nell'orecchio. Otopathie nei telefonisti." *Atti del settimo congresso della società italiana di Laringologia, d'Otologia e di Rinologia*, Rome, October 29-31, 1903, pp. 97-100. Napoli: E. Pietrocola.
Tourette, Georges Gilles de la. 1889. "Deuxième leçon: Les états neurasthéniques et leur traitement." In: Gilles de la Tourette, *Leçons de clinique thérapeutique sur les maladies du système nerveux* (Paris: E. Plon, Nourrit), pp. 58-127.
Trotter, Thomas. 1807. *A View of the Nervous Temperament*. London: Longman, Hurst, Rees, and Orme.
Trowbridge, John. 1880. "The Earth as a Conductor of Electricity." *American Journal of Science*, 120: 138-41.
Turnbull, Laurence. 1853. *The Electro-Magnetic Telegraph*. Philadelphia: A. Hart.
Wallbaum, G. W. 1905. "Ueber funktionelle nervöse Störungen bei Telephonistinnen nach elektrischen Unfällen." *Deutsche medizinische Wochenschrift* 31(18): 709-11.
Webber, Samuel Gilbert. 1888. "A Study of Arterial Tension in Neurasthenia." *Boston Medical and Surgical Journal* 118(18): 441-45.
Whytt, Robert. 1768. *Observations on the Nature, Causes, and Cure of those Disorders which are commonly called Nervous, Hypochondriac or Hysteric*. In: *The Works of Robert Whytt, M.D.* (Edinburgh: Balfour, Auld, and Smellie), pp. 487-713.
Winter, Thomas. 2004. "Neurasthenia." In: Michael S. Kimmel and Amy Aronson, eds., *Men and Masculinities: A Social, Cultural, and Historical Encyclopedia* (Santa Barbara: ABC-CLIO), pp. 567-69.
World Psychiatric Association. 2002. *Neurasthenia – A Technical Report from the World Psychiatric Association Group of Experts*, Beijing, April 1999, printed in Melbourne, Australia in June 2002.
Yassi, Annalee, John L. Weeks, Kathleen Samson, and Monte B. Raber. 1989. "Epidemic of 'Shocks' in Telephone Operators: Lessons for the Medical Community." *Canadian Medical Association Journal* 140: 816-20.

Young, Derson. 1989. "Neurasthenia and Related Problems." *Culture, Medicine, and Psychiatry* 13(2): 131-38.

제6장

Beccaria, Giambatista. 1775. *Della Elettricità Terrestre Atmosferica a Cielo Sereno*. Torino.
Bertholon, Pierre Nicholas. 1783. *De l'Électricité des Végétaux*. Paris: P. F. Didot Jeune.
Blackman, Vernon H. 1924. "Field Experiments in Electro-Culture." *Journal of Agricultural Science* 14(2): 240-67.
Blackman, Vernon H., A. T. Legg, and F. G. Gregory. 1923. "The Effect of a Direct Electric Current of Very Low Intensity on the Rate of Growth of the Coleoptile of Barley." *Proceedings of the Royal Society of London B* 95: 214-28.
Bose, Georg Mathias. 1747. *Tentamina electrica tandem aliquando hydraulicae chymiae et vegetabilibus utilia*. Wittenberg: Johann Joachim Ahlfeld.
Bose, Jagadis Chunder. 1897. "On the Determination of the Wavelength of Electric Radiation by a Diffraction Grating." *Proceedings of the Royal Society of London* 60: 167-78.
———. 1899. "On a Self-Recovering Coherer and the Study of the Cohering Action of Different Metals." *Proceedings of the Royal Society of London* 65: 166-73.
———. 1900. "On Electric Touch and the Molecular Changes Produced in Matter by Electric Waves." *Proceedings of the Royal Society of London* 66: 452-74.
———. 1902. "On the Continuity of Effect of Light and Electric Radiation on Matter." *Proceedings of the Royal Society of London* 70: 154-74.
———. 1902. "On Electromotive Wave Accompanying Mechanical Disturbance in Metals in Contact with Electrolyte." *Proceedings of the Royal Society of London* 70: 273-94.
———. 1906. *Plant Response*. London: Longmans, Green.
———. 1907. *Comparative Electro-Physiology*. London: Longmans, Green.
———. 1910. *Response in the Livng and Non-Living*. London: Longmans, Green.
———. 1913. *Researches on Irritability of Plants*. London: Longmans, Green.
———. 1915. "The Influence of Homodromous and Heterodromous Electric Currents on Transmission of Excitation in Plant and Animal." *Proceedings of the Royal Society of London B* 88: 483-507.
———. 1919. *Life Movements in Plants*. Transactions of the Bose Research Institute, Calcutta, vol. 2. Calcutta: Bengal Government Press.
———. 1923. *The Physiology of the Ascent of Sap*. London: Longmans, Green.
———. 1926. *The Nervous Mechanism of Plants*. London: Longmans, Green.
———. 1927a. *Collected Physical Papers*. London: Longmans, Green.
———. 1927b. *Plant Autographs and Their Revelations*. London: Longmans, Green.
Bose, Jagadis Chunder and Guru Prasanna Das. 1925. "Physiological and Anatomical Investigations on *Mimosa pudica*." *Proceedings of the Royal Society of London B* 98: 290-312.

Browning, John. 1746. "Part of a Letter concerning the Effect of Electricity on Vegetables." *Philosophical Transactions* 44: 373-75.

Crépeaux, Constant. 1892. "L'électroculture." *Revue Scientifique* 51: 524-32.

Emerson, Darrel T. 1997. "The Work of Jagadis Chandra Bose: 100 Years of Millimeter-wave Research" *IEEE Transactions on Microwave Theory and Techniques* 45(12): 2267-73.

Gardini, Giuseppe Francesco. 1784. *De influxu electricitatis atmosphæricae in vegetantia.* Torino: Giammichele Briolo.

Geddes, Patrick. 1920. *The Life and Work of Sir Jagadis C. Bose*. London: Longmans, Green.

Goldsworthy, Andrew. 1983. "The Evolution of Plant Action Potentials." *Journal of Theoretical Biology* 103: 645-48.

———. 2006. "Effects of Electrical and Electromagnetic Fields on Plants and Related Topics." In: Alexander Volkov, ed., *Plant Electrophysiology* (Heidelberg: Springer), pp. 247-67.

Gorgolewski, Stanisław. 1996. "The Importance of Restoration of the Atmospheric Electrical Environment in Closed Bioregenerative Life Supporting Systems." *Advances in Space Research* 18(4-5): 283-85.

Gorgolewski, Stanisław and B. Rozej. 2001. "Evidence for Electrotropism in Some Plant Species." *Advances in Space Research* 28(4): 633-38.

Hicks, W. Wesley. 1957. "A Series of Experiments on Trees and Plants in Electrostatic Fields." *Journal of the Franklin Institute* 264(1): 1-5.

Hull, George S. 1898. *Electro-Horticulture*. New York: Knickerbocker.

Ingen-Housz, Jean. 1789. "Effet de l'Électricité sur le Plantes." In: Ingen-Housz, *Nouvelles Expériences et Observations Sur Divers Objets de Physique* (Paris: Théophile Barrois le jeune), vol. 2, pp. 181-226.

Ishikawa, Hideo and Michael L. Evans. 1990. "Electrotropism of Maize Roots." *Plant Physiology* 94: 913-18.

Jallabert, Jean. 1749. *Expériences sur l'Électricité*. Paris: Durand et Pissot.

Krueger, Albert Paul, A. E. Strubbe, Michael G. Yost, and E. J. Reed. 1978. "Electric Fields, Small Air Ions and Biological Effects." *International Journal of Biometeorology* 22(3): 202-12.

Kunkel, A. J. 1881. "Electrische Untersuchungen an pflanzlichen und thierischen Gebilden." *Archiv für die gesamte Physiologie des Menschen und der Tiere* 25(1): 342-79.

Lemström, Selim. 1904. *Electricity in Agriculture and Horticulture*. London: "The Electrician."

Marat, Jean-Paul. 1782. *Recherches Physiques sur l'Électricité*. Paris: Clousier.

Marconi, Giuglielmo. 1902. "Note on a Magnetic Detector of Electric Waves, Which Can Be Employed as a Receiver for Space Telegraphy." *Proceedings of the Royal Society of London* 70: 341-44.

Molisch, Hans. 1929. "Nervous Impulse in *Mimosa pudica*." *Nature* 123: 562-63.

Murr, Lawrence E. 1966. "The Biophysics of Plant Growth in a Reversed Electrostatic Field: A Comparison with Conventional Electrostatic and Electrokinetic Field Growth Responses." *International Journal of Biometeorology* 10(2): 135-46.
Nakamura, N., A. Fukushima, H. Iwayama, and H. Suzuki. 1991. "Electrotropism of Pollen Tubes of Camellia and Other Plants." *Sexual Plant Reproduction* 4: 138-43.
Nollet, Jean Antoine (Abbé). 1753. *Recherches sur les Causes Particulières des Phénomènes Électriques.* Paris: Guérin.
Nozue, Kazunari and Masamitsu Wada. 1993. "Electrotropism of *Nicotiana* Pollen Tubes." *Plant and Cell Physiology* 34(8): 1291-96.
Paulin, le Frère. 1890. *De l'influence de l'électricité sur la végétation.* Montbrison: E. Brassart.
Pohl, Herbert A. 1977. "Electroculture." *Journal of Biological Physics* 5(1): 3-23.
Pozdnyakov, Anatoly and Larisa Pozdnyakova. 2006. "Electro-tropism in 'Soil-Plant System.'" *18th World Congress of Soil Science*, July 9-15, Philadelphia, poster 116-29.
Rathore, Keerti S. and Andrew Goldsworthy. 1985a. "Electrical Control of Growth in Plant Tissue Cultures." *Nature Biotechnology* 3: 253-54.
———. 1985b. "Electrical Control of Shoot Regeneration in Plant Tissue Cultures." *Nature Biotechnology* 3: 1107-9.
Sibaoka, Takao. 1962. "Physiology of Rapid Movements in Higher Plants." *Annual Review of Plant Physiology* 20: 165-84.
———. 1966. "Action Potentials in Plant Organs." *Symposia of the Society for Experimental Biology* 20: 49-73.
Sidaway, G. Hugh. 1975. "Some Early Experiments in Electro-culture." *Journal of Electrostatics* 1: 389-93.
Smith, Edwin. 1870. "Electricity in Plants." *Journal of the Franklin Institute* 89: 69-71.
Stahlberg, Rainer. 2006. "Historical Introduction to Plant Electrophysiology." In: Alexander G. Volkov, ed., *Plant Electrophysiology* (Heidelberg: Springer), pp. 3-14.
Stenz, Hans-Gerhard and Manfred H. Weisenseel. 1993. "Electrotropism of Maize (*Zea mays* L.) Roots." *Plant Physiology* 101: 1107-11.
Stone, George E. 1911. "Effect of Electricity on Plants." In: L. H. Bailey, ed., *Cyclopedia of American Agriculture*, 3rd ed. (London: Macmillan), vol. 2. pp. 30-35.

제7장

Althaus, Julius. 1891. "On the Pathology of Influenza, with Special Reference to its Neurotic Character." *Lancet* 2: 1091-93, 1156-57.
———. 1893. "On Psychoses after Influenza." *Journal of Mental Science* 39: 163-76.
Andrewes, Christopher H. 1951. "Epidemiology of Influenza in the Light of the 1951 Outbreak." *Proceedings of the Royal Society of Medicine* 44(9): 803-4.
Appleyard, Rollo. 1939. *The History of the Institution of Electrical Engineers (1871-1931).* London: Institution of Electrical Engineers.

Arbuthnot, John. 1751. *An Essay Concerning the Effects of Air on Human Bodies*. London: J. and R. Tonson.

Bell, J. A., J. E. Craighead, R. G. James, and D. Wong. 1961. "Epidemiologic Observations on Two Outbreaks of Asian Influenza in a Children's Institution." *American Journal of Hygiene* 73: 84-89.

Beveridge, William Ian. 1978. *Influenza: The Last Great Plague*. New York: Prodist.

Birkeland, Jorgen. 1949. *Microbiology and Man*. New York: Appleton-Century-Crofts.

Blumenfeld, Herbert L., Edwin D. Kilbourne, Donald B. Louria, and David E. Rogers. 1959. "Studies on Influenza in the Pandemic of 1957-1958. I. An Epidemiologic, Clinical and Serologic Investigation of an Intrahospital Epidemic, with a Note on Vaccination Efficacy." *Journal of Clinical Investigation* 38: 199-212.

Boone, Stephanie A. and Charles P. Gerba. 2005. "The Occurrence of Influenza A on Household and Day Care Center Fomites." *Journal of Infection* 51: 103-09.

Borchardt, Georg. 1890. "Nervöse Nachkrankheiten der Influenza." Berlin: Gustav Schade.

Bordley, James III and A. McGehee Harvey. 1976. *Two Centuries of American Medicine, 1776-1976*. Philadelphia: W. B. Saunders.

Bossers, Adriaan Jan. 1894. *Die Geschichte der Influenza und ihre nervösen und psychischen Nachkrankheiten*. Leiden: Eduard Ijdo.

Bowie, John. 1891. "Influenza and Ear Disease in Central Africa." *Lancet* 2: 66-68.

Brakenridge, David J. 1890. "The Present Epidemic of So-called Influenza." *Edinburgh Medical Journal*, 35 (part 2): 996-1005.

Brankston, Gabrielle, Leah Gitterman, Zahir Hirji, Camille Lemieux, and Michael Gardam. 2007. "Transmission of Influenza A in Human Beings." *Lancet Infectious Diseases* 7(4): 257-65.

Bright, Arthur A., Jr. 1949. *The Electric-Lamp Industry: Technological Change and Economic Development from 1800 to 1947*. New York: Macmillan.

Bryson, Louise Fiske 1890. "The Present Epidemic of Influenza." *Journal of the American Medical Association* 14: 426-28.

———. 1890. "The Present Epidemic of Influenza." *New York Medical Journal* 51: 120-24.

Buzorini, Ludwig. 1841. *Luftelectricität, Erdmagnetismus und Krankheitsconstitution*. Constanz: Belle-Vue.

Cannell, John Jacob, Michael Zasloff, Cedric F. Garland, Robert Scragg, and Edward Giovannucci. 2008. "On the Epidemiology of Influenza." *Virology Journal* 5: 29.

Cantarano, G. 1890. "Sui rapporti tra l'influenza e le malattie nervose e mentali." *La Psichiatria* 8: 158-68.

Casson, Herbert N. 1910. *The History of the Telephone*. Chigago: A. C. McClurg.

Chizhevskiy, Aleksandr Leonidovich. 1934. "L'action de l'activité périodique solaire sur les épidémies." In: Marius Piéry, *Traité de Climatologie Biologique et Médicale* (Paris: Masson) vol. 2, pp. 1034-41.

———. 1936. "Sur la connexion entre l'activité solaire, l'électricité atmosphérique et les épidémies de la grippe." *Gazette des Hôpitaux* 109(74): 1285-86.

———. 1937. "L'activité corpusculaire, électromagnétique et périodique du soleil et l'électricité atmosphérique, comme régulateurs de la distribution, dans la suite des temps, des maladies épidémiques et de la mortalité générale." *Acta Medica Scandinavica* 91(6): 491-522.

———. 1938. *Les Épidémies et Les Perturbations Électromagnétiques Du Milieu Extérieur.* Paris: Dépôt Général: Le François.

———. 1973. *Zemnoe ekho solnechnykh bur'* ("The Terrestrial Echo of Solar Storms"). Moscow: Mysl' (in Russian).

———. 1995. *Kosmicheskiy pul's zhizni: Zemlia v obiatiyakh Solntsa. Geliotaraksiya* ("Cosmic Pulse of Life: The Earth in the Embrace of the Sun"). Moscow: Mysl' (in Russian). Written in 1931, published in abridged form in 1973 as "The Terrestrial Echo of Solar Storms."

Clemow, Frank Gerard. 1903. *The Geography of Disease*, 3 vols. Cambridge: University Press.

Clouston, Thomas Smith. 1892. *Clinical Lectures on Mental Diseases.* London: J. & A. Churchill. Page 647 on influenza.

———. 1893. "Eightieth Annual Report of the Royal Edinburgh Asylum for the Insane, 1892." *Journal of Nervous and Mental Disease*, new ser., 18(12): 831-32.

Creighton, Charles. 1894. "Influenza and Epidemic Agues." In: Creighton, *A History of Epidemics in Britain* (Cambridge: Cambridge University Press), vol. 2, pp. 300-433.

Crosby, Oscar T. and Louis Bell. 1892. *The Electric Railway in Theory and Practice.* New York: W. J. Johnston.

Dana, Charles Loomis. 1889. "Electrical Injuries." *Medical Record* 36(18): 477-78.

———. 1890. "The Present Epidemic of Influenza." *Journal of the American Medical Association* 14(12): 426-27.

Davenport, Fred M. 1961. "Pathogenesis of Influenza." *Bacteriological Reviews* 25(3): 294-300.

D'Hercourt, Gillebert. 1867. *Plan d'études simultanées de Nosologie et de Météorologie, ayant pour but de rechercher le rôle des agents cosmiques dans le production des maladies, chez l'homme et chez les animaux.* Montpellier: Boehm et fils.

Dimmock, Nigel J. and Sandy B. Primrose. 1994. *Introduction to Modern Virology*, 4th ed. Oxford: Blackwell Science.

Dixey, Frederick Augustus. 1892. *Epidemic Influenza.* Oxford: Clarendon Press.

Dominion Bureau of Statistics. 1958. *Influenza in Canada: Some Statistics on its Characteristics and Trends.* Ottawa: Queen's Printer.

DuBoff, Richard B. 1979. *Electric Power in American Manufacturing, 1889-1958.* New York: Arno Press.

Dunsheath, Percy. 1962. *A History of Electrical Power Engineering.* Cambridge, MA: MIT Press.

Eddy, John A. 1976. "The Maunder Minimum." *Science* 192: 1189-1202.
———. 1983. "The Maunder Minimum: A Reappraisal." *Solar Physics* 89: 195-207.
Edison, Thomas Alva. 1891. "Vital Energy and Electricity." *Scientific American* 65(23): 356.
Edström, Gunnar O. 1935. "Studies in National and Artificial Atmospheric Electric Ions." *Acta Medica Scandinavica. Supplementum* 61: 1-83.
Electrical Review. 1889. "Proceedings of the Ninth Convention of the National Electric Light Association." March 2, pp. 1-2.
———. 1890a. "Manufacturing and Central Station Companies." August 30, p. 1.
———. 1890b. "The Cape May Convention." August 30, pp. 1-2.
Electrical Review and Western Electrician. 1913. "Public Street Lighting in Chicago." 63: 453-59.
Erlenmeyer, Albrecht. 1890. "Jackson'sche Epilepsie nach Influenza." *Berliner klinische Wochenschrift* 27(13): 295-97.
Field, C. S. 1891. "Electric Railroad Construction and Operation." *Scientific American,* 65(12): 176.
Firstenberg, Arthur. 1998. "Is Influenza an Electrical Disease?" *No Place To Hide* 1(4): 2-6.
Fisher-Hinnen, Jacques. 1899. *Continuous-Current Dynamos in Theory and Practice.* London: Biggs.
Fleming, D. M., M. Zambon, and A. I. M. Bartelds. 2000. "Population Estimates of Persons Presenting to General Practitioners with Influenza-like Illness, 1987-96: A Study of the Demography of Influenza-like Illness in Sentinel Practice Networks in England and Wales, and in the Netherlands." *Epidemiology & Infection* 124: 245-63.
Friedlander, Amy. 1996. *Power and Light: Electricity in the U.S. Energy Infrastructure, 1870-1940.* Reston, VA: Corp. for National Research Initiatives.
Gill, Clifford Allchin. 1928. *The Genesis of Epidemics and the Natural History of Disease.* New York: William Wood.
Glezen, W. Paul and Lone Simonsen. 2006. "Commentary: Benefits of Influenza Vaccine in U.S. Elderly – New Studies Raise Questions." *International Journal of Epidemiology* 35: 352-53.
Gordon, Charles Alexander. 1884. *An Epitome of the Reports of the Medical Officers To the Chinese Imperial Maritime Customs Service, from 1871 to 1882.* London: Baillière, Tindall, and Cox.
Halley, Edmund. 1716. "An Account of the late surprizing Appearance of the Lights seen in the Air, on the sixth of March last; With an Attempt to explain the Principal Phaenomena thereof." *Philosophical Transactions* 29: 406-28.
Hamer, William H. 1936. "Atmospheric Ionization and Influenza." *British Medical Journal* 1: 493-94.
Harlow, Alvin F. 1936. *Old Wires and New Waves: The History of the Telegraph, Telephone, and Wireless.* New York: Appleton-Century.

Harries, H. 1892. "The Origin of Influenza Epidemics." *Quarterly Journal of the Royal Meteorological Society* 18(82): 132-42.
Harrington, Arthur H. 1890. "Epidemic Influenza and Insanity." *Boston Medical and Surgical Journal* 123: 126-29.
Hedges, Killingworth. 1892. *Continental Electric Light Central Stations*. London: E. & F. N. Spon.
Heinz, F., B. Tůmová, and H. Scharfenoorth. 1990. "Do Influenza Epidemics Spread to Neighboring Countries?" *Journal of Hygiene, Epidmiology, Microbiology, and Immunology* 34(3): 283-288.
Hellpach, Willy Hugo. 1911, 1923. *Die geopsychischen Erscheinungen: Wetter, Klima und Landschaft in ihrem Einfluss auf das Seelenleben*. Leipzig: Wilhelm Engelmann.
Hering, Carl. 1892. *Recent Progress in Electric Railways*. New York: W. J. Johnston.
Hewetson, W. M. 1936. "Atmospheric Ionization and Influenza." *British Medical Journal* 1: 667.
Higgins, Thomas James. 1945. "Evolution of the Three-phase 60-cycle Alternating System." *American Journal of Physics* 13(1): 32-36.
Hirsch, August. 1883. "Influenza." In: Hirsch, *Handbook of Geographical and Historical Pathology* (London: New Sydenham Society), vol. 1, pp. 7-54.
Hogan, Linda. 1995. *Solar Storms*. New York: Simon & Schuster.
Hope-Simpson, Robert Edgar. 1978. "Sunspots and Flu: A Correlation." *Nature* 275: 86.
———. 1979. "Epidemic Mechanisms of Type A Influenza." *Journal of Hygiene (Cambridge)* 83(1): 11-25.
———. 1981. "The Role of Season in the Epidemiology of Influenza." *Journal of Hygiene (London)* 86(1): 35-47.
———. 1984. "Age and Secular Distributions of Virus-Proven Influenza Patients in Successive Epidemics 1961-1976 in Cirencester: Epidemiological Significance Discussed." *Journal of Hygiene, (Cambridge)* 92: 303-36.
———. 1992. *The Transmission of Epidemic Influenza*. New York: Plenum.
Hoyle, Fred and N. Chandra Wickramasinghe. 1990. "Sunspots and Influenza." *Nature* 43: 3-4.
Hughes, C. H. 1892. "The Epidemic Inflammatory Neurosis, or, Neurotic Influenza." *Journal of the American Medical Association* 18(9): 245-49.
Hughes, Thomas P. 1983. *Networks of Power: Electrification in Western Society, 1880-1930*. Baltimore: Johns Hopkins University Press.
Hutchings, Richard H. 1896. "An Analysis of Forty Cases of Post Influenzal Insanity." *State Hospitals Bulletin* 1(1): 111-19.
Jefferson, Tom. 2006. "Influenza Vaccination: Policy Versus Evidence." *British Medical Journal* 333: 912-15.

Jefferson, Tom, C. D. Pietrantonj, M. G. Debalini, A. Rivetti, and V. Demicheli. 2009. "Relation of Study Quality, Concordance, Take Home Message, Funding, and Impact in Studies of Influenza Vaccines: Systematic Review." *British Medical Journal* 338: 354-58.

Jones, Alexander. 1826. "Observations on the Influenza or Epidemic Catarrh, as it Prevailed in Georgia during the Winter and Spring of 1826." *Philadelphia Journal of the Medical and Physical Sciences*, new ser., 4(7): 1-30.

Jordan, Edwin O. 1927. *Epidemic Influenza: A Survey*. Chicago: American Medical Association.

Jordan, William S., Jr. 1961. "The Mechanism of Spread of Asian Influenza." *American Review of Respiratory Disease* 83(2): 29-40.

Jordan, William S., Jr., Floyd W. Denny, Jr., George F. Badger, Constance Curtis, John H. Dingle, Robert Oseasohn, and David A. Stevens. 1958. "A Study of Illness in a Group of Cleveland Families. XVII. The Occurrence of Asian Influenza." *American Journal of Hygiene* 68: 190-212.

Journal of the American Medical Association. 1890a. "The Influenza Epidemic of 1889." 14(1): 24-25.

———. 1890b. "Influenza and Cholera." 14(7): 243-44.

Journal of the Statistical Society of London. 1848. "Previous Epidemics of Influenza in England." 11: 173-79.

Kilbourne, Edwin D. 1975. *The Influenza Viruses and Influenza*. New York: Academic.

———. 1977. "Influenza Pandemics in Perspective." *JAMA* 237(12): 1225-28.

Kirn, Ludwig. 1891. "Die nervösen und psychischen Störungen der Influenza." *Sammlung Klinischer Vorträge*, new ser., no. 23 (*Innere Medicin*, no. 9), pp. 213-44.

Kraepelin, Emil. 1890b. "Über Psychosen nach Influenza." *Deutsche medicinische Wochenschrift* 16(11): 209-12.

Ladame, Paul-Louis. 1890. "Des psychoses après l'influenza." *Annales médico-psychologiques*, 7th ser., 12: 20-44.

Lancet. 1919. "Medical Influenza Victims in South Africa." 1: 78.

Langmuir, Alexander D. 1964. "The Epidemiological Basis for the Control of Influenza." *American Journal of Public Health* 54(4): 563-71.

Lee, Benjamin. 1891. "An Analysis of the Statistics of Forty-One Thousand Five Hundred Cases of Epidemic Influenza." *Journal of the American Medical Association* 16(11): 366-68.

Leledy, Albert. 1891. *La Grippe et l'Alienation Mentale*. Paris: J.-B. Baillière et Fils.

Local Government Board. 1893. *Further Report and Papers on Epidemic Influenza, 1889-1892*. London.

Mackenzie, Morell. 1891. "Influenza." *Fortnightly Review* 55: 877-86.

Macphail, S. Rutherford. 1896. "Post-Influenzal Insanity." *British Medical Journal* 2: 810-11.

Mann, P. G., M. S. Pereira, J. W. G. Smith, R. J. C. Hart, and W. O. Williams. 1981. "A Five-Year Study of Influenza in Families." *Journal of Hygiene (Cambridge)* 87(2): 191-200.

Marian, Christine and Grigore Mihăescu. 2009. "Diversification of Influenza Viruses." *Bacteriologia, Virusologia, Parazitologia, Epidemiologia* 54: 117-23 (in Romanian).
Mathers, George. 1917. "Etiology of the Epidemic Acute Respiratory Infections Commonly Called Influenza." *Journal of the American Medical Association* 68(9): 678-80.
McGrew, Roderick E. 1985. *Encyclopedia of Medical History*. New York: McGraw-Hill.
Meyer, Edward Bernard. 1916. *Underground Transmission and Distribution for Electric Light and Power*. New York: McGraw-Hill.
Mispelbaum, Franz. 1890. "Ueber Psychosen nach Influenza." *Allgemeine Zeitschrift für Psychiatrie* 47(1): 127-53.
Mitchell, Weir. 1893. Paper read at the National Academy of Sciences, Washington. Cited in Johannes Mygge, "Om Saakaldte Barometermennesker: Bidrag til Blysning af Vejrneurosens Patogenese," *Ugeskrift for Læger* 81(31): 1239-59, at p. 1251.
Morrell, C. Conyers. 1936. "Atmospheric Ionization and Influenza." *British Medical Journal* 1: 554-55.
Munter, D. 1890. "Psychosen nach Influenza." *Allgemeine Zeitschrift für Psychiatrie* 47: 156-65.
Mygge, Johannes. 1919. "Om Saakaldte Barometermennesker: Bidrag til Belysning af Vejrneurosens Patogenese." *Ugeskrift for Læger* 81(31): 1239-59.
———. 1930. "Étude sur l'éclosion épidémique de l'influenza." *Acta Medica Scandinavica. Supplementum* 32: 1-145.
National Institutes of Health. 1973. "Epidemiology of Influenza – Summary of Influenza Workshop IV." *Journal of Infectious Diseases* 128(3): 361-99.
Ozanam, Jean-Antoine-François. 1835. *Histore medicale générale et particulière des maladies épidémiques, contagieuses et épizootiques*, 2 vols. Lyon: J. M. Boursy.
Parsons, Franklin. 1891. *Report on the Influenza Epidemic of 1889-1890*. London: Local Government Board.
Patterson, K. David. 1986. *Pandemic influenza 1700-1900*. Totowa, NJ: Rowman & Littlefield.
Peckham, W. C. 1892. "Electric Light for Magic Lantern." *Scientific American* 66(12): 183.
Perfect, William. 1787. *Select Cases in the Different Species of Insanity*. Rochester: Gilman. Pages 126-31 on insanity from influenza.
Preece, William Henry and Julius Maier. 1889. *The Telephone*. London: Whittaker.
Reckenzaun, A. 1887. "On Electric Street Cars, with Special Reference to Methods of Gearing." *Proceedings of the American Institute of Electrical Engineers* 5(1): 2-32.
Revilliod, L. 1890. "Des formes nerveuses de la grippe." *Revue Médicale de la Suisse Romande* 10(3): 145-53.
Ribes, J. C. and E. Nesme-Ribes. 1993. "The Solar Sunspot Cycle in the Maunder Minimum AD 1645 to AD 1715." *Astronomy and Astrophysics* 276: 549-63.
Richter, C. M. 1921. "Influenza Pandemics Depend on Certain Anticyclonic Weather Conditions for their Development." *Archives of Internal Medicine* 27(3): 361-86.

Ricketson, Shadrach. 1808. *A Brief History of the Influenza*. New York.
Rorie, George A. 1901. "Post-Influenzal Insanity in the Cumberland and Westmoreland Asylum, with Statistics of Sixty-Eight Cases." *Journal of Mental Science* 47: 317-26.
Schmitz, Anton. 1891-92. "Ueber Geistesstörung nach Influenza." *Allgemeine Zeitschrift für Psychiatrie* 47: 238-56; 48: 179-83.
Schnurrer, Friedrich. 1823. *Die Krankheiten des Menschen-Geschlechts*. Tübingen: Christian Friedrich Osiander.
Schönlein, Johann Lucas. 1840. *Allgemeine und specielle Pathologie und Therapie*, 5th ed., 4 vols. St. Gallen: Litteratur-Comptoir. Vol. 2, pp. 100-3 on influenza.
Schrock, William M. 1892. "The Progress of Electrical Science." *Scientific American* 66(7) :100.
Schweich, Heinrich. 1836. *Die Influenza: Ein historischer und ätiologischer Versuch*. Berlin: Theodor Christian Friedrich Enslin.
Science. 1888a. "Electric Street Railways." 12: 246-47.
———. 1888b. "The Westinghouse Company's Extentions." 12: 247.
———. 1888c. "Electric-Lighting." 12: 270.
———. 1888d. "The Edison Electric-Lighting System in Berlin." 12: 270.
———. 1888e. "Trial of an Electric Locomotive at Birmingham, England." 12: 270.
———. 1888f. "An Electric Surface Road in New York." 12: 270-271.
———. 1888g. "Electric Propulsion." 12: 281-282.
———. 1888h. "Electric Power-Distributrion." 12: 282-284.
———. 1888i. "The Sprague Electric Road at Boston." 12: 324-325.
———. 1888j. "The Advances in Electricity in 1888." 12: 328-329.
———. 1889. "Westinghouse Alternating-Current Dynamo." 13: 451-452.
———. 1890a. "A Big Road Goes in for Electricity." 15: 153.
———. 1890b. "The Electric Light in Japan." 15: 153.
Scientific American. 1889a. "The Danger of Electric Distribution." 60(2): 16.
———. 1889b. "Edison Electric Light Consolidation." 60(3): 34.
———. 1889c. "The Advances of Electricity in 1888" 60(6): 88.
———. 1889d. "Progress of Electric Illumination." 60(12): 176-77.
———. 1889e. "Progress of Electric Installations in London." 60(13): 196.
———. 1889f. "Electricity in the United States." 61(12): 150.
———. 1889g. "The National Electric Light Association Meeting." 61(14): 184.
———. 1889h. "The Westinghouse Electric Company." 61(20): 311.
———. 1890a. "Progress of Electric Lighting in London." 62(3): 40-41.
———. 1890b. "The Westinghouse Alternating Current System of Electrical Distribution." 62(8): 117, 120-121.
———. 1890c. "The National Electric Lighting Association." 62(8): p. 118.
———. 1890d. "The Growth of the Alternating System." 62(17): 57.

———. 1890e. "Electricity in the Home." 62(20): 311.
———. 1890f. "Electrical Notes." 63(7): 97.
———. 1890g. "Long Distance Electrical Power." 63(8): 120.
———. 1890h. "Local Interests Improved by Electricity." 63(12): 182.
———. 1890i. "History of Electric Lighting." 63(14): 215.
———. 1891a. "Meeting of the National Electric Light Association." 64(9): 128.
———. 1891b. "The Electric Transmission of Power." 64(14): 209.
———. 1891c. "Electricity in Foreign Countries." 64(15): 229.
———. 1891d. "Electricity for Domestic Purposes." 64(20): 310.
———. 1891e. "The Edison Electric Illuminating Co.'s Central Station in Brooklyn, N.Y." 64(24): 373.
———. 1891f. "Long Distance Electrical Power." 65(19): 293.
———. 1892a. "Electric Lights for Rome, Italy." 66(2): 25.
———. 1892b. "What is Electricity?" 66(6): 89.
———. 1892c. "The Electrical Transmission of Power between Lauffen on the Neckar and Frankfort on the Main." 66(7): 102.
Shope, Richard E. 1958. "Influenza: History, Epidemiology, and Speculation" *Public Health Reports* 73(2): 165-78.
Solbrig, Dr. 1890. "Neurosen und Psychosen nach Influenza." *Neurologisches Centralblatt* 9(11): 322-25.
Soper, George A. 1919. "Influenza in Horses and in Man." *New York Medical Journal* 109(17): 720-24.
Stuart-Harris, Sir Charles H., Geoffrey C. Schild, and John S. Oxford. 1985. *Influenza: The Viruses and the Disease*, 2nd ed. Edward Arnold: London.
Tapping, Ken F., R. G. Mathias, and D. L. Surkan. 2001. "Influenza Pandemics and Solar Activity." *Canadian Journal of Infectious Diseases* 12(1): 61-62.
Taubenberger, J. K. and D. M. Morens. 2009. "Pandemic Influenza – Including a Risk Assessment of H5N1." *Revue scientifique et tecnnique* 28(1): 187-202.
Thompson, Theophilus. 1852. *Annals of Influenza or Epidemic Catarrhal Fever in Great Britain From 1510 to 1837*. London: Sydenham Society.
Trevert, Edward. 1892. *Electric Railway Engineering*. Lynn, MA: Bubier.
———. 1895. *How to Build Dynamo-Electric Machinery*. Lynn, MA: Bubier.
Tuke, Daniel Hack. 1892. "Mental Disorder Following Influenza." In: Tuke, *A Dictionary of Psychological Medicine* (London: J. & A. Churchill), vol. 2, pp. 688-91.
United States Department of Commerce and Labor, Bureau of the Census. 1905. *Central Electric Light and Power Stations 1902*. Washington, DC: Government Printing Office.
van Tam, Jonathan and Chloe Sellwood. 2010. *Introduction to Pandemic Influenza*. Wallingford, UK: CAB International.
Vaughan, Warren T. 1921. *Influenza: An Epidemiologic Study*. Baltimore: American Journal of Hygiene.

von Niemeyer, Felix. 1874. *A Text-book of Practical Medicine.* New York: D. Appleton. Pages 61-62 on influenza.
Watson, Thomas. 1857. *Lectures on the Principles and Practice of Physic*, 4th ed. London: John W. Parker. Vol. 2, pp. 41-52 on influenza.
Webster, J. H. Douglas. 1940. "The Periodicity of Sun-spots, Influenza and Cancer." *British Medical Journal* 2: 339.
Webster, Noah. 1799. *A Brief History of Epidemic and Pestilential Diseases*, 2 vols. New York: Burt Franklin.
Whipple, Fred H. 1889. *The Electric Railway.* Detroit: Orange Empire Railway Museum.
Widelock, Daniel, Sarah Klein, Olga Simonovic, and Lenore R. Peizer. 1959. "A Laboratory Analysis of the 1957-1958 Influenza Outbreak in New York City." *American Journal of Public Health* 49(7): 847-56.
Yeung, John W. K. 2006. "A Hypothesis: Sunspot Cycles May Detect Pandemic Influenza A in 1700-2000 A.D." *Medical Hypotheses* 67: 1016-22.
Zinsser, Hans. 1922. "The Etiology and Epidemiology of Influenza." *Medicine* 1(2): 213-309.

제8장

Alexanderson, Ernst F. W. 1919. "Transatlantic Radio Communication." *Proceedings of the American Institute of Electrical Engineers* 38(6): 1077-93.
All Hands. 1961. "Flying the Atlantic Barrier." April, pp. 2-5.
Anderson, John. 1930. "'Isle of Wight Disease' in Bees." *Bee World* 11(4): 37-42.
Annual Report of the Surgeon General, U.S. Navy. 1919. Washington, DC: Government Printing Office. "Report on Influenza," pp. 358-449.
Archer, Gleason L. 1938. *History of Radio.* New York: American Historical Society.
Armstrong, D. B. 1919. "Influenza: Is it a Hazard to be Healthy? Certain Tentative Considerations." *Boston Medical and Surgical Journal* 180(3): 65-67.
Ayres, Samuel, Jr. 1919. "Post-Influenzal Alopecia." *Boston Medical and Surgical Journal* 180(17): 464-68.
Baker, William John. 1971. *A History of the Marconi Company*. New York: St. Martins.
Bailey, Leslie 1964. "The 'Isle of Wight Disease': The Origin and Significnce of the Myth." *Bee World* 45(1): 32-37, 18.
Beauchamp, Ken. 2001. *History of Telegraphy*. Hertfordshire, UK: Institution of Electrical Engineers.
Beaussart, P. "Orchi-Epididymitis with Meningitis and Influenza." 1918. *Journal of the American Medical Association* 70(26): 2057.
Berman, Harry. 1918. "Epidemic Influenza in Private Practice." *Journal of the American Medical Association* 71(23): 1934-35.
Beveridge, William Ian. 1978. *Influenza: The Last Great Plague*. New York: Prodist.

Bircher, E. "Influenza Epidemic." 1918. *Journal of the American Medical Association* 71(23): 1946.
Blaine, Robert Gordon. 1903. *Aetheric or Wireless Telegraphy*. London: Biggs and Sons.
Bouchard, Joseph F. 1999. "Guarding the Cold War Ramparts." *Naval War College Review* 52(3): 111-35.
Bradfield, W. W. 1910. "Wireless Telegraphy for Marine Inter-Communication." *The Electrician – Marine Issue*. June 10, pp. 135 ff.
Brittain, James E. 1902. *Alexanderson: Pioneer in American Electrical Engineering*. Baltimore: Johns Hopkins University Press.
Bucher, Elmer Eustice. 1917. *Practical Wireless Telegraphy*. New York: Wireless Press.
Carr, Elmer G. 1918. "An Unusual Disease of Honey Bees." *Journal of Economic Entomology* 11(4): 347-51.
Carter, Charles Frederick. 1914. "Getting the Wireless on Board Train." *Technical World Magazine* 20(6): 914-18.
Chauvois, Louis. 1937. *D'Arsonval: Soixante-cinq ans à travers la Science*. Paris: J. Oliven.
Conner, Lewis A. 1919. "The Symptomatology and Complications of Influenza." *Journal of the American Medical Association* 73(5): 321-25.
Coutant, A. Francis. 1918. "An Epidemic of Influenza at Manila, P.I." *Journal of the American Medical Association* 71(19): 1566-67.
Cowie, David Murray and Paul Webley Beaven. 1919. "On the Clinical Evidence of Involvement of the Suprarenal Glands in Influenza and Influenzal Pneumonia." *Archives of Internal Medicine* 24(1): 78-88.
Craft. E. B. and E. H. Colpitts. 1919. "Radio Telephony." *Proceedings of the American Institute of Electrical Engineers* 38(1): 337-75.
Crawley, Charles G. 1996. *How Did the Evolution of Communications Affect Command and Control of Airpower: 1900-1945?* Maxwell Air Force Base, AL.
Crosby, Alfred W., Jr. 1976. *Epidemic and Peace, 1918*. Westport, CT: Greenwood.
d'Arsonval, Jacques Arsène. 1892a. "Recherches d'électrothérapie. La voltaïsation sinusoïdale." *Archives de physiologie normale et pathologique* 24: 69-80.
———. 1892b. "Sur les effets physiologiques comparés des divers procédés d'électrisation." *Bulletin de l'Académie de Médecine* 56: 424-33.
———. 1893a. "Action physiologique des courants alternatifs a grande fréquence." *Archives de physiologie normale et pathologique* 25: 401-8.
———. 1983b. "Effets physiologiques de la voltaïsation sinusoïdale." *Archives de physiologie normale et pathologique* 25: 387-91.
———. 1893c. "Expériences faites au laboratoire de médecine du Collège de France." *Archives de physiologie normale et pathologique* 25: 789-90.
———. 1893d. "Influence de la fréquence sur les effets physiologiques des courants alternatifs." *Comptes rendus hebdomadaires des séances de l'Académie des Sciences* 116: 630-33.

———. 1896a. "À propos de l'atténuation des toxines par la haute fréquence." *Comptes rendus hebdomadaires des séances et mémoires de la Société de Biologie* 48: 764-66.
———. 1896b. "Effets thérapeutiques des courants à haute fréquence." *Comptes rendus hebdomadaires des séances de l'Académie des Sciences* 123: 23-29.
d'Arsonval, Jacques Arsène and Albert Charrin. 1893a. "Influence de l'électricitè sur la cellule microbienne." *Archives de physiologie normale et pathologique*, 5th ser., 5: 664-69.
———. 1893b. "Électricité et Microbes." *Comptes rendus hebdomadaires des séances et mémoires de la Société de Biologie* 45: 467-69, 764-65.
———. 1896a. "Action des diverses modalités électriques sur les toxines bactériennes." *Comptes rendus hebdomadaires des séances et mémoires de la Société de Biologie* 48: 96-99.
———. 1896b. "Action de l'électricitè sur les toxines bactériennes." *Comptes rendus hebdomadaires des séances et mémoires de la Société de Biologie* 48: 121-23.
———. 1896b. "Action de l'électricitè sur les toxines et les virus." *Comptes rendus hebdomadaires des séances et mémoires de la Société de Biologie* 48: 153-54.
del Pont, Antonino Marcó. 1918. "Historia de las Epidemias de Influenza." *La Semana Médica* 25(27): 1-10.
Eccles, William Henry. 1933a. *Wireless Telegraphy and Telephony*, 2nd ed. London: Benn Brothers.
———. 1933b. *Wireless*. London: Thornton Butterworth.
Ehrenberg, L. 1919. "Transmission of Influenza." *Journal of the American Medical Association* 72(25): 1880.
Elwell, Cyril Frank. 1910. "The Poulsen System of Wireless Telephony and Telegraphy." *Journal of Electricity, Power and Gas* 24(14): 293-97.
———. 1920. "The Poulsen System of Radiotelegraphy. History of Development of Arc Methods." *The Electrician* 84: 596-600.
Erlendsson, V. 1919. "Influenza in Iceland." *Journal of the American Medical Association* 72(25): 1880.
Erskine, Arthur Wright and B. L. Knight. 1918. "A Preliminary Report of a Study of the Coagulability of Influenzal Blood." *Journal of the American Medical Association* 71(22): 1847.
Erskine-Murray, J. 1920. "The Transmission of Electromagnetic Waves About the Earth." *Radio Review* 1: 237-39.
Fantus, Bernard. 1918. "Clinical Observations on Influenza." *Journal of the American Medical Association* 71(21): 1736-39.
Firstenberg, Arthur. 1997. *Microwaving Our Planet*. New York: Cellular Phone Taskforce.
———. 2001. "Radio Waves, the Blood-Brain Barier, and Cerebral Hemorrhage." *No Place To Hide* 3(2): 23-24.
Friedlander, Alfred, Carey P. McCord, Frank J. Sladen, and George W. Wheeler. 1918. "The Epidemic of Influenza at Camp Sherman, Ohio." *Journal of the American Medical Association* 71(20): 1652-56.

Frost, W. H. 1919. "The Epidemiology of Influenza." *Journal of the American Medical Association* 73(5): 313-18.
Goldoni, J. 1990. "Hematological Changes in Peripheral Blood of Workers Occupationally Exposed to Microwave Radiation." *Health Physics* 58(2): 205-7.
Grant, John. 1907. "Experiments and Results in Wireless Telephony." *American Telephone Journal* 15(4): 49-51.
Harris, Wilfred. 1919. "The Nervous System in Influenza." *The Practitioner* 102: 89-100.
Harrison, Forrest Martin. 1919. "Influenza Aboard a Man-of-War: A Clinical Summary." *Medical Record* 95(17): 680-85.
Headrick, Daniel R. 1988. *The Tentacles of Progress: Technology Transfer in the Age of Imperialism, 1850-1940*. New York: Oxford University Press.
———. 1991. *The Invisible Weapon: Telecommunications and International Politics, 1851-1945*. New York: Oxford University Press.
Hewlett, A. W. and W. M. Alberty. 1918. "Influenza at Navy Base Hospital in France." *Journal of the American Medical Association* 71(13): 1056-58.
Hirsch, Edwin F. 1918. "Epidemic of Bronchopneumonia at Camp Grant, Ill." *Journal of the American Medical Association* 71(21): 1735-36.
Hong, Sungook. 2001. *Wireless: From Marconi's Black-Box to the Audion.* Cambridge, MA: MIT Press.
Hopkins, Albert A. and A. Russell Bond, eds. 1905. "Wireless Telegraphy." *Scientific American Reference Book* (New York: Munn & Co.), pp. 199-205.
Howe, George William Osborn. 1920a. "The Upper Atmosphere and Radio Telegraphy." *Radio Review* 1: 381-83.
———. 1920b. "The Efficiency of Aerials." *Radio Review* 1: 540-43.
———. 1920c. "The Power Required for Long Distance Transmission." *Radio Review* 1:598-608.
Howeth, Linwood S. 1963. *History of Communications – Electronics in the United States Navy.* Washington, DC: Bureau of Ships and Office of Naval History.
Huurdeman, Anton A. 2003. *The Worldwide History of Telecommunications.* Hoboken, NJ: Wiley.
Imms, Augustus Daniel. 1907. "Report on a Disease of Bees in the Isle of Wight." *Journal of the Board of Agriculture* 14(3): 129-40.
Jordan, Edwin O. 1918. Discussion in: "The Etiology of Influenza," Proceedings of the American Public Health Association, Forty-Sixth Annual Meeting, Chicago, December 8-11, 1918. *Journal of the American Medical Association* 71(25): 2097.
———. 1922. "Interepidemic Influenza." *American Journal of Hygiene* 2(4): 325-45.
———. 1927. *Epidemic Influenza: A Survey.* Chicago: American Medical Association. *Journal of the American Medical Association*. 1918a. "Spanish Influenza." 71(8): 660.
———. 1918b. "The Epidemic of Influenza." 71(13): 1063-64.
———. 1918c. "Epidemic Influenza." 71(14): 1136-37.

———. 1918d. "The Present Epidemic of Influenza." 71(15): 1223.
———. 1918e. "Abstracts on Influenza." 71(19): 1573-80.
———. 1918f. "Influenza in Mexico." 71(20): 1675.
———. 1918g. "Paris Letter. The Influenza Epidemic." 71(20): 1676.
———. 1918h. "The Influenza Epidemic." 71(24): 2009-10.
———. 1918i. "Influenza." 71(25): 2088.
———. 1918j. "Mexico Letter." 71(25): 2089.
———. 1918k. "Febrile Epidemic [in Peru]." 71(25): 2090.
———. 1918l. "The Etiology of Influenza." 71(25): 2097-2100, 2173-75.
———. 1919a. "Unsuccessful Attempts to Transmit Influenza Experimentally." 72(4): 281.
———. 1919b. "Heart Block and Bradycardia Following Influenza." 73(11): 868.
———. 1920a. "The 1920 Influenza." 74(9): 607.
———. 1920b. "Influenza in Alaska." 74(12): 796.
———. 1920c. "Influenza in the Navy Personnel." 74(12): 813.
———. 1920d. "After Effects of Influenza." 75(1): 61.
———. 1920e. "The Influenza Pandemic in India." 75(9): 619-20.
———. 1920f. "Eye Disease Following Influenza Epidemic." 75(10): 709.
Keegan, J. J. 1918. "The Prevailing Epidemic of Influenza." *Journal of the American Medical Association* 71(13): 1051-55.
Keeton, Robert W. and A. Beulah Cushman. 1918. "The Influenza Epidemic in Chicago." *Journal of the American Medical Association* 71(24): 1962-67.
Kilbourne, Edwin D. 1975. *The Influenza Viruses and Influenza*. New York: Academic.
Klessens, J. J. H. M. 1920. "Nervous Manifestations Complicating Influenza." *Journal of the American Medical Association* 74(3): 216.
Kuksinskiy, V. E. 1978. "Coagulation Properties of the Blood and Tissues of the Cardiovascular System Exposed to an Electromagnetic Field." *Kardiologiya* 18(3): 107-11 (in Russian).
Kyuntsel', A. A. and V. I. Karmilov. 1947. "The Effect of an Electromagnetic Field on the Blood Coagulation Rate." *Klinicheskaya Meditsina* 25(3): 78 (in Russian).
La Fay, Howard. 1958. "DEW Line: Sentry of the Far North." *National Geographic* 114(1): 128-46.
Leake, J. P. 1919. "The Transmission of Influenza." *Boston Medical and Surgicial Journal* 181(24): 675-79.
Logwood, C. V. 1916. "High Speed Radio Telegraphy." *The Electrical Experimenter*, June, p. 99.
Loosli, Clayton G., Dorothy Hamre, and O. Warner. 1958. "Epidemic Asian A Influenza in Naval Recruits." *Proceedings of the Society for Experimental Biology and Medicine* 98(3): 589-92.
Lyle, Eugene P., Jr. 1905. "The Advance of 'Wireless.'" *World's Work*, February, pp. 5843-48.

MacNeal, Ward J. 1919. "The Influenza Epidemic of 1918 in the American Expeditionary Forces in France and England." *Archives of Internal Medicine* 23(6): 657-88.
Maestrini, D. 1919. "The Blood in Influenza." *Journal of the American Medical Association* 72(11): 834.
Marconi, Degna. 2001. *My Father, Marconi*, 2nd ed. Toronto: Guernica.
Marconi, Maria Cristina. 1999. *Marconi My Beloved.* Boston: Dante University of America Press.
Marshall, C. J. 1957. "North America's Distant Early Warning Line." *Geographical Magazine* 29(12): 616-28.
Martin, Donald H. 1991. *Communication Satellites 1958-1992*. El Segundo, CA: The Aerospace Corporation.
Menninger, Karl A. 1919a. "Psychoses Associated with Influenza." *Journal of the American Medical Association* 72(4): 235-41.
———. 1919b. "Influenza and Epileptiform Attacks." *Journal of the American Medical Association* 73(25): 1896.
Ministry of Health. 1920. *Report on the Pandemic of Influenza, 1918-19.* Reports on Public Health and Medical Subjects, no. 4. London.
Morenus, Richard. 1957. *DEW Line.* New York: Rand McNally.
Navy Department, Bureau of Equipment. 1906. *List of Wireless-Telegraph Stations of the World.* Washingon: Government Printing Office.
Nicoll, M., Jr. 1918. "Organization of Forces against Influenza." American Public Health Association, Forty-Sixth Annual Meeting, Chicago, Dec. 8-11, 1918, *Journal of the American Medical Association* 71(26): 2173.
Nuzum, John W., Isadore Pilot, F. H. Stangl, and B. E. Bonar. 1918. "Pandemic Influenza and Pneumonia in a Large Civil Hospital." *Journal of the American Medical Association* 71(19): 1562-65.
Oliver, Wade W. 1919. "Influenza – the Sphinx of Diseases." *Scientific American* 120(9): 200, 212-13.
Persson, Bertil R. R., Leif G. Salford, and Arne Brun. 1997. "Blood-brain Barrier Permeability in Rats Exposed to Electromagnetic Fields Used in Wireless Communication." *Wireless Networks* 3: 455-61.
Pettigrew, Eileen. 1983. *The Silent Enemy: Canada and the Deadly Flu of 1918.* Saskatoon: Western Producer Prairie Books.
Pflomm, Erich. 1931. "Experimentelle und klinische Untersuchungen über die Wirkung ultrakurzer elektrischer Wellen auf die Entzündung." *Archiv für klinische Chirurgie* 166: 251-305.
Phillips, Ernest F. 1925. "The Status of Isle of Wight Disease in Various Countries." *Journal of Economic Entomology* 18: 391-95.
Prince, C. E. 1920. "Wireless Telephony on Aeroplanes." *Radio Review* 1: 281-83, 341.

Public Health Reports. 1919. "Some Interesting Though Unsuccessful Attempts to Transmit Influenza Experimentally." 34(2): 33-39.
———. 1919. "Influenza Among American Indians." 34: 1008-9.
Radio Review. 1919. "The Transmission of Electromagnetic Waves Around the Earth." 1: 78-80.
———. 1920. "The Generation of Large Powers at Radio Frequencies." 1: 490-91.
Reid, Ann H., Thomas G. Fanning, Johan V. Hultin, and Jeffery K. Taubenberger. 1999. "Origin and Evolution of the 1918 'Spanish' Influenza Virus Hemagglutinin Gene." *Proceedings of the National Academy of Sciences* 96(4): 1651-56.
Richardson, Alfred W. 1959. "Blood Coagulation Changes Due to Electromagnetic Microwave Irradiations." *Blood* 14: 1237-43.
Robertson, H. E. 1918. "Influenzal Sinus Disease and its Relation to Epidemic Influenza." *Journal of the American Medical Association* 70(21): 1533-35.
Rosenau, Milton J. 1919. "Experiments to Determine Mode of Spread of Influenza." *Journal of the American Medical Association* 73(5): 311-13.
Rusyaev, V. P. and V. E. Kuksinskiy. 1973. "Study of Electromagnetic Field Effect on Coagulative and Fibrinolytic Properties of Blood." *Biofizika* 11(1): 160-63 (in Russian with English abstract).
Saleeby, C. W. 1920. "Mapping the Influenza." *Literary Digest*, May 29, p. 32.
Schaffel, Kenneth. 1991. *The Emerging Shield: The Air Force and the Evolution of Continental Air Defense 1945-1960*. Washington, DC: United States Air Force.
Scheips, Paul J., ed. 1980. *Military Signal Communications*, 2 vols. New York: Arno Press.
Schliephake, Erwin. 1935. *Short Wave Therapy: The Medical Uses of Electrical High Frequencies*. London: Actinic Press.
———. 1960. *Kurzwellentherapie*, 6th ed. Stuttgart: Gustav Fischer.
Scriven, George P. 1914. "Report of the Chief Signal Officer, U.S. Army, 1914." *Annual Reports of the War Department*, pp. 505-56. Reproduced in Scheips 1980, vol. 1.
Sierra, Álvarez. 1921. "Particularidades clínicas de la última epidemia gripal." *El Siglo Médico* 68: 765-66.
Simici, D. 1920. "The Heart in Influenza." *Journal of the American Medical Association* 75(10): 703.
Sofre, G. 1918. "Influenza." *Journal of the American Medical Association* 71(21): 1782.
Soper, George A. 1918. "The Pandemic in the Army Camps." *Journal of the American Medical Association* 71(23): 1899-1909.
Staehelin, R. 1918. "The Influenza Epidemic." *Journal of the American Medical Association* 71(14): 1176.
Stuart-Harris, Charles H. 1965. *Influenza and Other Virus Infections of the Respiratory Tract*, 2nd ed. Baltimore: Williams & Wilkins.
Symmers, Douglas. 1918. "Pathologic Similarity between Pneumonia of Bubonic Plague and of Pandemic Influenza." *Journal of the American Medical Association* 71(18): 1482-85.

Synnott, Martin J. and Elbert Clark. 1918. "The Influenza Epidemic at Camp Dix, N.J." *Journal of the American Medical Association* 71(22): 1816-21.
Taubenberger, Jeffery K., Ann H. Reid, Amy E. Krafft, Karen E. Bijwaard, and Thomas G. Fanning. 1997. "Initial Genetic Characterization of the 1918 'Spanish' Influenza Virus." *Science* 275: 1793-96.
Thompson, George Raynor. 1965. "Radio Comes of Age in World War I." In: Max L. Marshall, ed., *The Story of the U.S. Army Signal Corps* (New York: Watts), pp. 157-66. Reproduced in Scheips 1980, vol. 1.
Turner, Laurence Beddome. 1921. *Wireless Telegraphy and Telephony*. Cambridge: University Press.
———. 1931. *Wireless: A Treatise on the Theory and Practice of High-Frequency Electric Signalling*. Cambridge: Cambridge University Press.
Underwood, Robyn M. and Dennis vanEngelsdorp. 2007. "Colony Collapse Disorder: Have We Seen This Before?" *Bee Culture* 35: 13-18.
United States Signal Corps. 1917. *Radiotelegraphy*. Washington, DC: Government Printing Office.
Vandiver, Ronald Wayne. 1995. *Reflections on the Signal Corps: The Power of Paradigms in Ages of Uncertainty*. Maxwell Air Force Base, AL.
van Hartesveldt, Fred R. 1992. "The 1918-1919 Pandemic of Influenza." Lewiston, NY: Edwin Mellen.
Vaughan, Warren T. 1921. *Influenza: An Epidemiologic Study*. Baltimore: American Journal of Hygiene.
Watkins-Pitchford, Herbert. 1917. "An Enquiry into the Horse Disease Known as Septic or Contagious Pneumonia." *Veterinary Journal* 73: 345-62.
Weightman, Gavin. 2003. *Signor Marconi's Magic Box*. Cambridge, MA: Da Capo Press.
Wiedbrauk, Danny L. 1997. "The 1996-1997 Influenza Season – A View From the Benches." *Pan American Society for Clinical Virology Newsletter* 23(1).
Zinsser, Hans. 1922. "The Etiology and Epidemiology of Influenza." *Medicine* 1(2): 213-309.

제9장

Adams, A. J. S. 1886. "Earth Conduction." *Van Nostrand's Engineering Magazine* 35: 249-52.
Alfvén, Hannes Olof Gösta. 1950. "Discussion of the Origin of the Terrestrial and Solar Magnetic Fields." *Tellus* 2(2): 74-82.
———. 1955. "Electricity in Space." In: *The New Astronomy* (New York: Scientific American Books), pp. 74-79.
———. 1969. *Atom, Man, and Universe: The Long Chain of Complications*. San Francisco: W. H. Freeman.
———. 1981. *Cosmic Plasma*. Dordrecht: D. Reidel.
———. 1984. "Cosmology: Myth or Science?" *Journal of Astrophysics and Astronomy* 5: 79-98.

———. 1986a. "Double Layers and Circuits in Astrophysics." *IEEE Transactions on Plasma Science* PS-14(6): 779-93.
———. 1986b. "Model of the Plasma Universe." *IEEE Transactions on Plasma Science* PS-14(6): 629-38.
———. 1986c. "The Plasma Universe." *Physics Today*, September, pp. 22-27.
———. 1987. "Plasma Universe." *Physica Scripta* T18: 20-28.
———. 1988. "Memoirs of a Dissident Scientist." *American Scientist* 76: 249-51.
———. 1990. "Cosmology in the Plasma Universe: An Introductory Exposition." *IEEE Transactions on Plasma Science* PS-18(1): 5-10.
Alfvén, Hannes and Gustaf Arrhenius. 1976. *Evolution of the Solar System*. Washington, DC: National Aeronautics and Space Administration.
Alfvén, Hannes and Carl-Gunne Fälthammar. 1963. *Cosmical Electrodynamics*, 2nd ed. Oxford: Clarendon Press.
Ando, Yoshiaki and Masashi Hayakawa. 2002. "Theoretical Analysis on the Penetration of Power Line Harmonic Radiation into the Ionosphere." *Radio Science* 37(6): 5-1 to 5-12.
Arnoldy, Roger L. and Paul M. Kintner. 1989. "Rocket Observations of the Precipitation of Electrons by Ground VLF Transmitters." *Journal of Geophysical Research* 94(A6): 6825-32.
Arrhenius, Svante. 1897. "Die Einwirkung kosmischer Einflüsse auf physiologische Verhältnisse." *Skandinavisches Archiv für Physiologie* 8(1): 367-416.
———. 1905. "On the Electric Charge of the Sun." *Terrestrial Magnetism and Atmospheric Electricity* 10(1): 1-8.
Avijgan, Majid and Mahtab Avijgan. 2013. "Can the Primo Vascular System (Bong Han Duct System) Be a Basic Concept for Qi Production?" *International Journal of Integrative Medicine* 1(20): 1-10.
Baik, Ku-Youn, Eun Sung Park, Byung-Cheon Lee, Hak-Soo Shin, Chunho Choi, Seung-Ho Yi, Hyun-Min Johng, Tae Jeong Nam, Kyung-Soon Soh, Yong-Sam Nahm, Yeo Sung Yoon, In-Se Lee, Se-Young Ahn, and Kwang-Sup Soh. 2004. "Histological Aspect of Threadlike Structure Inside Blood Vessel." *Journal of International Society of Life Information Science* 22(2): 473-76.
Baik, Ku-Youn, Baeckkyoung Sung, Byung-Cheon Lee, Hyeon-Min Johng, Vyacheslava Ogay, Tae Jung Nam, Hak-Soo Shin, and Kwang-Sup Soh. 2004. "Bonghan Ducts and Corpuscles with DNA-contained Granules on the Internal Surfaces of Rabbits." *Journal of International Society of Life Information Science* 22(2): 598-601.
Bailey, V. A. and David Forbes Martyn. 1934. "Interaction of Radio Waves." *Nature* 133: 218.
Balser, Martin and Charles A. Wagner. 1960. "Observations of Earth-Ionosphere Cavity Resonances." *Nature* 188: 638-41.
Barr, Richard. 1979. "ELF Radiation from the New Zealand Power System." *Planetary and Space Science* 27: 537-40.

Barr, Richard, D. Llanwyn Jones, and Craig J. Rodger. 2000. "ELF and VLF Radio Waves." *Journal of Atmospheric and Solar-Terrestrial Physics* 62(17-18): 1689-1718.
Bauer, Louis A. 1921. "Measures of the Electric and Magnetic Activity of the Sun and the Earth, and Interrelations." *Terrestrial Magnetism and Atmospheric Electricity* 26(1-2): 33-68.
Beard, George Miller. 1874. "Atmospheric Electricity and Ozone: Their Relation to Health and Disease." *Popular Science Monthly* 4: 456-69.
Becker, Robert Otto. 1963. "The Biological Effects of Magnetic Fields – A Survey." *Medical Electronics and Biological Engineering* 1(3): 293-303.
Becker, Robert O., Maria Reichmanis, Andrew A. Marino, and Joseph A. Spadaro. 1976. "Electrophysiological Correlates of Acupuncture Points and Meridians." *Psychoenergetic Systems* 1: 105-12.
Becquerel, Antoine César. 1851. "On the Causes of the Disengagement of Electricity in Plants, and upon Vegeto-terrestrial Currents." *American Journal of Science and Arts*, 2nd ser., 12: 83-97. Translation from: "Sur les causes qui dégagent de l'électricité dans les végétaux, et sur les courants végétaux-terrestres," *Annales de Chimie et de Physique*, 3rd ser., 31: 40-67.
Bell, Timothy F. 1976. "ULF Wave Generation through Particle Precipitation Induced by VLF Transmitters." *Journal of Geophysical Research* 81(19): 3316-26.
Belyaev, G. G., V. M. Chmyrev, and N. G. Kleimenova. 2003. "Hazardous ULF Electromagnetic Environment of Moscow City." *Physics of Auroral Phenomena*. Proceedings of the 26th Annual Seminar, Apatity, pp. 249-52.
Bering, Edgar A., III, Arthur A. Few, and James R. Benbrook. 1998. "The Global Electric Circuit." *Physics Today*, October, pp. 24-30.
Boerner, Wolfgang M., James B. Cole, William R. Goddard, Michael Z. Tarnawecky, Lotfallah Shafai, and Donald H. Hall. 1983. "Impacts of Solar and Auroral Storms on Power Line Systems." *Space Science Reviews* 35: 195-205.
Bowen, Melissa M., Antony C. Fraser-Smith, and Paul R. McGill. 1992. *Long-Term Averages of Globally-Measured ELF/VLF Radio Noise*. Space, Telecommunication, and RadioScience Laboratory, Stanford University. Technical Report E450-2.
Bradley, Philip B. and Joel Elkes. 1957. "The Effects of Some Drugs on the Electrical Activity of the Brain." *Brain* 80: 77-117.
Brazier, Mary A. B. 1977. *The Electrical Activity of the Nervous System*, 4th ed. Baltimore: Williams & Wilkins.
Brewitt, Barbara. 1996. "Quantitative Analysis of Electrical Skin Conductance in Diagnosis: Historical and Current Views of Bioelectric Medicine." *Journal of Naturopathic Medicine* 6(1): 66-75.
Bullough, Ken. 1983. "Satellite Observations of Power Line Harmonic Radiation." *Space Science Reviews* 35: 175-83.

———. 1995. "Power Line Harmonic Radiation: Sources and Environmental Effects." In: Hans Volland, ed., *Handbook of Atmospheric Electrodynamics*, (CRC Press: Boca Raton, FL), vol. 2, pp. 291-332.

Bullough, Ken, Thomas Reeve Kaiser, and Hal J. Strangeways. 1985. "Unintentional Man-made Modification Effects in the Magnetosphere." *Journal of Atmopheric and Terrestrial Physics* 47(12): 1211-23.

Bullough, Ken , Adrian R. L. Tatnall, and M. Denby. 1976. "Man-made E.L.F./V.L.F. Emissions and the radiation belts." *Nature* 260: 401-3.

Burbank, J. E. 1905. "Earth-Currents: And a Proposed Method for Their Investigation." *Terrestrial Magnetism and Atmospheric Electricity* 10: 23-49.

Cannon, P. S. and Michael J. Rycroft. 1982. "Schumann Resonance Frequency Variations during Sudden Ionospheric Disturbances." *Journal of Atmospheric and Terrestrial Physics* 44(2): 201-6.

Cherry, Neil. 2002. "Schumann Resonances, a Plausible Biophysical Mechanism for the Human Health Effects of Solar/Geomagnetic Activity." *Natural Hazards* 26(3): 279-331.

Chevalier, Gaetan. 2007. *The Earth's Electrical Surface Potential: A Summary of Present Understanding*. Encinitas, CA: California Institute for Human Science.

Cho, Sung-Jin, Byeong-Soo Kim, and Young-Seok Park. 2004. "Thread-like Structures in the Aorta and Coronary Artery of Swine." *Journal of International Society of Life Information Science* 22(2): 609-11.

Cresson, John C. 1836. "History of Experiments on Atmospheric Electricity." *Journal of the Franklin Institute* 22: 166-72.

Davis, John R. 1974. "A Quest for a Controllable ULF Wave Source." *IEEE Transactions on Communications* COM-22(4): 578-86.

de Vernejoul, Pierre, Pierre Albarède, and Jean-Claude Darras. 1985. "Étude des méridiens d'acupuncture par les traceurs radioactifs." *Bulletin de l'Académie Nationale de Médecine* 169(7): 1071-75.

Dolezalek, Hans. 1972. "Discussion of the Fundamental Problem of Atmospheric Electricity." *Pure and Applied Geophysics* 100(1): 8-43.

Dowden, R. L. and B. J. Fraser. 1984. "Waves in Space Plasmas: Highlights of a Conference Held in Hawaii, 7-11 February 1983." *Space Science Reviews* 39: 227-53.

Fälthammar, Carl-Gunne. 1986. "Magnetosphere-Ionosphere Interactions – Near-Earth Manifestations of the Plasma Universe." *IEEE Transactions on Plasma Science* PS-14(6): 616-28.

Faust, Volker. 1978. *Biometeorologie: Der Einfluss von Wetter und Klima auf Gesunde und Kranke.* Stuttgart: Hippokrates.

Fraser-Smith, Antony C. 1979. "A Weekend Increase in Geomagnetic Activity." *Journal of Geophysical Research* 84(A5): 2089-96.

———. 1981. "Effects of Man on Geomagnetic Activity and Pulsations." *Advances in Space Research* 1: 455-66.

Fraser-Smith, Antony C. and Peter R. Bannister. 1998. "Reception of ELF Signals at Antipodal Distances." *Radio Science* 33(1): 83-88.
Fraser-Smith, Antony C. and Melissa M. Bowen. 1992. "The Natural Background Levels of 50/60 Hz Radio Noise." *IEEE Transactions on Electromagnetic Compatibility* 34(3): 330-37.
Fraser-Smith, Antony C., D. M. Bubenick, and Oswald G. Villard, Jr. 1977. *Air/Undersea Communication at Ultra-Low-Frequencies Using Airborne Loop Antennas.* Technical Report 4207-6, Radio Science Laboratory, Stanford Electronics Laboratories, Department of Electrical Engineering, June 1977, SEL-77-013.
Fraser-Smith, Antony C. and D. B. Coates. 1978. "Large-amplitude ULF fields from BART." *Radio Science* 13(4): 661-68.
Fraser-Smith, Antony C., Paul R. McGill, A. Bernardi, Robert A. Helliwell, and M. E. Ladd. 1992. *Global Measurements of Low-Frequency Radio Noise*. Space, Telecommunications and Radioscience Laboratory, Stanford University. Final Technical Report E450-1.
Frölich, O. 1895. "Kompensationsvorrichtung zum Schutze physikalischer Institute gegen die Einwirkung elektrischer Bahnen." *Elektrotechnische Zeitschrift* no. 47, pp. 745-48.
———. 1896. "Demonstration der Kompensationsvorrichtung zum Schutz physikalischer Institute gegen elektrische Bahnen." *Elektrotechnische Zeitschrift*, no. 3, pp. 40-44.
Fujiwara, Satoru and Sun-Bong Yu. 2012. "A Follow-up Study on the Morphological Characteristics in Bong-Han Theory: An Interim Report." In: Kwang-Sup Soh, Kyung A. Kang, and David K. Harrison, eds., *The Primo Vascular System* (New York: Springer), pp. 19-21.
Füllekrug, Martin. 1995. "Schumann Resonances in Magnetic Field Components." *Journal of Atmorpheric and Terrestrial Physics* 57(5): 479-84.
Gerland, E. 1886. "On the Origin of Atmospheric Electricity." *Van Nostrand's Engineering Magazine* 34: 158-160.
Guglielmi, A. and O. Zotov. 2007. "The Human Impact on the Pc1 Wave Activity." *Journal of Atmospheric and Solar-Terrestrial Physics* 69: 1753-58.
Hamer, James R. 1965. *Biological Entrainment of the Human Brain by Low Frequency Radiation*. NSL 65-199, Northrop Space Labs.
Harrison, R. Giles. 2004. "The Global Atmospheric Electrical Circuit and Climate." *Surveys in Geophysics* 25(5-6): 441-84.
———. 2013. "The Carnegie Curve." *Surveys in Geophysics* 34: 209-32.
Hayashi, K., T. Oguti, T. Watanabe, K. Tsuruda, S. Kokubun, and R. E. Horita. 1978. "Power Harmonic Radiation Enhancement during the Sudden Commencement of a Magnetic Storm." *Nature* 275: 627-29.
Helliwell, Robert A. 1965. *Whistlers and Related Ionospheric Phenomena.* Stanford, CA: Stanford University Press.
———. 1977. "Active Very Low Frequency Experiments on the Magnetosphere from Siple Station, Antarctica." *Philosophical Transactions of the Royal Society B* 279: 213-24.

Helliwell, Robert A. and John P. Katsufrakis. 1974. "VLF Wave Injection into the Magnetosphere from Siple Station, Antarctica." *Journal of Geophysical Research* 79(16): 2511-18.
Helliwell, Robert A., John P. Katsufrakis, Timothy F. Bell, and Rajagopalan Raghuram. 1975. "VLF Line Radiation in the Earth's Magnetosphere and Its Association with Power System Radiation." *Journal of Geophysical Research* 80(31): 4249-58.
Hess, Victor F. 1928. *The Electrical Conductivity of the Atmosphere and its Causes*. London: Constable.
Ho, A. M.-H., Antony C. Fraser-Smith, and Oswald G. Villard, Jr. 1979. "Large-Amplitude ULF Magnetic Fields Produced by a Rapid Transit System: Close-Range Measurements." *Radio Science* 14(6): 1011-15.
Hu, X., X. Huang, J. Xu, and B. Wu. 1993. "Distribution of Low Skin Impedance Points Along Meridians over the Medial Side of Forearm." *Zhen Ci Yan Jiu* ("Acupuncture Research") 18(2): 94-97 (in Chinese).
Hu, X., B. Wu, J. Xu, X. Huang, and J. Hau. 1993. "Studies on the Low Skin Impedance Points and the Feature of its Distribution Along the Channels by Microcomputer. II. Distribution of LSIPs Along the Channels." *Zhen Ci Yan Jiu* ("Acupuncture Research") 18(2): 163-67 (in Chinese).
Huang, X., J. Xu, B. Wu, and X. Hu. 1993. "Observation on the Distribution of LSIPs Along Three Yang Meridians as Well as Ren and Du Meridians." *Zhen Ci Yan Jiu* ("Acupuncture Research") 18(2): 98-103 (in Chinese).
Imhof, W. L., H. D. Voss, M. Walt, E. E. Gaines, J. Mobilia, D. W. Datlowe, and J. B. Reagan. 1986. "Slot Region Electron Precipitation by Lightning, VLF Chorus, and Plasmaspheric Hiss." *Journal of Geophysical Research* 91(A8): 8883-94.
Itoh, Shinji, Keisuke Tsujioka, and Hiroo Saito. 1959. "Blood Clotting Time under Metal Cover (Biological P-Test)." *International Journal of Bioclimatology and Biometeorology* 3(1): 269-70.
Jenssen, Matz. 1950. "On Radiation From Overhead Transmission Lines." *Proceedings of the IEE*, part III, 97(47): 166-78.
Jiang, Xiaowen, Byung-Cheon Lee, Chunho Choi, Ku-Youn Baik, Kwang-Sup Soh, Hee-Kyeong Kim, Hak-Soo Shin, Kyung-Soon Soh, and Byeung-Soo Cheun. 2002. "Threadlike Bundle of Tubules Running Inside Blood Vessels: New Anatomical Structure." *arXiv:physics*/0211085.
Johng, Hyeon-Min, Hak-Soo Shin, Jung Sun Yoo, Byung-Cheon Lee, Ku-Youn Baik, and Kwang-Sup Soh. 2004. "Bonghan Ducts on the Surface of Rat Liver." *Journal of International Society of Life Information Science* 22(2): 469-72.
Johng, Hyeon-Min, Jung-Sun Yoo, Tae-Jong Yoon, Hak-Soo Shin, Byung-Cheon Lee, Changhoon Lee, Jin-Kyu Lee, and Kwang-Sup Soh. 2006. "Use of Magnetic Nanoparticles to Visualize Threadlike Structures Inside Lymphatic Vessels of Rats." *Evidence-Based Complementary and Alternative Medicine* 4: 77-82.

Karinen, A., K. Mursula, Th. Ulich, and J. Manninen. 2002. "Does the Magnetosphere Behave Differently on Weekends?" *Annales Geophysicae* 20: 1137-42.
Kikuchi, Hiroshi. 1983a. "Overview of Power-Line Radiation and its Coupling to the Ionosphere and Magnetosphere." *Space Science Reviews* 35: 33-41.
———. 1983b. "Power Line Transmission and Radiation." *Space Science Reviews* 35: 59-80.
Kim, Bong Han. 1963. "On the Kyungrak System." *Journal of the Academy of Medical Sciences of the Democratic People's Republic of Korea*, vol. 1963, no. 5.
———. 1964. *On the Kyungrak System*. Pyongyang, Democratic People's Republic of Korea: Foreign Languages Publishing House.
Kim, Soyean, Kyu Jae Lee, Tae Eul Jung, Dan Jin, Dong Hui Kim, and Hyun-Won Kim. 2004. "Histology of Unique Tubular Structures Believed to Be Meridian Line." *Journal of International Society of Life Information Science* 22(2): 595-97.
Klemm, William R. 1969. *Animal Electroencephalography*. New York: Academic.
Kolesnik, A. G. 1998. "Electromagnetic Background and Its Role in Environmental Protection and Human Ecology." *Russian Physics Journal* 41(8): 839-50.
König, Herbert L. 1971. "Biological Effects of Extremely Low Frequency Electrical Phenomena in the Atmosphere." *Journal of Interdisciplinary Cycle Research* 2(3): 317-23.
———. 1974a. "ELF and VLF Signal Properties: Physical Characteristics." In: Michael A. Persinger, ed., *ELF and VLF Electromagnetic Field Effects* (New York: Plenum), pp. 9-34.
———. 1974b. "Behavioral Changes in Human Subjects Associated with ELF Electric Fields." In: Michael A. Persinger, ed., *ELF and VLF Electromagnetic Field Effects* (New York: Plenum), pp. 81-99.
———. 1975. *Unsichtbare Umwelt: Der Mensch im Spielfeld elektromagnetischer Kräfte*. München: Heinz Moos.
Kornilov, I. A. 2000. "VLF Emissions and Electron Precipitations Stimulated by Emissions of Power Transmission Line Harmonics." *Geomagnetism and Aeronomy* 40(3): 388-92.
Lanzerotti, Louis J. and Giovanni P. Gregori. 1986. "Telluric Currents: The Natural Environment and Interactions with Man-made Systems." In: Geophysics Study Committee, National Research Council, *The Earth's Electrical Environment* (Washington, DC: National Academy Press), pp. 232-57.
Larkina, V. I., O. A. Maltseva and O. A. Molchanov. 1983. "Satellite Observations of Signals from a Soviet Mid-latitude VLF Transmitter in the Magnetic-Conjugate Region." *Journal of Atmospheric and Terrestrial Physics* 45(2/3): 115-19.
Larsen, Adrian P. 2004. *Ryodoraku Acupuncture Measurement and Treatment*. Doctoral thesis, Logan College of Chiropractic, Chesterfield, MO.
Lee, Byung-Cheon, Jung Sun Yoo, Ku Youn Baik, Baeckkyoung Sung, Jawoong Lee, and Kwang-Sup Soh. 2008. "Development of a Fluorescence Stereomicroscope and Observation of Bong-Han Corpuscles Inside Blood Vessels." *Indian Journal of Experimental Biology* 46: 330-35.

Lee, Byung-Cheon, Ki-Hoon Uhm, Kyoung-Hee Bae, Dae-In Kang, and Kwang-Sup Soh. 2009. "Visualization of Potential Acupuncture Points in Rat and Nude Mouse and DiI Tracing Method." *Journal of Pharmacopuncture* 12(3): 25-30.

Lee, Jong-Su. 2004. "Bonghan System and Hypothesis on Oncogenesis." *Journal of International Society of Life Information Science* 22(2): 606-8.

Lee, Sanghun, Yeonhee Ryu, Yungju Yun, Sungwon Lee, Ohsang Kwon, Jaehyo Kim, Inchul Sohn, and Seonghun Ahn. 2010. "Anatomical Discrimination of the Differences between Torn Mesentery Tissues and Internal Organ-surface Primo-vessels." *Journal of Acupunture and Meridian Studies* 3(1): 10-15.

Lerner, Eric J. 1991. *The Big Bang Never Happened.* New York: Times Books.

Lim, Chae Jeong, So Yeong Lee, and Pan Dong Ryu. 2015. "Identification of Primo-Vascular System in Abdominal Subcutaneous Tissue Layer of Rats." *Evidence-Based Complementary and Alternative Medicine*, article ID 751937.

Lin, Hsiao-Tsung. 2008. "Physics Model of Internal Chi System." *Journal of Accord Integrative Medicine* 4(1): 78-83.

Lovering, Joseph. 1854. "Atmospheric Electricity." *American Almanac*, 1854, pp. 70-82.

Lowes, Frank J. 1982. "On Magnetic Observations of Electric Trains." *The Observatory* 102: 44.

Ludwig, Wolfgang and Reinhard Mecke. 1968. "Wirkung künstlicher Atmospherics auf Säuger." *Archiv für Meteorologie, Geophysik und Bioklimatologie*, ser. B, 16: 251-61.

Luette, James Paul, Chung G. Park, and Robert A. Helliwell. 1977. "Longitudinal Variations of Very-Low-Frequency Chorus Activity in the Magnetosphere: Evidence of Excitation By Electrical Power Transmission Lines." *Geophysical Research Letters* 4(7): 275-78.

———. 1979. "The Control of the Magnetosphere by Power Line Radiation." *Journal of Geophysical Research* 84: 2657-60.

Lyman, Charles P. and Regina C. O'Brien. 1977. "A Laboratory Study of the Turkish Hamster *Mesocricetus brandti*." *Breviora* 442: 1-27.

Makarova, L. N. and A. V. Shirochkov. 2000. "Magnetopause Position as an Important Index of the Space Weather." *Physics and Chemistry of the Earth C* 25(5-6): 495-98.

———. 2005. "Atmospheric Electrodynamics Modulated by the Solar Wind." *Advances in Space Research* 35(8): 1480-83.

Markson, Ralph and Michael Muir. 1980. "Solar Wind Control of the Earth's Electric Field." *Science* 208: 979-90.

Mathias, Émile, Jean Bosler, Pierre Loisel, Raphaël Dongier, Charles Maurain, G. Girousse, and René Mesny. 1924. *Traité d'Électricité Atmosphérique et Tellurique.* Paris: Presses Universitaires de France.

Matteucci, Carlo. 1869. *On the Electrical Currents of the Earth.* Washington, DC: Smithsonian Institution.

Matthews, J. P. and Keith H. Yearby. 1981. "Magnetospheric VLF Line Radiation Observed at Halley, Antarctica." *Planetary and Space Science* 29(1): 95-112.

Maurain, Charles. 1905. "Influence perturbatrice des lignes de tramway électriques sur les appareils de mésures électriques et magnétiques: moyens de défense." *Revue Électrique* 4(45): 257-63.

Molchanov, Oleg and Michel Parrot. 1995. "PLHR Emissions Observed on Satellites." *Journal of Atmospheric and Terrestrial Physics* 57(5): 493-505.

Molchanov, Oleg, Michel Parrot, Mikhail M. Mogilevsky, and François Lefeuvre. 1991. "A Theory of PLHR Emissions to Explain the Weekly Variation of ELF Data Observed by a Low-Altitude Satellite." *Annales Geophysicae* 9: 669-80.

Moore-Ede, Martin C., Scott S. Campbell, and Russel J. Reiter, eds. 1992. *Electromagnetic Fields and Circadian Rhythmicity*. Boston: Birkhäuser.

National Research Council, Geophysics Study Comittee. 1986. *The Earth's Electrical Environment*. Washington, DC: National Academy Press.

Němec, František, Ondřej Santolík, Michel Parrot, and Jean-Jacques Berthelier. 2007. "On the Origin of Magnetospheric Line Radiation." *WDS '07 Proceedings of Contributed Papers*, part 2, pp. 64-70.

———. 2007. "Power Line Harmonic Radiation: A Systematic Study Using DEMETER Spacecraft." *Advances in Space Research* 40: 398-403.

Nunn, D., J. Manninen, T. Turunen, V. Trakhtengerts, and N. Erokhin. 1999. "On the Nonlinear Triggering of VLF Emissions by Power Line Harmonic Radiation." *Annales Geophysicae* 17: 79-94.

Ogawa, Toshio, Yoshikazu Tanaka, Teruo Miura, and Michihiro Yasuhara. 1966. "Observations of Natural ELF and VLF Electromagnetic Noises by Using Ball Antennas." *Journal of Geomagnetism and Geoelectricity* 18(4): 443-54.

Ortega, Pascal, Anirban Guha, Earle Williams, and Gabriella Satori. 2014. "Schumann Resonance Observations from the Central Pacific Ocean." Paper presented at XV International Conference on Atmospheric Electricity, 15-20 June 2014, Norman, OK.

Palmer, C. W. 1935. "The 'Luxembourg Effect' in Radio." *Radio-Craft*, February, pp. 467, 499.

Park, Chung. G. and D. C. D. Chang. 1978. "Transmitter Simulation of Power Line Radiation Effects in the Magnetosphere." *Geophysical Research Letters* 5(10): 861-64.

Park, Chung G. and Robert A. Helliwell. 1978. "Magnetospheric Effects of Power Line Radiation." *Science* 200: 727-30.

Park, Chung G., Robert A. Helliwell, and François Lefeuvre. 1983. "Ground Observations of Power Line Radiation Coupled to the Ionosphere and Magnetosphere." *Space Science Reviews* 35: 131-37.

Park, Eun-sung, Hee Young Kim, and Dong-ho Youn. 2013. "The Primo Vascular Structures Alongside Nervous System: Its Discovery and Functional Limitation." *Evidence-Based Complementary and Alternative Medicine*, article ID 538350.

Park, Joong Wha, In Soo Hong, Jin Ha Yoon, and Hyun-Won Kim. 2004. "Migration of Lipiodol Along the Meridian Line." *Journal of International Society of Life Information Science* 22(2): 592-94.

Parrot, Michel, Oleg A. Molchanov, Mikhail M. Mogilevski, and François Lefeuvre. 1991. "Daily Variations of ELF Data Observed by a Low-altitude Satellite." *Geophysical Research Letters* 18(6): 1039-42.
Parrot, Michel, František Němec, Ondřej Santolík, and Jean-Jacques Berthelier. 2005. "ELF Magnetospheric Lines Observed by DEMETER." *Annales Geophysicae* 23: 3301-11.
Parrot, Michel and Youri Zaslavski. 1996. "Physical Mechanisms of Man-Made Influences on the Magnetosphere." *Surveys in Geophysics* 17: 67-100.
Pellegrino, Fernando C. and Roberto E. P. Sica. 2004. "Canine Electroencephalographic Recording Technique: Findings in Normal and Epileptic Dogs." *Clinical Neurophysiology* 115: 477-87.
Peratt, Anthony L. 1989a. "Plasma Cosmology. Part I. Interpretations of the Visible Universe." *The World and I*, August, pp. 294-301.
———. 1989b. "Plasma Cosmology. Part II. The Universe is a Sea of Electrically Charged Particles." *The World and I*, September, pp. 307-17.
———. 1990. "Not with a Bang." *The Sciences*, January/February, pp. 24-32.
———. 1992. *Physics of the Plasma Universe*. New York: Springer.
———. 1995. "Introduction to Plasma Astrophysics and Cosmology." *Astrophysics and Space Science* 227: 3-11.
Persinger, Michael A., ed. 1974. *ELF and VLF Electromagnetic Field Effects*. New York: Plenum.
Persinger, Michael A., H. Wolfgang Ludwig, and Klaus-Peter Ossenkopp. 1973. "Psychophysiological Effects of Extremely Low Frequency Electromagnetic Fields: A Review." *Perceptual and Motor Skills* 36: 1131-59.
Planté, Gaston. 1878. "Electrical Analogies with Natural Phenomena." *Nature* 17: 226-29, 385-87.
Pouillet, Claude Servais Mathias. 1853. *Éléments de Physique expérimentale et de Météorologie*, 6th ed. Paris: L. Hachette.
Preece, William Henry. 1894. "Earth Currents." *Nature* 49: 554.
Randall, Walter and Walter S. Moos. 1993. "The 11-Year Cycle in Human Births." *International Journal of Biometeorology* 37(2): 72-77.
Randall, Walter. 1990. "The Solar Wind and Human Birth Rate: A Possible Relationship Due to Magnetic Disturbances." *International Journal of Biometeorology* 34(1): 42-48.
Reichmanis, Maria, Andrew A. Marino, and Robert O. Becker. 1979. "Laplace Plane Analysis of Impedance on the H Meridian." *American Journal of Chinese Medicine* 7(2): 188-93.
Reiter, Reinhold. 1954. "Umwelteinflüsse auf die Reaktionszeit des gesunden Menschen." *Münchener medizinische Wochenschrift* 96(17, 18): 479-81, 526-29.
———. 1969. "Solar Flares and Their Impact on Potential Gradient and Air-Earth Current Characteristics at High Mountain Stations." *Pure and Applied Geophysics* 72(1): 259-67.
———. 1976. "The Electric Potential of the Ionosphere as Controlled by the Solar Magnetic Sector Structure." *Naturwissenschaften* 63(4): 192-93.

Rheinberger, Margaret B. and Herbert H. Jasper. 1937. "Electrical Activity of the Cerebral Cortex in the Unanesthetized Cat." *American Journal of Physiology* 119: 186-96.
Robinson, G. H. 1966. "Harmonic Phenomena Associated with the Benmore-Haywards H.V.D.C. Transmission Scheme." *New Zealand Engineering*, January 15, pp. 16-28.
Roble, R. G. 1991. "On Modeling Component Processes in the Earth's Global Electric Circuit." *Journal of Atmospheric and Terrestrical Physics* 53(9): 831-47.
Rooney, W. J. 1939. "Earth Currents." In: J. A. Fleming, ed., *Terrestrial Magnetism and Electricity* (New York: McGraw-Hill), pp. 270-307.
Rosenberg, Theodore J., Robert A. Helliwell, and John P. Katsufrakis. 1971. "Electron Precipitation Associated with Discrete Very-Low-Frequency Emissions." *Journal of Geophysical Research* 76(34): 8445-52.
Ruckebusch, Y. 1963. "L'électroencéphalogramme normal du chien." *Revue de Médecine Vétérinaire* 114(1): 119-34.
Rycroft, Michael J. 1965. "Resonances of the Earth-Ionosphere Cavity Observed at Cambridge, England." *Radio Science* 69D(8): 1071-81.
———. 2006. "Electrical Processes Coupling the Atmosphere and Ionosphere: An Overview." *Journal of Atmospheric and Solar-Terrestrical Physics* 68: 445-56.
Sá, Luiz Alexandre Nogueira de. 1990. "A Wave-Particle-Wave Interaction Mechanism as a Cause of VLF Triggered Emissions." *Journal of Geophysical Research* 95(A8): 12,277-86.
Schlegel, Kristian and Martin Füllekrug. 2002. "Weltweite Ortung von Blitzen: 50 Jahre Schumann-Resonanzen." *Physik in unserer Zeit* 33(6): 256-61.
Schulz, Nicolas. 1961. "Lymphocytose relative et l'activité solaire." *Revue médicale de Nancy* 6: 541-44.
Schumann, Winfried O. and Herbert L. König. 1954. "Über die Beobachtung von 'Atmospherics' bei geringsten Frequenzen." *Naturwissenschaften* 41(8): 183-84.
Shin, Hak-Soo, Hyeon-Min Johng, Byung-Cheon Lee, Sung-Il Cho, Kyung-Soon Soh, Ku-Youn Baik, Jung-Sun Yoo, and Kwang-Sup Soh. 2005. "Feulgen Reaction Study of Novel Threadlike Structures (Bonghan Ducts) on the Surface of Mammalian Organs." *Anatomical Record* 284B: 35-40.
Soh, Kwang-Sup, Kyung A. Kang, and David K. Harrison, eds. 2012. *The Primo Vascular System*. New York: Springer.
Soh, Kwang-Sup, Kyung A. Kang, and Yeon Hee Ryu. 2013. "50 Years of Bong-Han Theory and 10 Years of Primo Vascular System." *Evidence-Based Complementary and Alternative Medicine*, article ID 587827.
Starwynn, Darren. 2002. "Electrophysiology and the Acupuncture Systems." *Medical Acupuncture* 13(1): article 7.
Stiles, Gardiner S. and Robert A. Helliwell. 1975. "Frequency-Time Behavior of Artificially Stimulated VLF Emissions." *Journal of Geophysical Research* 80(4): 608-18.

Stoupel Eliyahu, J. Abramson, Stanislava Domarkiene, Michael Shimshoni, and Jaqueline Sulkes. 1997. "Space Proton Flux and the Temporal Distribution of Cardiovascular Deaths." *International Journal of Biometeorolgoy* 40(2): 113-16.
Stoupel, Eliyahu, Helena Frimer, Zvi Appelman, Ziva Ben-Neriah, Hanna Dar, Moshe D. Fejgin, Ruth Gershoni-Baruch, Esther Manor, Gad Barkai, Stavit Shalev, Zully Gelman-Kohan, Orit Reish, Dorit Lev, Bella Davidov, Boleslaw Goldman, and Mordechai Shohat. 2005. "Chromosome Aberration and Environmental Physical Activity: Down Syndrome and Solar and Cosmic Ray Activity, Israel, 1990-2000." *International Journal of Biometeorology* 50(1): 1-5.
Stoupel, Eliyahu, Jadviga Petrauskiene, Ramunė Kalėdienė, Evgeny Abramson, and Jacqueline Sulkes. 1995. "Clinical Cosmobiology: The Lithuanian Study 1990-1992." *International Journal of Biometeorology* 38(4): 204-8.
Stoupel, Eliyahu, Ramunė Kalėdienė, Jadvyga Petrauskienė, Skirmantė Starkuvienė, Evgeny Abramson, Peter Israelevich, and Jaqueline Sulkes. 2007. "Clinical Cosmobiology: Distribution of Deaths During 180 Months and Cosmophysical Activity. The Lithuanian Study, 1990-2004: The Role of Cosmic Rays." *Medicina (Kaunas)* 43(10): 824-31.
Sulman, Felix Gad. 1976. *Health, Weather and Climate*. Basel: Karger.
———. 1980. *The Effect of Air Ionization, Electric Fields, Atmospherics and Other Electric Phenomena on Man and Animal*. Springfield, Ill.: Charles C. Thomas.
———. 1982. *Short- and Long-Term Changes in Climate*, 2 vols. Boca Raton, FL: CRC Press.
Szarka, László. 1988. "Geophysical Aspects of Man-Made Electromagnetic Noise in the Earth – A Review." *Surveys in Geophysics* 9: 287-318.
Tait, Peter Guthrie. 1884. "On Various Suggestions as to the Source of Atmospheric Electricity." *Nature* 29: 517.
Tatnall, Adrian R. L., J. P. Matthews, Ken Bullough, and Thomas Reeve Kaiser. 1983. "Power-Line Harmonic Radiation and the Electron Slot." *Space Science Reviews* 35(2): 139-73.
Tomizawa, Ichiro and Takeo Yoshino. 1984. "Power Line Radiation over Northern Europe Observed on the Balloon B_{15}-1N." *Memoirs of the National Institute of Polar Research*, Special Issue 31: 115-23.
Tomizawa, Ichiro, Hayato Nishida, and Takeo Yoshino. 1995. "A New-Type Source of Power Line Harmonic Radiation Possibly Located on the Kola Peninsula." *Journal of Geomagnetism and Geoelectricity* 47: 213-29.
Tomizawa, Ichiro, Takeo Yoshino, and Hayato Sasaki. 1985. "Geomagnetic Effect on Electromagnetic Field Strength of Power Line Radiation Over Northern Europe Observed on the Balloons B_{15}-1N and B_{15}-2N." *Memoirs of the National Institute of Polar Research*, Special Issue 36: 181-90.
Trakhtengerts, Victor Y. and Michael J. Rycroft. 2000. "Whistler-Electron Interactions in the Magnetosphere: New Results and Novel Approaches." *Journal of Atmospheric and Solar-Terrestrial Physics* 62: 1719-33.

Tromp, Solco W. 1963. *Medical Biometeorology: Weather, Climate and the Living Organism*. Amsterdam: Elsevier.
Trowbridge, John. 1880. "The Earth as a Conductor of Electricity." *American Journal of Science*, 3rd ser., 20: 138-41.
Vampola, Alfred L. 1987. "Electron Precipitation in the Vicinity of a VLF Transmitter." *Journal of Geophysical Research* 92(A5): 4525-32.
Vampola, Alfred L. and C. D. Adams. 1988. "Outer Zone Electron Precipitation Produced by a VLF Transmitter." *Journal of Geophysical Research* 93(A3): 1849-58.
Van Nostrand's Engineering Magazine. 1874. "Terrestrial Electricity." 10: 440-42.
Villante, U., M. Vellante, A. Piancatelli, A. Di Cienzo, T. L. Zhang, W. Magnes, V. Wesztergom, and A. Meloni. 2004. "Some Aspects of Man-made Contamination on ULF Measurements." *Annales Geophysicae* 22: 1335-45.
Volland, Hans, ed. 1982. *Handbook of Atmospherics*, 2 vols. Boca Raton, FL: CRC Press.
———. 1987. "Electromagnetic Coupling between Lower and Upper Atmosphere." *Physica Scripta* T18: 289-97.
———. 1995. *Handbook of Atmospheric Electrodynamics*, 2 vols. Boca Raton, FL: CRC Press.
Watt, A. D. and E. L. Maxwell. 1957. "Characteristics of Atmospheric Noise from 1 to 100 KC." *Proceedings of the IRE* 45: 787-94.
Wei, Jianzi, Huijuan Mao, Yu Zhou, Lina Wang, Sheng Liu, and Xueyong Shen. 2012. "Research on Nonlinear Feature of Electrical Resistance of Acupuncture Points." *Evidence-Based Complementary and Alternative Medicine*, article ID 179657.
Wever, Rütger A. 1973. "Human Circadian Rhythms under the Influence of Weak Electric Fields and the Different Aspects of These Studies." *International Journal of Biometeorology* 17(3): 227-32.
———. 1974. "ELF-Effects on Human Circadian Rhythms." In: Michael A. Persinger, ed., *ELF and VLF Electromagnetic Field Effects* (New York: Plenum), pp. 101-44.
———. 1992. "Circadian Rhythmicity of Man under the Influence of Weak Electromagnetic Fields." In: Martin C. Moore-Ede, Scott S. Campbell, and Russel J. Reiter, eds., *Electromagnetic Fields and Circadian Rhythmicity* (Boston: Birkhäuser), pp. 121-39.
Williams, Earle R. 2009. "The Global Electrical Circuit: A Review." *Atmospheric Research* 91(2-4): 140-52.
Wu, B., X. Hu, and J. Xu. 1993. "Effect of Increase and Decrease of Measurement Voltage on Skin Impedance." *Zhen Ci Yan Jiu* ("Acupuncture Research") 18(2): 104-7 (in Chinese).
Yearby, Keith H., Andy J. Smith, Thomas Reeve Kaiser, and Ken Bullough. 1983. "Power Line Harmonic Radiation in Newfoundland." *Journal of Atmospheric and Terrestrial Physics* 45(6): 409-19.
Xiang, Zhu Zong, Xu Rui Ming, Xie Jung Guo, and Yu Shu Zhuang. 1984. "Experimental Meridian Line of Stomach and Its Low Impedance Nature." *Acupuncture and Electro-therapeutics Research* 9(3): 157-64.

Zhang, Weibo, Ruimin Xu, and Zongxian Zhu. 1999. "The Influence of Acupuncture on the Impedance Measured by Four Electrodes on Meridians." *Acupuncture and Electro-therapeutics Research* 24(3-4): 181-88.

제10장

Aartsma, Thijs J. and Jan Amesz. 1996. "Reaction Center and Antenna Processes in Photosynthesis at Low Temperature." *Photosynthesis Research* 48: 99-106.

Abdelmelek, H., A. El-May Ben Hamouda, Mohamed Ben Salem, Jean-Marc Pequignot, and Mohsen Sakly. 2003. "Electrical Conduction through Nerve and DNA." *Chinese Journal of Physiology* 46(3): 137-41.

Adey, William Ross. 1993. "Whispering Between Cells: Electromagnetic Fields and Regulatory Mechanisms in Tissue." *Frontier Perspectives* 3(2): 21-25.

Adler, Alan D. 1970. "Solid State Possibilities of Porphyrin Structures." *Journal of Polymer Science: Part C* 29: 73-79.

———. 1973. "Porphyrins as Model Systems for Studying Structural Relationships." *Annals of the New York Academy of Sciences* 206: 7-17.

Adler, Alan D., Veronika Váradi, and Nancy Wilson. 1975. "Porphyrins, Power, and Pollution." *Annals of the New York Academy of Sciences* 244: 685-94.

Alley, Michael C., Eva K. Killam, and Gerald L. Fisher. 1981. "The Influence of d-Penicillamine Treatment upon Seizure Activity and Trace Metal Status in the Senegalese Baboon, *Papio Papio*." *Journal of Pharmacology and Experimental Therapeutics* 217(1): 138-46.

Andant, Christophe, Hervé Puy, Jean Faivre, and Jean-Charles Deybach. 1998. "Acute Hepatic Porphyrias and Primary Liver Cancer." *New England Journal of Medicine* 338(25): 1853-54.

Apeagyei, Eric, Michael S. Bank, and John D. Spengler. 2011. "Distribution of Heavy Metals in Road Dust Along an Urban-Rural Gradient in Massachusetts." *Atmospheric Environment* 45: 2310-23.

Aramaki, Shinji, Ruichi Yoshiyama, Masayoshi Sakai, and Noboru Ono. 2005. "P-19: High Performance Porphyrin Semiconductor for Transistor Applications." *SID 05 Digest*: 296-99.

Arnold, William. 1965. "An Electron-Hole Picture of Photosynthesis." *Journal of Physical Chemistry* 69(3): 788-91.

Arnold, William and Roderick K. Clayton. 1960. "The First Step in Photosynthesis: Evidence for Its Electronic Nature." *Proceedings of the National Academy of Sciences* 46(6): 769-76.

Arnold, William and Helen K. Sherwood. 1957. "Are Chloroplasts Semiconductors?" *Proceedings of the National Academy of Sciences* 43(1): 105-14.

Asbury, Arthur K., Richard L. Sidman, and Merrill K. Wolf. 1966. "Drug-Induced Porphyrin Accumulation in the Nervous System." *Neurology* 16(3): 299. Abstract.
Assaf, S. Y. and Shin-Ho Chung. 1984. "Release of Endogenous Zn^{2+} from Brain Tissue during Activity." *Nature* 308: 734-36.
Athenstaedt, Herbert. 1974. "Pyroelectric and Piezoelectric Properties of Vertebrates." *Annals of the New York Academy of Sciences* 238: 68-94.
Barbeau, André. 1974. "Zinc, Taurine, and Epilepsy." *Archives of Neurology* 30: 52-58.
Bassham, James A. and Melvin Calvin. 1955. *Photosynthesis.* U.S. Atomic Energy Commission, report no. UCRL-2853.
Baum, Larry, Iris Hiu Shuen Chan, Stanley Kwok-Kuen Cheung, William B. Goggins, Vincent Mok, Linda Lam, Vivian Leung, Elsie Hui, Chelsia Ng, Jean Woo, Helen Fung Kum Chiu, Benny Chung-Ying Zee, William Cheng, Ming-Houng Chan, Samuel Szeto, Victor Lui, Joshua Tsoh, Ashley I. Bush, Christopher Wai Kei Lam, and Timothy Kwok. 2010. "Serum Zinc is Decreased in Alzheimer's Disease and Serum Arsenic Correlates Positively with Cognitive Ability." *Biometals* 23: 173-79.
Becker, David Morris and Sidney Kramer. 1977. "The Neurological Manifestations of Porphyria: A Review." *Medicine* 56(5): 411-23.
Becker, David Morris and Frederick Wolfgram. 1978. "Porphyrins in Myelin- and Non-myelin Fractions of Bovine White Matter." *Journal of Neurochemistry* 31: 1109-11.
Becker, Robert Otto. 1960. "The Bioelectric Field Pattern in the Salamander and Its Simulation by an Electronic Analog." *IRE Transactions on Medical Electronics* ME-7(3): 202-7.
———. 1961a. "Search for Evidence of Axial Current Flow in Peripheral Nerves of Salamander." *Science* 134: 101-2.
———. 1961b. "The Bioelectric Factors in Amphibian-Limb Regeneration." *Journal of Bone and Joint Surgery* 43-A(5): 643-56.
Becker, Robert O. and Andrew A. Marino. 1982. *Electromagnetism and Life.* Albany: State University of New York Press.
Becker, Robert O. and Gary Selden. 1985. *The Body Electric: Electromagnetism and the Foundation of Life.* New York: William Morrow.
Berman, J. and T. Bielický. 1956. "Einige äußere Faktoren in der Ätiologie der Porphyria cutanea tarda und des Diabetes mellitus mit besonderer Berücksichtigung der syphilitischen Infektion und ihrer Behandlung." *Dermatologica* 113: 78-87.
Bernal, John Desmond. 1949. "The Physical Basis of Life." *Proceedings of the Physical Society, Section A*, vol. 62, part 9, no. 357A, pp. 537-58.
Blanshard, T. Paul. 1953. "Isolation from Mammalian Brain of Coproporphyrin III and a Uro-Type Porphyrin." *Proceedings of the Society for Experimental Biology and Medicine* 83: 512-13.
Bonkowsky, Herbert L., Donald P. Tschudy, Eugene C. Weinbach, Paul S. Ebert, and Joyce M. Doherty. 1975. "Porphyrin Synthesis and Mitochondrial Respiration in Acute Intermittent

Porphyria: Studies Using Cultured Human Fibroblasts." *Journal of Laboratory and Clinical Medicine* 85(1): 93-102.

Bonkowsky, Herbert L. and Wolfgang Schady. 1982. "Neurologic Manifestations of Acute Porphyria." *Seminars in Liver Disease* 2(2): 108-24.

Borgens, Richard B. 1982. "What is the Role of Naturally Produced Electric Current in Vertebrate Regeneration and Healing?" *International Review of Cytology* 76: 245-98.

Borgens, Richard B., Kenneth R. Robinson, Joseph W. Vanable, Jr., and Michael E. McGinnis. 1989. *Electric Fields in Vertebrate Repair: Natural and Applied Voltages in Vertebrate Regeneration and Healing.* New York: Alan R. Liss.

Boyle, Neil J. and Donal P. Murray. 1993. "Unusual Presentation of Porphyria Cutanea Tarda." *Lancet* 2: 186.

Brodie, Martin J., George G. Thompson, Michael R. Moore, Alistair D. Beattie, and Abraham Goldberg. 1977. "Hereditary Coproporphyria." *Quarterly Journal of Medicine* 46: 229-41.

Brown, Glenn H. and Jerome J. Wolken. 1979. *Liquid Crystals and Biological Structures.* New York: Academic.

Burr, Harold Saxton. 1940. "Electrical Correlates of the Menstrual Cycle in Women." *Yale Journal of Biology and Medicine* 12(4): 335-44.

———. 1942. "Electrical Correlates of Growth in Corn Roots." *Yale Journal of Biology and Medicine* 14(6): 581-88.

———. 1943. "An Electrometric Study of Mimosa." *Yale Journal of Biology and Medicine* 15(6): 823-29.

———. 1944a. "Moon-Madness." *Yale Journal of Biology and Medicine* 16(3): 249-56.

———. 1944b. "Potential Gradients in Living Systems and Their Measurements." In: Otto Glasser, ed., *Medical Physics* (Chicago: Yearbook), pp. 1117-21.

———. 1944c. "The Meaning of Bio-electric Potentials." *Yale Journal of Biology and Medicine* 16(4): 353-60.

———. 1945a. "Variables in DC Measurement." *Yale Journal of Biology and Medicine* 17(3): 465-78.

———. 1945b. "Diurnal Potentials in the Maple Tree." *Yale Journal of Biology and Medicine* 17(6): 727-34.

———. 1950. "Electro-cyclic Phenomena: Recording Life Dynamics of Oak Trees." *The Yale Scientific Magazine*, December, pp. 9-10, 32-36, 38, 40.

———. 1956. "Effect of a Severe Storm on Electrical Properties of a Tree and the Earth." *Science* 124: 1204-5.

———. 1972. *Blueprint for Immortality: The Electric Patterns of Life.* Saffron Walden, England: C. W. Daniel.

Burr, Harold Saxton, R. T. Hill, and Edgar Allen. 1935. "Detection of Ovulation in the Intact Rabbit." *Proceedings of the Society for Experimental Biology and Medicine* 33: 109-11.

Burr, Harold Saxton and Carl Iver Hovland. 1937. "Bio-Electric Correlates of Development in Amblystoma." *Yale Journal of Biology and Medicine* 9(6): 541-49.
Burr, Harold Saxton and Cecil Taverner Lane. 1935. "Electrical Characteristics of Living Systems." *Yale Journal of Biology and Medicine* 8(1): 31-35.
Burr, Harold Saxton and Dorothy S. Barton. 1938. "Steady-State Electrical Properties of the Human Organism during Sleep." *Yale Journal of Biology and Medicine* 10(3): 271-74.
Burr, Harold Saxton and Luther K. Musselman. 1936. "Bio-electric Phenomena Associated with Menstruation." *Yale Journal of Biology and Medicine* 9(2): 155-58.
———. 1938. "Bio-Electric Correlates of the Menstrual Cycle in Women." *American Journal of Obstetrics and Gynecology* 35(5): 743-51.
Burr, Harold Saxton, Luther K. Musselman, Dorothy S. Barton, and Naomi B. Kelly. 1937a. "Bio-electric Correlates of Human Ovulation." *Yale Journal of Biology and Medicine* 10(2): 155-60.
———. 1937b. "A Bio-electric Record of Human Ovulation." *Science* 86: 312.
Bush, Ashley I. and Rudolph E. Tanzi. 2008. "Therapeutics for Alzheimer's Disease Based on the Metal Hypothesis." *Neurotherapeutics* 5(3): 421-32.
Bush, Ashley I., Warren H. Pettingell, Gerd Multhaup, Marc d. Paradis, Jean-Paul Vonsattel, James F. Gusella, Konrad Beyreuther, Colin L. Masters, and Rudolph E. Tanzi. 1994. "Rapid Induction of Alzheimer Aβ Amyloid Formation by Zinc." *Science* 265: 1464-67.
Bylesjö, Ingemar. 2008. "Epidemiological, Clinical and Pathogenetic Studies of Acute Intermittent Porphyria." Medical dissertation, Family Medicine, Dept. of Public Health and Clinical Medicine, Umeå University, Sweden.
Calvin, Melvin. 1958. "From Microstructure to Macrostructure and Function in the Photochemical Apparatus." *Brookhaven Symposia in Biology* 11: 160-79.
Cardew, Martin H. and Daniel Douglas Eley. 1959. "The Semiconductivity of Organic Substances. Part 3 – Haemoglobin and Some Amino Acids." *Discussions of the Faraday Society* 27: 115-28.
Chisolm, J. Julian, Jr. 1992. "The Porphyrias." In: Richard E. Behrman, ed., *Nelson Textbook of Pediatrics*, 14th ed. (Philadelphia: W. B. Saunders), pp. 384-90.
Choi, D. W., M. Yokoyama, and J. Koh. 1988. "Zinc Neurotoxicity in Cortical Cell Culture." *Neuroscience* 24(1): 67-79.
Chung, Yong-Gu, Jon A. Schwartz, Raymond E. Sawayo, and Steven L. Jacques. 1997. "Diagnostic Potential of Laser-Induced Autofluorescence Emission in Brain Tissue." *Journal of Korean Medical Science* 12: 135-42.
Clayton, Roderick K. 1962. "Recent Developments in Photosynthesis." *Microbiology and Molecular Biology Reviews* 26 (2 parts 1-2): 151-64.
Cope, Freeman Widener. 1970. "The Solid-State Physics of Electron and Ion Transport in Biology." *Advances in Biological and Medical Physics* 13: 1-42.
———. 1973. "Supramolecular Biology: A Solid State Physical Approach to Ion and Electron Transport." *Annals of the New York Academy of Scinces* 204: 416-33.

———. 1975. "A Review of the Applications of Solid State Physics Concepts to Biological Systems." *Journal of Biological Physics* 3(1): 1-41.
———. 1979. "Semiconduction as the Mechanism of the Cytochrome Oxidase Reaction. Low Activation Energy of Semiconduction Measured for Cytochrome Oxidase Protein. Solid State Theory of Cytochrome Oxidase Predicts Observed Kinetic Peculiarities." *Physiological Chemistry and Physics* 11: 261-62.
Crane, Eva E. 1950. "Bioelectric Potentials, Their Maintenance and Function." *Progress in Biophysics and Biophysical Chemistry* 1: 85-136.
Crile, George Washington. 1926. *A Bipolar Theory of Living Processes.* New York: Macmillan.
———. 1936. *The Phenomena of Life: A Radio-Electric Interpretation.* New York: W. W. Norton.
Cristóvão, Joana S., Renata Santos, and Cláudio M. Gomes. 2016. "Metals and Neuronal Metal Binding Proteins Implicated in Alzheimer's Disease." *Oxidative Medicine and Cellular Longevity*, article ID 9812178.
Crimlisk, Helen L. 1997. "The Little Imitator – Porphyria: A Neuropsychiatric Disorder." *Journal of Neurology, Neurosurgery, and Psychiatry* 62(4): 319-28.
Cuajungco, Math P., Kyle Y. Fagét, Xudong Huang, Rudolph E. Tanzi, and Ashley I. Bush. 2000. "Metal Chelation as a Potential Therapy for Alzheimer's Disease." *Annals of the New York Academy of Sciences* 920: 292-304.
Darus, Fairus Muhamad, Rabiatul Adawiyah Nasir, Siti Mariam Sumari, Zitty Sarah Ismail, and Nur Aliah Omar. 2012. "Heavy Metals Composition of Indoor Dust in Nursery Schools Building." *Procedia – Social and Behavioral Sciences* 38: 169-75.
Dolphin, David, ed. 1978-79. *The Porphyrias*, 7 vols. New York: Academic.
Donald, G. F., G. A. Hunter, W. Roman, and Adelheid E. J. Taylor. 1965. "Cutaneous Porphyria: Favourable Results in Twelve Cases Treated by Chelation." *American Journal of Dermatology* 8(2): 97-115.
Dorfman, W. A. 1934. "Electrical Polarity of the Amphibian Egg and Its Reversal Through Fertilization." *Protoplasma* 21(2): 245-57.
Downey, David C. 1992. "Fatigue Syndromes: New Thoughts and Reinterpretation of Previous Data." *Medical Hypotheses* 39: 185-90.
———. 1994. "Hereditary Coproporphyria." *British Journal of Clinical Practice* 48(2): 97-99.
Durkó, Irene, Jósef Engelhardt, János Szilárd, Krisztina Baraczka, and György Gál. 1984. "The Effect of Haemodialysis on the Excretion of the Mauve Factor in Schizophrenia." *Journal of Orthomolecular Psychiatry* 13(4): 222-32.
Eilenberg, M. D. and B. A. Scobie. 1960. "Prolonged Neuropsychiatric Disability and Cardiomyopathy in Acute Intermittent Porphyria." *British Medical Journal* 1: 858-59.
Elbagermi, M. A., H. G. M. Edwards, and A. I. Alajtal. 2013. "Monitoring of Heavy Metals Content in Soil Collected from City Centre and Industrial Areas of Misurata, Libya." *International Journal of Analytical Chemistry*, article ID 312581.

Eley, Daniel Douglas and D. I. Spivey. 1960. "The Semiconductivity of Organic Substances. Part 6 – A Range of Proteins." *Transactions of the Faraday Society* 56: 1432-42.

———. 1962. "The Semiconductivity of Organic Substances. Part 8. Porphyrins and Dipyrromethenes." *Transactions of the Faraday Society* 58: 405-10.

Ellefson, Ralph D. and R. E. Ford. 1996. "The Porphyrias: Characteristics and Laboratory Tests." 1996. *Regulatory Toxicology and Pharmacology* 24: S119-S125.

Felitsyn, Natalia, Colin McLeod, Albert L. Shroads, Peter W. Stacpoole, and Lucia Notterpek. 2008. "The Heme Precursor Delta-Aminolevulinate Blocks Peripheral Myelin Formation." *Journal of Neurochemistry* 106(5): 2068-79.

Fisch, Michael R. 2004. *Liquid Crystals, Laptops and Life*. Singapore: World Scientific.

Fishbein, Alf, John C. Thornton, Ruth Lilis, José A. Valciukas, Jonine Bernstein, and Irving J. Selikoff. 1980. "Zinc Protoporphyrin, Blood Lead and Clinical Symptoms in Two Occupational Groups with Low-Level Exposure to Lead." *American Journal of Industrial Medicine* 1: 391-99.

Flinn, J. M., D. Hunter, D. H. Linkous, A. Lanzirotti, L. N. Smith, J. Brightwell, and B. F. Jones. 2005. "Enhanced Zinc Consumption Causes Memory Deficits and Increased Brain Levels of Zinc." *Physiology and Behavior* 83: 793-803.

Frederickson, Christopher J., Wolfgang Maret, and Math P. Cuajungco. 2004. "Zinc and Excitotoxic Brain Injury: A New Model." *Neuroscientist* 10(1): 19-25.

Frey, Allan H. 1971. "Biological Function as Influenced by Low Power Modulated RF Energy." *IEEE Transactions on Microwave Theory and Techniques* MTT-19(2): 153-64.

———. 1988. "Evolution and Results of Biological Research with Low-Intensity Nonionizing Radiation." In: Andrew A. Marino, ed., *Modern Bioelectricity* (New York: Marcel Dekker), pp. 785-837.

Fukuda, Eiichi. 1974. "Piezoelectic Properties of Organic Polymers." *Annals of the New York Academy of Sciences* 238: 7-25.

Garrett, C. G. B. 1959. "Organic Semiconductors." In: N. B. Hannay, ed., *Semiconductors* (New York: Reinhold Publishing Corp.), pp. 634-75.

Gibney, G. N., I. H. Jones, and J. H. Meek. 1972. "Schizophrenia in association with erythropoietic protoporphyria – report of a case." *British Journal of Psychiatry* 121:79-81.

Gilyarovskiy, V. A., I. M. Liventsev, Yu. Ye. Segal', and Z. A. Kirillova. 1958. *Electroson (kliniko-fiziologicheskoye issledovaniye)*. Moscow. In English Translation as *Electric Sleep (A Clinical-Physiological Investigation)*. JPRS 2278.

Goldberg, Abraham. 1959. "Acute Intermittent Porphyria: A Study of 50 Cases." *Quarterly Journal of Medicine* 28: 183-209.

Goldberg, Abraham and Michael R. Moore, eds. 1980. *The Porphyrias*. Vol. 9, no. 2 of *Clinics in Haematology*.

Granick, S. and H. Gilder. 1945. "The Structure, Function and Inhibitory Action of Porphyrins." *Science* 101: 540.

Hagemann, Ole and Frederik Krebs. 2013. "Syntheses of Asymmetric Porphyrins for Photovoltaics." Polymer Solar Cell Initiative, Danish Polymer Centre, Risø National Laboratory, Roskilde, Denmark. www.risoe.dk/solarcells.

Halpern, R. M. and H. G. Copsey. 1946. "Acute Idiopathic Porphyria; Report of a Case." *Medical Clinics of North America* 30: 385-96.

Hamadani, Jena D., George J. Fuchs, Saskia J. M. Osendarp, F. Khatun, Syed N. Huda, and Sally M. Grantham-McGregor. 2001. "Randomized Controlled Trial of the Effect of Zinc Supplementation on the Mental Development of Bangladeshi Infants." *American Journal of Clinical Nutrition* 74: 381-86.

Hamadani, Jena D, George J. Fuchs, Saskia J. M. Osendarp, Syed N. Huda, and Sally M. Grantham-McGregor. 2002. "Zinc Supplementation During Pregnancy and Effects on Mental Development and Behaviour of Infants: A Follow-up Study." *Lancet* 360: 290-94.

Hancock, Sara M., David I. Finkelstein, and Paul A. Adlard. 2014. "Glia and Zinc in Ageing and Alzheimer's Disease: A Mechanism for Cognitive Decline?" *Frontiers in Aging Neuroscience* 6: 137.

Hardell, Lennart, Nils-Olof Bengtsson, U. Jonsson, S. Eriksson, and Lars-Gunnar Larsson. 1984. "Aetiological Aspects on Primary Liver Cancer with Special Regard to Alcohol, Organic Solvents and Acute Intermittent Porphyria – an Epidemiological Investigation." *British Journal of Cancer* 50: 389-97.

Hargittai, Pál T. and Edward M. Lieberman. 1991. "Axon-Glia Interactions in the Crayfish: Glial Cell Oxygen Consumption is Tightly Coupled to Axon Metabolism." *Glia* 4(4): 417-23.

Hashim, Zawiah, Leslie Woodhouse, and Janet C. King. 1996. "Interindividual Variation in Circulating Zinc Concentrations among Healthy Adult Men and Women." *International Journal of Food Sciences and Nutrition* 47: 393-90.

Hengstman, G. H., K. F. de Laat, B. Jacobs, and B. G. van Engelen. 2009. "Sensorimotor Axonal Polyneuropathy without Hepatic Failure in Erythropoietic Protoporphyria." *Journal of Clinical Neuromuscular Disease* 11(2):72-76.

Herrick, Ariane L., B. Miles Fisher, Michael R. Moore, Sylvia Cathcart, Kenneth E. L. McColl, and Abraham Goldberg. 1990. "Elevation of Blood Lactate and Pyruvate Levels in Acute Intermittent Porphyria – A Reflection of Haem Deficiency?" *Clinica Chimica Acta* 190(3): 157-62.

Ho, Mae-Wan. 1993. *The Rainbow and the Worm: The Physics of Organisms*. Singapore: World Scientific.

———. 1996. "Bioenergetics and Biocommunication." In: R. Cuthbertson, M. Holcombe, and R. Paton, eds., *Computation in Cellular and Molecular Biological Systems* (Singapore: World Scientific), pp. 251-64.

———. 2003. "From 'Molecular Machines' to Coherent Organisms." In: Francesco Musumeci, Larissa S. Brizhik, and Mae-Wan Ho, eds., *Energy and Information Transfer in Biological Systems* (Singapore: World Scientific), pp. 63-81.

———. 2008. *The Rainbow and the Worm: The Physics of Organisms*, 3rd ed. Singapore: World Scientific.
Ho, Mae-Wan, Julian Haffegee, Richard Newton, Yu-Ming Zhou, John S. Bolton, and Stephen Ross. 1996. "Organisms as Polyphasic Liquid Crystals." *Bioelectrochemistry and Bioenergetics* 41: 81-91.
Hoffer, A. and H. Osmond. 1963. "Malvaria: A New Psychiatric Disease." *Acta Psychiatrica Scandinavica* 39: 335-66.
Holtmann, W. and Ch. Xenakis. 1978. "Neurologische und psychiatrische Störungen bei Porphyria cutanea tarda." *Nervenarzt* 49: 282-84.
———. 1979. "Stellungnahme zum Kommentar von C.A. Pierach über die Arbeit von W. Holtman und Ch. Xenakis: 'Neurologische und psychiatrische Störungen bei Porphyria cutanea tarda.'" *Nervenarzt* 50: 542-43.
Hunt, Tam. 2013. "The Rainbow and the Worm: Establishing a New Physics of Life." *Communicative and Integrative Biology* 6(2): e23149.
Huszák, I., Irene Durkó, and K. Karsai. 1972. "Experimental Data to the Pathogenesis of Cryptopyrrole Excretion in Schizophrenia, I." *Acta Physiologica Academiae Scientiarum Hungaricae* 42(1): 79-86.
Ichimura, Shoji. 1960. "The Photoconductivity of Chloroplasts and the Far Red Light Effect." *Biophysical Journal* 1: 99-109.
Irvine, Donald G. and Lennart Wetterberg. 1972. "Kryptopyrrole-like Sybstance in Acute Intermittent Porphyria." *Lancet* 2: 1201.
Jerman, Igor. 1998. "Electromagnetic Origin of Life." *Electro- and Magnetobiology* 17(3): 401-13.
Johnson, Phyllis E., Curtiss D. Hunt, David B. Milne, and Loanne K. Mullen. 1993. "Homeostatic Control of Zinc Metabolism in Men: Zinc Excretion and Balance in Men Fed Diets Low in Zinc." *American Journal of Clinical Nutrition* 57: 557-65.
Katz, E. 1949. "Chlorophyll Fluorescence as an Energy Flowmeter for Photosynthesis." In: James Franck and Walter E. Loomis, eds., *Photosynthesis in Plants* (Ames, IA: Iowa State College Press), pp. 287-92.
Kauppinen, Raili and Pertti Mustajoki. 1988. "Acute Hepatic Porphyria and Hepatocellular Carcinoma." *British Journal of Cancer* 57: 117-20.
Kim, Hooi-Sung, Chun-Ho Kim, Chang-Sik Ha, and Jin-Kook Lee. 2001. "Organic Solar Cell Devices Based on PVK/Porphyrin System." *Synthetic Metals* 117(1-3): 289-91.
King, Janet C., David M. Shames, and Leslie R. Woodhouse. 2000. "Zinc Homeostasis in Humans." *Journal of Nutrition* 130: 1360S-1366S.
Klüver, Heinrich. 1944a. "On Naturally Occurring Porphyrins in the Central Nervous System." *Science* 99: 482-84.
———. 1944b. "Porphyrins, the Nervous System, and Behavior." *Journal of Psychiatry* 17: 209-27.

———. 1967. "Functional Differences between the Occipital and Temporal Lobes." In: Lloyd A. Jeffress, ed., *Cerebral Mechanisms in Behavior – the Hixon Symposium* (New York: Hafner), pp. 147-82.

Kohl, Peter. 2003. "Heterogeneous Cell Coupling in the Heart: An Electrophysiological Role for Fibroblasts." *Circulation Research* 93: 381-83.

Kordač, Václav, Michaela Kozáková, and Pavel Martásek. 1989. "Changes of Myocardial Functions in Acute Hepatic Porphyrias: Role of Heme Arginate Administration." *Annals of Medicine* 21(4): 273-76.

Krijt, Jan, Pavla Stranska, Pavel Maruna, Martin Vokurka, and Jaroslav Sanitrak. 1997. "Herbicide-Induced Experimental Variegate Porphyria in Mice: Tissue Porphyrinogen Accumulation and Response to Porphyrogenic Drugs." *Canadian Journal of Physiology and Pharmacology* 75: 1181-87.

Kuffler, Stephen W. and David D. Potter. 1964. "Glia in the Leech Central Nervous System: Physiological Properties and Neuron-Glia Relationship." *Journal of Neurophysiology* 27: 290-320.

Kulvietis, Vytautas, Eugenijus Zakarevičius, Juozas Lapienis, Gražina Graželienė, Violeta Žalgevičienė, and Ričardas Rotomskis. 2007. "Accumulation of Exogenous Sensitizers in Rat Brain." *Acta Medica Lituanica* 14(3): 219-24.

Labbé, Robert F. 1967. "Metabolic Anomalies in Porphyria: The Result of Impaired Biological Oxidation?" *Lancet* 1: 1361-64.

Lagerwerff, J. V. and A. W. Specht. 1970. "Contamination of Roadside Soil and Vegetation with Cadmium, Nickel, Lead, and Zinc." *Environmental Science and Technology* 4(7): 583-86.

Labbé, Robert F., Hendrik J. Vreman, and David K. Stevenson. 1999. "Zinc Protoporphyrin: A Metabolite with a Mission." *Clinical Chemistry* 45(12): 2060-72.

Laiwah, A. C. Yeung, Abraham Goldberg, and Michael R. Moore. 1983. "Pathogenesis and Treatment of Acute Intermittent Porphyria: Discussion Paper." *Journal of the Royal Society of Medicine* 76: 386-92.

Laiwah, A. C. Yeung, Graeme J. A. Macphee, P. Boyle, Michael R. Moore, and Abraham Goldberg. 1985. "Autonomic Neuropathy in Acute Intermittent Porphyria." *Journal of Neurology, Neurosurgery, and Psychiatry* 48: 1025-30.

Lee, G. Richard. 1993. "Porphyria." In: G. Richard Lee and Maxwell Myer Wintrobe, eds., *Wintrobe's Clinical Hematology*, 9th ed. (Philadelphia: Lea & Febiger), pp. 1272-97..

Lehmann, Otto. 1908. *Flüssige Kristalle und die Theorien des Lebens*. Leipzig: Johann Ambrosius Barth.

Li, Xiaoyan, Shuting Zhang, and Mei Yang. 2014. "Accumulation and Risk Assessment of Heavy Metals in Dust in Main Living Areas of Guiyang City, Southwest China." *Chinese Journal of Geochemistry* 33(3): 272-76.

Libet, Benjamin and Ralph W. Gerard. 1941. "Steady Potential Fields and Neurone Activity." *Journal of Neurophysiology* 4(6): 438-55.

Linet, Martha S., Gloria Gridley, Olof Nyrén, Lene Mellemkjaer, Jørgen H. Olsen, Shannon Keehn, Hans-Olov Admi, and Joseph F. Fraumeni, Jr. 1999. "Primary Liver Cancer, Other Malignancies, and Mortality Risks following Porphyria: A Cohort Study in Denmark and Sweden." *American Journal of Epidemiology* 149(11): 1010-15.

Ling, Gilbert Ning. 1962. *A Physical Theory of the Living State: the Association-Induction Hypothesis*. Waltham, MA: Blaisdell.

———. 1965. "The Physical State of Water in Living Cell and Model Systems." *Annals of the New York Academy of Sciences* 125: 401-17.

———. 1992. *A Revolution in the Physiology of the Living Cell*. Malabar, FL: Krieger.

———. 1994. "The New Cell Physiology." *Physiological Chemistry and Physics and Medical NMR* 26(2): 121-203.

———. 2001. *Life at the Cell and Below-Cell Level: The Hidden History of a Fundamental Revolution in Biology*. Melville, NY: Pacific Press.

Ling, Gilbert Ning, Christopher Miller, and Margaret M. Ochselfeld. 1973. "The Physical State of Solutes and Water in Living Cells According to the Association-Induction Hypothesis." *Annals of the New York Academy of Sciences* 204: 6-50.

Livshits, V. A. and L. A. Blyumenfel'd. 1968. "Semiconductor Properties of Porphyrins." *Journal of Structural Chemistry* 8(3): 383-88.

Lund, Elmer J. 1947. *Bioelectric Fields and Growth*. Austin: University of Texas Press.

Macy, Judy A., John Gilroy, and Jane C. Perrin. 1991. "Hereditary Coproporphyria: An Imitator of Multiple Sclerosis." *Archives of Physical Medicine and Rehabilitation* 72(9): 703-4.

Markovitz, Meyer. 1954. "Acute Intermittent Porphyria: A Report of Five Cases and a Review of the Literature." *Annals of Internal Medicine* 41(6): 1170-88.

Marshall, Clyde and Ralph G. Meader. 1937. "Studies on the Electrical Potentials of Living Organisms: I. Base-lines and Strain Differences in Mice." *Yale Journal of Biology and Medicine* 10(1): 65-78.

———. 1938. "Studies in the Electrical Potentials of Living Organisms: III. Effects of Elevated Body Temperatures in Normal Unanesthetized Mice." *Yale Journal of Biology and Medicine* 11(2): 123-26.

Mason, Verne R., Cyril Courville and Eugene Ziskind. 1933. "The Porphyrins in Human Disease." *Medicine* 12(4): 355-438.

Maxwell, Kate and Giles N. Johnson. 2000. "Chloropyll Fluorescence – a Practical Guide." *Journal of Experimental Botany* 51: 659-68.

McCabe, Donald Lee. 1983. "Kryptopyrroles." *Journal of Orthomolecular Psychiatry* 12(1): 2-18.

McGinnis, Woody R, Tapan Audhya, William J. Walsh, James A. Jackson, John McLaren-Howard, Allen Lewis, Peter H. Lauda, Douglas M. Bibus, Frances Jurnak, Roman Lietha, and Abram Hoffer. 2008a. "Discerning the Mauve Factor, Part 1." *Alternative Therapies* 14(2): 40-50.

———. 2008b. "Discerning the Mauve Factor, Part 2." *Alternative Therapies* 14(3): 50-56.

McLachlan, D. R. Crapper, A. J. Dalton, T. P. A. Kruck, M. Y. Bell, W. L. Smith, W. Kalow, and D. F. Andrews. 1991. "Intramuscular Desferrioxamine in Patients with Alzheimer's Disease." *Lancet* 1: 1304-8.

Meader, Ralph G. and Clyde Marshall. 1938. "Studies on the Electrical Potentials of Living Organisms: II. Effects of Low Temperatures in Normal Unanesthetized Mice." *Yale Journal of Biology and Medicine* 10(4): 365-78.

Mikirova, Nina. 2015. "Clinical Test of Pyrroles: Usefulness and Association with Other Biochemical Markers." *Clinical Medical Reviews and Case Reports* 2: 027.

Milne, David B., Janet R. Mahalko, and Harold H. Sandstead. 1983. "Effect of Dietary Zinc on Whole Body Surface Loss of Zinc: Impact on Estimation of Zinc Retention by Balance Method." *American Journal of Clinical Nutrition* 38: 181-86.

Moore, Michael R. 1990. "The Pathogenesis of Acute Porphyria." *Molecular Aspects of Medicine* 11(1-2): 49-57.

Moore, Michael R., Kenneth E. L. McColl, Claude Rimington, and Abraham Goldberg. 1987. *Disorders of Porphyrin Metabolism*. New York: Plenum.

Morelli, Alessandro, Silvia Ravera, and Isabella Panfoli. 2011. "Hypothesis of an Energetic Function for Myelin." *Cell Biochemistry and Biophysics* 61: 179-87.

Morelli, Alessandro, Silvia Ravera, Daniela Calzia, and Isabella Panfoli. 2012. "Impairment of Heme Synthesis in Myelin as Potential Trigger of Multiple Sclerosis." *Medical Hypotheses* 78: 707-10.

Morton, William E. 1995. "Redefinition of Abnormal Susceptibility to Environmental Chemicals." In: Barry L. Johnson, Charles Xintaras, and John S. Andrews, Jr., eds., *Hazardous Waste Impacts on Human and Ecological Health* (Princeton, NJ: Princeton Scientific), pp. 320-27.

———. 1998. "Chemical-Induced Porphyrinopathy and Its Relation to Multiple Chemical Sensitivity (MCS)." Paper presented at Gordon Research Conference on Chemistry and Biology of Tetrapyrroles, Salve Regina University, Newport, RI, July 13.

———. 2000a. "The Nature of Harderoporphyria?" Paper presented at Gordon Research Conference on the Chemistry and Biology of Tetrapyrroles, Salve Regina University, Newport, RI, July 17.

———. 2000b. "Fecal Porphyrin Measurements are Crucial for Adequate Screening for Porphyrinopathy." *Archives of Dermatology* 136: 554.

———. 2001. "Porphyrinopathy Can Explain Symptoms of Multiple Chemical Sensitivity (MCS)." Paper presented at MCS 2001 Conference, Santa Fe, NM, August 14.

Nazzal, Y., Habes Ghrefat, and Marc A. Rosen. 2014. "Heavy Metal Contamination of Roadside Dusts: A Case Study for Selected Highways of the Greater Toronto Area, Canada Involving Multivariate Geostatistics." *Research Journal of Environmental Sciences* 8(5): 259-73.

Nordenström, Björn E. W. 1983. *Biologically Closed Electric Circuits. Clinical, Experimental and Theoretical Evidence for an Additional Circulatory System*. Stockholm: Nordic Medical.
Northrop, Filmer S. C. and Harold Saxton Burr. 1937. "Experimental Findings Concerning the Electro-dynamic Theory of Life and an Analysis of Their Physical Meaning." *Growth* 1(1): 78-88.
Ovchinnikova, Kate and Gerald H. Pollack. 2009. "Can Water Store Charge?" *Langmuir* 25(1): 542-47.
Painter, Joseph T. and Edwin J. Morrow. 1959. "Porphyria: Its Manifestations and Treatment with Chelating Agents." *Texas State Journal of Medicine* 55(10): 811-18.
Pei, Yinquan, Dayao Zhao, Jianyi Huang, and Longguan Cao. 1983. "Zinc-induced Seizures: A New Experimental Model of Epilepsy." *Epilepsia* 24: 169-76.
Perlroth, Mark G. 1988. "The Porphyrias." In: Edward Rubenstein and Daniel D. Federman, eds., *Scientific American Medicine* (New York: Scientific American), 9V: 1-12.
Peters, Henry A. 1961. "Trace Minerals, Chelating Agents and the Porphyrias." *Federation Proceedings* 20 (3 part 2) (suppl. 10): 227-34.
———. 1993. "Acute Hepatic Porphyria." In: Richard T. Johnson and John W. Griffin, eds., *Current Therapy in Neurologic Disease*, 4th ed. (St. Louis: B. C. Decker), pp. 317-322.
Peters, Henry A., Derek J. Cripps, Ayhan Göcmen, George Bryan, Erdogan Ertürk, and Carl Morris. 1987. "Turkish Epidemic Hexachlorobenzene Porphyria." *Annals of the New York Academy of Sciences* 514: 183-89.
Peters, Henry A., Derek J. Cripps, and Hans H. Reese. 1974. "Porphyria: Theories of Etiology and Treatment." *International Review of Neurobiology* 16: 301-55.
Peters, Henry A., Peter L. Eichman, and Hans H. Reese. 1958. "Therapy of Acute, Chronic and Mixed Hepatic Porphyria Patients with Chelating Agents." *Neurology* 8: 621-32.
Peters, Henry A., Sherwyn Woods, Peter L. Eichman, and Hans H. Reese. 1957. "The Treatment of Acute Porphyria with Chelating Agents: A Report of 21 Cases." *Annals of Internal Medicine* 47(5): 889-99.
Pethig, Ronald. 1979. *Dielectric and Electronic Properties of Biological Materials.* Chichester, UK: John Wiley & Sons.
Petrov, Alexander G. 1999. *The Lyotropic State of Matter: Molecular Physics and Living Matter Physics.* Amsterdam: Gordon & Breach.
Petrova, E. A. and N. P. Kuznetsova. 1972. "The Conditions of the Autonomic Nervous System in Patients with Porphyria Cutanea Tarda." *Vestnik Dermatologii Venerologii* 46: 31-34 (in Russian).
Pfeiffer, Carl Claus. 1975. "Mauve-factor Patients." In: Pfeiffer, *Mental and Elemental Nutrients: A Physician's Guide to Nutrition and Health Care* (New Canaan, CT: Keats), pp. 402-8.
Pierach, Claus A. 1979. "Kommentar zur Arbeit von W. Holtman und Ch. Xenakis: "Neurologische and psychiatrische Störungen bei Porphyria cutanea tarda." *Nervenarzt* 50: 540-1.

Pohl, Herbert A., Peter R. C. Gascoyne, and Albert Szent-Györgyi. 1977. "Electron Spin Resonance Absorption of Tissue Constituents." *Proceedings of the National Academy of Sciences* 74(4): 1558-60.
Pollack, Gerald H. 2001. *Cells, Gels, and the Engines of Life*. Seattle: Ebner & Sons.
———. 2006. "Cells, Gels, and Mechanics." In: Mohammad R. K. Mofrad and Roger D. Kamm, eds., *Cytoskeletal Mechanics* (New York: Cambridge University Press), pp. 129-51.
———. 2010. "Water, Energy and Life: Fresh Views from the Water's Edge." *International Journal of Design & Nature and Ecodynamics* 5(1): 27-29.
———. 2013. *The Fourth Phase of Water: Beyond Solid, Liquid, and Vapor*. Seattle: Ebner & Sons.
Pollack, Gerald H., Xavier Figueroa, and Qing Zhao. 2009. "Molecules, Water, and Radiant Energy: New Clues for the Origin of Life." *International Journal of Molecular Sciences* 10(4): 1419-29.
Popp, Friz Albert, Günther Becker, Herbert L. König, and Walter Peschka, eds. 1979. *Electromagnetic Bio-Information*. München: Urban & Schwarzenberg.
Popp, Fritz Albert, Ulrich Warnke, Herbert L. König, and Walter Peschka, eds. 1989. *Electromagnetic Bio-Information*, 2nd ed. München: Urban & Schwarzenberg.
Popp, Fritz Albert and Lev Beloussov, eds. 2003. *Integrative Biophysics*. Dordrecht: Kluwer.
Que, Emily L., Dylan W. Domaille, and Christopher J. Chang. "Metals in Neurobiology: Probing Their Chemistry and Biology with Molecular Imaging." *Chemical Reviews* 108: 1517-49.
Randolph, Theron G. 1987. *Environmental Medicine – Beginnings and Bibliographies of Clinical Ecology*. Fort Collins, CO: Clinical Ecology Publications.
Ravera, Silvia, Martina Bartolucci, Enrico Adriano, Patrizia Garbati, Sara Ferrando, Paola Ramoino, Daniela Calzia, Alessandro Morelli, Maurizio Balestrino, and Isabella Panfoli. 2015. "Support of Nerve Conduction by Respiring Myelin Sheath: Role of Connexons." *Molecular Neurobiology* [Epub ahead of print].
Ravera, Silvia, Martina Bartolucci, Daniela Calzia, Maria Grazia Aluigi, Paola Ramoino, Alessandro Morelli, and Isabella Panfoli. 2013. "Tricarboxylic Acid Cycle-Sustained Oxidative Phosphorylation in Isolated Myelin Vesicles." *Biochimie* 95: 1991-98.
Ravera, Silvia, Lucilla Nobbio, Davide Visigalli, Martina Bartolucci, Daniela Calzia, Fulvia Fiorese, Gianluigi Mancardi, Angelo Schenone, Alessandro Morelli, and Isabella Panfoli. 2013. "Oxidative Phosphorylation in Sciatic Nerve Myelin and Its Impairment in a Model of Dysmyelinating Peripheral Neuropathy." *Journal of Neurochemistry* 126: 82-92.
Ravera, Silvia and Isabella Panfoli. 2015. "Role of Myelin Sheat Energy Metabolism in Neurodegenerative Diseases." *Neural Regeneration Research* 10(10): 1570-71.
Ravera, Silvia, Isabella Panfoli, Daniela Calzia, Maria Grazia Aluigi, Paolo Bianchini, Alberto Diaspro, Gianluigi Mancardi, and Alessandro Morelli. 2009. "Evidence for Aerobic ATP Synthesis in Isolated Myelin Vesicles." *International Journal of Biochemistry and Cell Biology* 41: 1581-91.

Ravitz, Leonard J. 1953. "Electrodynamic Field Theory in Psychiatry." *Southern Medical Journal* 46(7): 650-60.

———. 1962. "History, Measurement, and Applicability of Periodic Changes in the Electromagnetic Field in Health and Disease." *Annals of the New York Academy of Sciences* 98: 1144-1201.

Reboul, J., H. B. Friedgood, and H. Davis. 1937. "Electrical Detection of Ovulation." *American Journal of Physiology* 119: 387.

Regland, B., W. Lehmann, I. Abedini, K. Blennow, M. Jonsson, I. Karlsson, M. Sjögren, A. Wallin, M. Xilinas, and C.-G. Gottfries. 2001. "Treatment of Alzheimer's Disease with Clioquinol." *Dementia and Geriatric Cognitive Disorders* 12(6): 408-14.

Religa, D., D. Strozyk, Robert A. Cherny, Irene Volitakis, V. Haroutunian, B. Winblad, J. Naslund, and Ashley I. Bush. 2006. "Elevated Cortical Zinc in Alzheimer Disease." *Neurology* 67: 69-75.

Riccio, P., S. Giovannelli, A. Bobba, E. Romito, A. Fasano, T. Bleve-Zacheo, R. Favilla, E. Quagliarello, and P. Cavatorta. 1995. "Specificity of Zinc Binding to Myelin Basic Protein." *Neurochemical Research* 20(9): 1107-13.

Ridley, Alan. 1969. "The Neuropathy of Acute Intermittent Porphyria." *Quarterly Journal of Medicine* 38: 307-33.

———. 1975. "Porphyric Neuropathy." In: Peter James Dyck, P. K. Thomas, and Edward H. Lambert, eds., *Peripheral Neuropathy* (Philadelphia: W. B. Saunders), pp. 942-55.

Ritchie, Craig W., Ashley I. Bush, Andrew Mackinnon, Steve Macfarlane, Maree Mastwyk, Lachlan MacGregor, Lyn Kiers, Robert Cherny, Qiao-Xin Li, Amanda Tammer, Darryl Carrington, Christine Mavros, Irene Volitakis, Michel Xilinas, David Ames, Stephen Davis, Konrad Beyreuther, Rudolph E. Tanzi, and Colin L. Masters. 2003. "Metal-Protein Attenuation with Iodochlorhydroxyquin (Clioquinol) Targeting Aβ Amyloid Deposition and Toxicity in Alzheimer Disease." *Archives of Neurology* 60: 1685-91.

Rivera, Hiram, J. Kent Pollock, and Herbert A. Pohl. 1985. "The AC Field Patterns About Living Cells." *Cell Biophysics* 7: 43-55.

Rock, John, Jean Reboul, and Harold C. Wiggers. 1937. "The Detection and Measurement of the Electrical Concomitant of Human Ovulation by Use of the Vacuum-Tube Potentiometer." *New England Journal of Medicine* 217(17): 654-58.

Roman, W. 1969. "Zinc in Porphyria." *American Journal of Clinical Nutrition* 22(10): 1290-1303.

Rook, Arthur and Robert H. Champion. 1960. "Porphyria Cutanea Tarda and Diabetes." *British Medical Journal* 1: 860-61.

Rose, Florence C. and Sylvan Meryl Rose. 1965. "The Role of Normal Epidermis in Recovery of Regenerative Ability in Xrayed Limbs of *Triturus*." *Growth* 29: 361-93.

Rose, Sylvan Meryl. 1970. *Regeneration*. New York: Appleton-Century-Crofts.

———. 1978. "Regeneration in Denervated Limbs of Salamanders After Induction by Applied Direct Currents." *Bioelectrochemistry and Bioenergetics* 5: 88-96.

Rose, Sylvan Meryl and Florence C. Rose. 1974. "Electrical Studies on Normally Regenerating, on X-Rayed, and on Denervated Limb Stumps of *Triturus*." *Growth* 38: 363-80.
Ross, Stephen, Richard Newton, Yu-Ming Zhou, Julian Haffegee, Mae-Wan Ho, John P. Bolton, and David Knight. 1997. "Quantitative Image Analysis of Birefringent Biological Material." *Journal of Microscopy* 187(1): 62-67.
Runge, Walter and Cecil J. Watson. 1962. "Experimental Production of Skin Lesions in Human Cutaneous Porphyria." *Proceedings of the Society for Experimental Biology and Medicine* 109: 809-11.
Saint, Eric G., D. Curnow, R. Paton, and John B. Stokes. 1954. "Diagnosis of Acute Porphyria." *British Medical Journal* 1: 1182-84.
Sedlak, Włodzimierz. 1970. "Biofizyczne aspekty ekologii" ("Biophysical Aspects of Ecology"). *Wiadomości Ekologiczne* 16(1): 43-53.
———. 1973. "Ochrona środowiska człowieka w zakresie niejonizującego promieniowania." *Wiadomości Ekologiczne* 19(3): 223-37.
———. 1979. *Bioelektronika: 1967-1977*. Warsaw: PAX.
———. 1980. *Bioelektronika – Środowisko – Człowiek* ("Bioelectronics – Environment – Man"). Wrocław: Zakład Narodowy Imienia Ossolińskich.
———. 1984. *Postępy fizyki życia* ("Progress in the Physics of Life") Warsaw: PAX.
Silbergeld, Ellen K. and Bruce A. Fowler, eds. 1987. *Mechanisms of Chemical-Induced Porphyrinopathies*. Vol. 514 of *Annals of the New York Academy of Sciences*.
Soldán, M. Mateo Paz and Istvan Pirko. 2012. "Biogenesis and Significance of Central Nervous System Myelin." *Seminars in Neurology* 32(1): 9-14.
Solomon, Harvey M. and Frank H. J. Figge. 1958. "Occurrence of Porphyrins in Peripheral Nerves." *Proceedings of the Society for Experimental Biology and Medicine* 97: 329-30.
Stein, Jeffrey A. and Donald P. Tschudy. 1970. "Acute Intermittent Porphyria: A Clinical and Biochemical Study of 46 Patients." *Medicine* 49(1): 1-16.
Sterling, Kenneth, Marvin Silver, and Henry T. Ricketts. 1949. "Development of Porphyria in Diabetes Mellitus." *Archives of Internal Medicine* 84: 965-75.
Szent-Györgyi, Albert. 1941. "Towards a New Biochemistry." *Science* 93: 609-11.
———. 1957. *Bioenergetics*. New York: Academic.
———. 1960. *Introduction to a Submolecular Biology*. New York: Academic.
———. 1968. *Bioelectronics: A Study in Cellular Regulations, Defense, and Cancer*. New York: Academic.
———. 1969. "Molecules, Electrons and Biology." *Transactions of the New York Academy of Sciences*, 2nd ser., 31(4): 334-40.
———. 1971. "Biology and Pathology of Water." *Perspectives in Biology and Medicine* 14(2): 239-49.
———. 1972. *The Living State: With Observations on Cancer*. New York: Academic.
———. 1976. *Electronic Biology and Cancer*. New York: Marcel Dekker.

———. 1977. "The Living State and Cancer." *Proceedings of the National Academy of Sciences* 74(7): 2844-47.
———. 1978. *The Living State and Cancer*. New York: Marcel Dekker.
———. 1980a. "The Living State and Cancer." *International Journal of Quantum Chemistry* 18(S7): 217-22.
———. 1980b. "The Living State and Cancer." *Physiological Chemistry and Physics* 12: 99-110.
Tamrakar, Chirika Shova and Pawan Raj Shakya. 2011. "Assessment of Heavy Metals in Street Dust in Kathmandu Metropolitan City and Their Possible Impacts on the Environment." *Pakistani Journal of Analytical and Environmental Chemistry* 12(1-2): 32-41.
Taylor, Caroline M., Jeffrey R. Bacon, Peter J. Aggett, and Ian Bremner. 1991. "Homeostatic Regulation of Zinc Absorption and Endogenous Losses in Zinc-deprived Men." *American Journal of Clinical Nutrition* 53(3): 755-63.
Tefferi, Ayalew, Laurence A. Solberg, Jr., and Ralph D. Ellefson. 1994. "Porphyrias: Clinical Evaluation and Interpretation of Laboratory Tests." *Mayo Clinic Proceedings* 69: 289-90.
Tefferi, Ayalew, Joseph P. Colgan, and Laurence A. Solberg, Jr.. 1994. "Acute Porphyrias: Diagnosis and Management." *Mayo Clinic Proceedings* 69: 991-95.
Terzuolo, Carlo A. and Theodore H. Bullock. 1956. "Measurement of Imposed Voltage Gradient Adequate to Modulate Neuronal Firing." *Proceedings of the National Academy of Sciences* 42(9): 687-94.
Todd, Tweedy John. 1823. "On the Process of Regeneration of the Members of the Aquatic Salamander." *Quarterly Journal of Science, Literature and the Arts* 16: 84-96.
Trampusch, H. A. L. 1964. "Nerves as Morphogenetic Mediators in Regeneration." *Progress in Brain Research* 13: 214-27.
Vacher, Monique, Claude Nicot, Mollie Pflumm, Jeremy Luchins, Sherman Beychok, and Marcel Waks. 1984. "A Heme Binding Site on Myelin Basic Protein: Characterization, Location, and Significance." *Archives of Biochemistry and Biophysics* 231(1): 86-94.
Vass, Imre. 2003. "The History of Photosynthetic Thermoluminescence." *Photosynthesis Research* 76: 303-18.
Vernon, Leo P. and Gilbert R. Seely, eds. 1966. *The Chlorophylls*. New York: Academic.
Vgontzas, Alexandros N., Joyce D. Kales, James O. Ballard, Antonio Vela-Bueno, and Tjiauw-Ling Tan. 1993. "Porphyria and Panic Disorder with Agoraphobia." *Psychosomatics* 34(5): 440-43.
Virchow, Rudolf Ludwig Carl. 1854. "Ueber das ausgebreitete Vorkommen einer dem Nervenmark analogen Substanz in den thierischen Geweben." *Archiv für pathologische Anatomie und Physiologie und für klinische Medicin* 6: 562-72.
Voyatzoglou, Vassilis, Theodore Mountokalakis, Vassiliki Tsata-Voyatzoglou, Anton Koutselinis, and Gregory Skalkeas. 1982. "Serum Zinc Levels and Urinary Zinc Excretion in Patients with Bronchogenic Carcinoma." *American Journal of Surgery* 144(3): 355-58.

Waldenström, Jan. 1937. "Studien über Porphyrie." *Acta Medica Scandinavica. Supplementum*, vol. 82.

———. 1957. "The Porphyrias as Inborn Errors of Metabolism." *American Journal of Medicine* 22(5): 758-72.

Walker, Franklin D. and Walther J. Hild. 1969. "Neuroglia Electrically Coupled to Neurons." *Science* 165: 602-3.

Watson, Cecil James and Evrel A. Larson. 1947. "The Urinary Coproporphyrins in Health and Disease." *Physiological Reviews* 27(3): 478-510.

Waxman, Alan D., Don S. Schalch, William D. Odell, and Donald P. Tschudy. 1967. "Abnormalities of Carbohydrate Metabolism in Acute Intermittent Porphyria." *Journal of Clinical Investigation* 46 (part 1): 1129. Abstract.

Wei, Ling Y. 1966. "A New Theory of Nerve Conduction." *IEEE Spectrum* 3(9): 123-27.

Whetsell, William O., Jr., Shigeru Sassa, and Attallah Kappas. 1984. "Porphyrin-Heme Biosynthesis in Organotypic Cultures of Mouse Dorsal Root Ganglia: Effects of Heme and Lead on Porphyrin Synthesis and Peripheral Myelin." *Journal of Clinical Investigation* 74: 600-7.

With, Torben K. 1980. "A Short History of Porphyrins and the Porphyrias." *International Journal of Biochemistry* 11: 189-200.

Wnuk, Marian. 1987. *Rola układów porfirynowych w ewolucji życia* ("The Role of Porphyrin Systems in the Evolution of Life"). Warsaw: Akademia Teologii Katolickiej (in Polish with English summary).

———. 1996. *Istota procesów życiowych w świetle koncepcji elektromagnetycznej natury życia: Bioelektromagnetyczny model katalizy enzymatycznej wobec problematyki biosystemogenezy* ("The Essence of Life Processes in Light of the Concept of the Electromagnetic Nature of Life: Bioelectromagnetic Model of Enzyme Catalysis in View of the Problems of the Origin of Biosystems"). Lublin: John Paul II Catholic University of Lublin.

———. 2001. "The Electromagnetic Nature of Life – The Contribution of W. Sedlak to the Understanding of the Essence of Life." *Frontier Perspectives* 10(1): 32-35.

Wong, J. W. C. 1996. "Heavy Metal Contents in Vegetables and Market Garden Soils in Hong Kong." *Environmental Technology* 17(4): 407-14.

Wong, J. W. C. and N. K. Mak. 1997. "Heavy Metal Pollution in Children Playgrounds in Hong Kong and Its Health Implications." *Environmental Technology* 18(1): 109-15.

Xu, Jiancheng, Qi Zhou, Gilbert Liu, Yi Tan, and Lu Cai. 2013. "Analysis of Serum and Urinal Copper and Zinc in Chinese Northeast Population with the Prediabetes or Diabetes with and without Complications." *Oxidative Medicine and Cellular Longevity*, article ID 635214.

Yntema, Chester L. 1959. "Regeneration in Sparsely Innervated and Aneurogenic Forelimbs of Amblystoma Larvae." *Journal of Experimental Zoology* 140(1): 101-24.

Yokoyama, M., J. Koh, and D. W. Choi. 1986. "Brief Exposure to Zinc is Toxic to Cortical Neurons." *Neuroscience Letters* 71: 351-55.

York, J. Lyndal. 1972. *The Porphyrias*. Springfield, IL: Charles C. Thomas.
Zhou, Xiaoli. 2009. "Synthesis and Characterization of Novel Discotic Liquid Crystal Porphyrins for Organic Photovoltaics." Ph.D. dissertation, Kent State University, Kent, OH.
Zon, Józef Roman. 1976. "Wpływ naturalnego środowiska elektromagnetycznego na człowieka" ("The Effect of the Natural Electromagnetic Environment on Man"). *Roczniki Filozoficzne* 23(3): 89-100.
———. 1979. "Physical Plasma in Biological Solids: A Possible Mechanism for Resonant Interactions between Low Intensity Microwaves and Biological Systems." *Physiological Chemistry and Physics* 11: 501-6.
———. 1980. "The Living Cell as a Plasma Physical System." *Physiological Chemistry and Physics* 12: 357-64.
———. 1983. "Electronic Conductivity in Biological Membranes". *Roczniki Filozoficzne* 31(3): 165-183.
———. 1986a. "Bioelectronics: A Background Area for Biomicroelectronics in the Sciences of Bioelectricity." *Roczniki Filozoficzne* 34(3): 183-201.
———. 1986b. *Plazma elektronowa w błonach biologicznych* ("Electronic Plasma in Biological Membranes"). Lublin: Catholic University of Lublin.
———. 1994. "Bioelektromagnetyka i etyka: Niektóre kwestie moralne związane ze skażeniem elektromagnetycznym środowiska" ("Bioelectromagnetic and Ethics: Some Moral Questions Related to the Electromagnetic Pollution of the Environment"). *Ethos* 7(1-2): 135-50.
———. 2000. "Bioplazma i plazma fizyczna w układach żywych: Studium przyrodnicze i filozoficzne." ("Bioplasma and Physical Plasma in Living Systems: A Study in Science and Philosophy"). Lublin: Catholic University of Lublin.
Zon, Józef Roman and H. Ti Tien. "Electronic Properties of Natural and Modeled Bilayer Membranes." In: Andrew A. Marino, ed., *Modern Bioelectricity* (New York: Marcel Dekker), pp. 181-241.
Zs.-Nagy, Imre. 1995. "Semiconduction of Proteins as an Attribute of the Living State: The Ideas of Albert Szent-Györgyi Revisited in Light of the Recent Knowledge Regarding Oxygen Free Radicals." *Experimental Gerontology* 30(3/4): 327-35.
———. 2001. "On the True Role of Oxygen Free Radicals in the Living State, Aging, and Degenerative Disorders." *Annals of the New York Academy of Sciences* 928: 187-99.

설포날(Sulfonal)

Bresslauer, Hermann. 1891. "Ueber die schädlichen und toxischen Wirkungen des Sulfonal." *Wiener medizinischer Blätter* 14: 3-4, 19-20.
Erbslöh, W. 1903. "Zur Pathologie und pathologischen Anatomie der toxischen Polyneuritis nach Sulfonalgebrauch." *Zeitschrift für Nervenheilkunde* 23: 197-204.

Fehr, Johann Heinrich Maria Christian. 1891. "Et Par Tilfælde af Sulfonalforgiftning." *Hospitals-Tidende*, 3rd ser., 9: 1121-38.
Geill, Christian. 1891. "Sulfonal og Sulfonalforgiftning." *Hospitals-Tidende*, 3rd ser., 9: 797-812, 821-835.
Hammond, Græme M. 1891. "Sulfonal in Affections of the Nervous System." *Journal of Nervous and Mental Disease*, new ser., 16: 440-42.
Hay, C. M. 1889. "A Clinical Study of Paraldehyde and Sulphonal." *American Journal of the Medical Sciences*, new ser., 98: 34-43.
Ireland, W. W. 1889. "Marandon de Montyel and Others on the Dangers of Sulfonal." *London Medical Recorder* 2: 499-500.
Leech, D. J. 1888. "Sulfonal." *Medical Chronicle* 9: 146-50.
Marandon de Montyel, E. 1889. "Recherches cliniques sur le sulfonal chez les aliénés." *La France Médicale* 36: 1566-70, 1577-82, 1589-93, 1602-8, 1613-17.
Matthes, M. 1888. "Beitrag zur hypnotischen Wirkung des Sulfonals." *Centralblatt für Klinische Medicin* 9(40): 723-27.
Morel, Jules. 1893. "Accidents produits par le sulfonal." *Bulletin de la Société de Médecine Mentale de Belgique* 68: 120-23.
Revue des Sciences Médicales. 1889. "Thérapeutique." 34: 502-3.
Rexford, C. M. 1889. "Some Experiences with Sulfonal." *The Medical Record* 35(13): 348.

제11장

Balmori, Alfonso. 2014. "Electrosmog and Species Conservation." *Science of the Total Environment* 496: 314-16.
———. 2015. "Anthropogenic Radiofrequency Electromagnetic Fields as an Emerging Threat to Wildlife Orientation." *Science of the Total Environment* 518-519: 58-60.

아마존 열대 우림(Amazon Rainforest)

da Costa, Thomaz Guedes. 2002. "Brazil's SIVAM: As It Monitors the Amazon, Will It Fulfill Its Human Security Promise?" *ECSP Report* 7: 47-58.
Jensen, David. 2002. "SIVAM: Communication, Navigation and Surveillance for the Amazon." *Avionics*, June 1.
Phillips, Oliver L, Luiz E. O. C. Aragão, Simon L. Lewis, Joshua B. Fisher, Jon Lloyd, Gabriela López-González, Yadvinder Malhi, Abel Monteagudo, Julie Peacock, Carlos A. Quesada, Geertje van der Heijden, Samuel Almeida, Iêda Amaral, Luzmila Arroyo, Gerardo Aymard, Tim R. Baker, Olaf Bánki, Lilian Blanc, Damien Bonal, Paulo Brando, Jerome Chave, Átila Cristina Alves de Oliveira, Nallaret Dávila Cardozo, Claudia I. Czimczik, Ted R. Feldpausch, Maria Aparecida Freitas, Emanuel Gloor, Niro Higuchi, Eliana Jiménez, Gareth Lloyd, Patrick Meir, Casimiro Mendoza, Alexandra Morel, David A. Neill, Daniel Nepstad, Sandra Patiño, Maria Cristina Peñuela, Adriana Prieto,

Fredy Ramírez, Michael Schwarz, Javier Silva, Marcos Silveira, Anne Sota Thomas, Hans ter Steege, Juliana Stropp, Rodolfo Vásquez, Przemyslaw Zelazowski, Éstebar Álvarez Dávila, Sandy Andelman, Ana Andrade, Kuo-Jung Chao, Terry Erwin, Anthony Di Fiore, Eurídice Honorio C., Helen Keeling, Tim J. Killeen, William F. Laurance, Antonio Peña Cruz, Nigel C. A. Pitman, Percy Núñez Vargas, Hirma Ramírez-Ángulo, Agustín Rudas, Rafael Salamão, Natalino Silva, John Terborgh, and Armando Torres-Lezama. 2009. "Drought Sensitivity of the Amazon Rainforest." 2009. *Science* 323: 1344-47.

Rohter, Larry. 2002. "Brazil Employs Tools of Spying to Guard Itself." *New York Times*, July 27, p. 1.

Wittkoff, E. Peter. 1999. "Amazon Surveillance System (SIVAM): U.S. and Brazilian Cooperation." Master's thesis, Naval Postgraduate School, Monterey, CA.

양서류(Amphibians)

Balmori, Alfonso. 2006. "The Incidence of Electromagnetic Pollution on the Amphibian Decline: Is This an Important Piece of the Puzzle?" *Toxicological and Environmental Chemistry* 88(2): 287-89.

———. 2010. "Mobile Phone Mast Effects on Common Frog (*Rana temporaria*) Tadpole: The City Turned into a Laboratory." *Electromagnetic Biology and Medicine* 29: 31-35.

Hallowell, Christopher. 1996. "Trouble in the Lily Pads." *Time*, October 28, p. 87.

Hawk, Kathy. 1996. *Case Study in the Heartland*. Butler, PA.

Hoperskaya, O. A., L. A. Belkova, M. E. Bogdanov, and S. G. Denisov. 1999. "The Action of the 'Gamma-7N' Device on Biological Objects Exposed to Radiation from Personal Computers." *Electromagnetic Fields and Human Health. Proceedings of the Second International Conference*. Moscow, September 20-24, pp. 354-55. Abstract.

Revkin, Andrew C. 2006. "Frog Killer is Linked to Global Warming." *New York Times*, January 12.

Souder, William. 1996. "An Amphibian Horror Story." *New York Newsday*, October 15, pp. B19, B21.

———. 1997. "Deformed Frogs Show Rift Among Scientists." *Houston Chronicle*, November 5, p. 4A.

Stern, John. 1990. "Space Aliens Stealing Our Frogs." *Weekly World News*, April 17, p. 21.

Vogt, Amanda. 1998. "Mutant Frogs Spark a Mega Mystery." *Chicago Tribune*, August 4, sec. 7, p. 3.

Watson, Traci. 1998. "Frogs Falling Silent across USA." *USA Today*, August 12, p. 3A.

조류(Birds)

Balmori, Alfonso. 2003. "Aves y telefonía móvil." *El Ecologista* 36: 40-42.

———. 2005. "Possible Effects of Electromagnetic Fields from Phone Masts on a Population of White Stork (*Ciconia ciconia*)." *Electromagnetic Biology and Medicine* 24: 109-19.

Bigu del Blanco, Jaime. 1969. *An Introduction to the Effects of Electromagnetic Radiation on Living Matter with Special Reference to Microwaves.* Laboratory Technical Report LTR-CS-7, Control Systems Laboratory, Division of Mechanical Engineering, National Research Council Canada.

———. 1973. *Interaction of Electromagnetic Fields and Living Systems with Special Reference to Birds.* Laboratory Technical Report LTR-CS-113, Control Systems Laboratory, Division of Mechanical Engineering, National Research Council Canada.

Bigu del Blanco, Jaime and César Romero-Sierra. 1973. *Bird Feathers as Dielectric Receptors of Microwave Radiation.* Laboratory Technical Report LTR-CS-89, Control Systems Laboratory, Division of Mechanical Engineering, National Research Council Canada.

———. 1975. "Microwave Pollution of the Environment and the Ecological Problem." In: Tomáš Dvořák, ed., *Electromagnetic Compatibility 1975: 1st Symposium and Technical Exhibition on Electromagnetic Compatibility, Montreux, May 20-22, 1975*, pp. 127-33.

Bigu del Blanco, Jaime, César Romero-Sierra, and J. Alan Tanner. 1973a. *Environmental Pollution by Microwave Radiation – A Potential Threat to Human Health.* Laboratory Technical Report LTR-CS-98, Control Systems Laboratory, Division of Mechanical Engineering, National Research Council Canada.

———. 1973b. "Radiofrequency Fields: A New Ecological Factor." *1973 IEEE International Electromagnetic Compatibility Symposium Record*, June 20-22, New York, pp. 54-59.

Engels, Svenja, Nils-Lasse Schneider, Nele Lefeldt, Christine Maira Hein, Manuela Zapka, Andreas Michalik, Dana Elbers, Achim Kittel, P. J. Hore, and Henrik Mouritsen. 2014. "Anthropogenic Electromagnetic Noise Disrupts Magnetic Compass Orientation in a Migratory Bird." *Nature* 509: 353-56.

Keeton, William T. 1979. "Avian Orientation and Navigation: A Brief Overview." *British Birds* 72(10): 451-70.

Romero-Sierra, César, Carol Husband, and J. Alan Tanner. 1969. *Effects of Microwave Radiation on Parakeets in Flight.* Laboratory Technical Report LTR-CS-18. Control Systems Laboratory, Division of Mechanical Engineering, National Research Council Canada.

Romero-Sierra, César, Arthur O. Quanbury, and J. Alan Tanner. 1970. *Feathers as Microwave and Infra-Red Filters and Detectors – Preliminary Experiments.* Laboratory Technical Report LTR-CS-40, Control Systems Laboratory, Division of Mechanical Engineering, National Research Council Canada.

Romero-Sierra, César, J. Alan Tanner, and F. Villa. 1969. *EMG Changes in the Limb Muscles of Chickens Subjected to Microwave Radiation.* Laboratory Technical Report LTR-CS-16, Control Systems Laboratory, Division of Mechanical Engineering, National Research Council Canada.

Tanner, J. Alan. 1966. "Effect of Microwave Radiation on Birds." *Nature* 210: 636.

———. 1970. "Bird Feathers as Sensory Detectors of Microwave Fields." In: Stephen F. Cleary, ed., *Biological Effects and Health Implications of Microwave Radiation. Symposium*

Proceedings (Rockville, MD: U.S. Department of Health, Education and Welfare), Publication BRH/DBE 70-2, pp. 185-87.
Tanner, J. Alan and César Romero-Sierra. 1971. *Non-Ionizing Electromagnetic Radiation and Pollution of the Atmosphere.* Report no. DMENAE19714, Control Systems Laboratory, Division of Mechanical Engineering, National Research Council Canada.
———. 1982. "The Effects of Chronic Exposure to Very Low Intensity Microwave Radiation on Domestic Fowl." *Journal of Bioelectricity* 1(2): 195-205.
Xenos, Thomas D. and Ioannis N. Magras. 2003. "Low Power Density RF-Radiation Effects on Experimental Animal Embryos and Foetuses." In: Peter Stavroulakis, ed., *Biological Effects of Electromagnetic Fields* (Berlin: Springer), pp. 579-602.

삼목(Cedars)

Earth Link and Advanced Resources Development S. A. R. L. 2010. "Vulnerability and Adaptation of the Forestry Sector." *Climate Risks, Vulnerability and Adaptation Assessment*, pp. 6-1 to 6-44. Prepared for United Nations Development Programme and Ministry of Environment of Lebanon.
Bentouati, Abdallah and Michel Bariteau. 2006. "Réflexions sur le déperissement du Cèdre de l'Atlas des Aurès (Algérie)." *Forêt Méditerranéenne* 27(4): 317-22.
Hennon, Paul E., David V. D'Amore, Paul G. Schaberg, Dustin T. Wittwer, and Colin S. Shanley. 2012. "Shifting Climate, Altered Niche, and a Dynamic Conservation Strategy for Yellow-Cedar in the North Pacific Coastal Rainforest." *BioScience* 62(2): 147-58.
Hennon, Paul E., David V. D'Amore, Stefan Zeglen, and Mike Grainger. 2005. *Yellow-Cedar Decline in the North Coast Forest District of British Columbia.* Research Note PNW-RN-549. Juneau, AK: USDA Forest Service, Pacific Northwest Research Station.
Hennon, Paul E. and Charles G. Shaw III. 1994. "Did Climatic Warming Trigger the Onset and Development of Yellow-Cedar Decline in Southeast Alaska?" *European Journal of Forest Pathology* 24: 399-418.
Hennon, Paul E., Charles G. Shaw III, and Everett M. Hansen. 1990. "Dating Decline and Mortality of *Chamaecyparis nootkatensis* in Southeast Alaska." *Forest Science* 36(3): 502-15.
Hennon, Paul E., David V. D'Amore, Dustin T. Wittwer, A. Johnson, Paul G. Schaberg, G. Hawley, C. Beier, S. Sink, and G. Juday. 2006. "Climate Warming, Reduced Snow, and Freezing Injury Could Explain the Demise of Yellow-Cedar in Southeast Alaska, USA." *World Resource Review* 18(2): 427-50.
Masri, Rania. 1995. *The Cedars of Lebanon: Significance, Awareness and Management of the* Cedrus libani *in Lebanon.* Lecture given at Massachusetts Institute of Technology, November 9.
Navy Department, Bureau of Equipment. August 1, 1907. *Wireless Telegraph Stations of the World.* Washington, DC.
Navy Department, Bureau of Equipment. *Wireless Telegraph Stations of the World. Corrected to October 1, 1908.* Washington, DC.

United States Department of Commerce, Bureau of Navigation. July 1, 1913. *Radio Stations of the United States*. Washington, DC.
Verstege, A., J. Esper, B. Neuwirth, M. Alifriqui, and D. Frank. 2004. "On the Potential of Cedar Forests in the Middle Atlas (Morocco) for Climate Reconstructions." In: E. Jansma, A. Bräuning, H. Gärtner, and G. Schleser, eds., *TRACE – Tree Rings in Archaeology, Climatology and Ecology*, vol. 2, Proceedings of the DENDROSYMPOSIUM, May 1-3, Utrecht, The Netherlands (Forschungszentrum Jülich), pp. 78-84.

가르시아 낀따나 학교(Colegio García Quintana)

Santiago, Ana. 2012. "El caso García Quintana cumple diez años sin nuevos diagnósticos de cáncer." *El Norte de Castilla*, March 23.
Diario de León. 2004. "El sexto caso de cáncer desata la alarma en un colegio de Valladolid." May 8.
Cantalapiedra, Francisco. 2004. "Aflora otro caso de cáncer en el colegio García Quintana de Valladolid." *El País*, May 8.
El Mundo. 2004. "Un mujer diagnosticada en 2002, sexto caso de cáncer en el colegio de Valladolid." May 7.

산림(Forests)

Allen, Craig D., Alison K. Macalady, Haroun Chenchouni, Dominique Bachelet, Nate McDowell, Michel Vennetier, Thomas Kitzberger, Andreas Rigling, David D. Breshears, E. H. Hogg, Patrick Gonzalez, Rod Fensham, Zhen Zhang, Jorge Castro, Natalia Demidova, Jong-Hwan Lim, Gillian Allard, Steven W. Running, Akkin Semerci, and Neil Cobb. 2010. "A Global Overview of Drought and Heat-induced Tree Mortality Reveals Emerging Climate Change Risks for Forests." *Forest Ecology and Management* 259: 660-84.
Balmori, Alfonso. 2004. "¿Pueden afectar las microondas pulsadas emitidas por las antenas de telefonía a los arboles y otros vegetales?" *Ecosistemas* 13(3): 79-87.
Ciesla, William M. and Edwin Donaubauer. 1994. *Decline and Dieback of Trees and Forests: A Global Overview*. Rome: Food and Agriculture Organization of the United Nations. FAO Forestry Paper 120.
Glinz, Franz. 1992. "Der Wald stirbt am Electrosmog." *Auto-illustrierte* 2: 1.
Haggerty, Katie. 2010. "Adverse Influence of Radio Frequency Background on Trembling Aspen Seedlings: Preliminary Observations." *International Journal of Forestry Research*, article ID 836278.
Hertel, Hans Ulrich. 1991. "Der Wald Stirbt und Politiker Sehen Zu." *Raum & Zeit* 9(51): 3-12.
Hommel, H. 1985. "Elektromagnetischer SMOG – Schadfaktor und Stress?" *Forstarchiv* 56: 227-33.

LeBlanc, David C., Dudley J. Raynal, and Edwin H. White. 1987. "Acidic Deposition and Tree Growth: I. The Use of Stem Analysis to Study Historical Growth Patterns." *Journal of Environmental Quality* 16(4): 325-40.

Lohmeyer, Michael. 1991. "Von Mikrowellen verseuchte Umgebung; Richtfunk schneidet Schneisen in Wälder." *Die Presse*, July 31.

Lorenz, M., V. Mues, G. Becher, Ch. Müller-Edzards, S. Luyssaert, H. Raitio, A. Fürst, and D. Langouche. 2003. *Forest Condition in Europe*. Geneva and Brussels: United Nations Economic Commission for Europe and the European Commission.

Melhorn, G., B. J. Francis, and A. R. Wellburn. 1988. "Prediction of the Probability of Forest Decline Damage to Norway Spruce Using Three Simple Site-independent Diagnostic Parameters." *New Phytologist* 110: 525-34.

Robbins, Jim. 2010. "What's Killing the Great Forests of the American West?" *Environment 360*, March 15.

Schütt, Peter and Ellis B. Cowling. 1985. "Waldsterben, A General Decline of Forests in Central Europe: Symptoms, Development and Possible Causes." *Plant Disease* 69(7): 548-58.

Skelly, John M. and John L. Innes. 1994. "Waldsterben in the Forests of Central Europe and Eastern North America: Fantasy or Reality?" *Plant Disease* 78(11): 1021-32.

van Mantgem, Phillip J., Nathan L. Stephenson, John C. Byrne, Lori D. Daniels, Jerry F. Franklin, Peter Z. Fulé, Mark E. Harmon, Andrew J. Larson, Jeremy M. Smith, Alan H. Taylor, and Thomas T. Veblen. 2009. "Widespread Increase of Tree Mortality Rates in the Western United States." *Science* 323: 521-24.

Volkrodt, Wolfgang. 1989. "Electromagnetic Pollution of the Environment." In: Robert Krieps, ed., *Environment and Health: A Holistic Approach* (Aldershot, UK: Avebury), pp. 71-76.

———. 1991. "Mikrowellensmog und Waldschäden – Tut Sich Doch Noch Was in Bonn?" *Raum & Zeit* 9(52): 22-25.

———. 1992. Letter to William H. Smith, Yale University, December 26.

Waldmann-Selsam, Cornelia and Horst Eger. 2013. "Baumschäden im Umkreis von Mobilfunksendeanlagen." *Umwelt-Medizin-Gesellschaft* 26(3): 198-208.

Worrall, James J., Leanne Egeland, Thomas Eager, Roy A. Mask, Erik W. Johnson, Philip A. Kemp, and Wayne D. Shepperd. 2008. "Rapid Mortality of *Populus tremuloides* in Southwestern Colorado, USA." *Forest Ecology and Management* 225: 686-96.

고주파 오로라 활동 연구 프로그램(HAARP)

Browne, Malcolm W. 1995. "Scope System Also Offers a Tool for Submarines and Soldiers." *New York Times*, November 21, p. C10.

Busch, Lisa. 1997. "Ionosphere Research Lab Sparks Fear in Alaska." *Science* 275: 1060-61.

Microwave News. 1994. "U.S. Military Plans Powerful RF 'Heater' for Ionospheric Studies." May/June, pp. 10-11.

Papadopoulos, Dennis, Paul A. Bernhardt, Herbert C. Carlson, Jr., William E. Gordon, Alexander V. Gurevich, Michael C. Kelley, Michael J. Keskinen, Roald Z. Sagdeev, and Gennady M. Milikh. 1995. *HAARP: Research and Applications. A Joint Program of Phillips Laboratory and the Office of Naval Research. Executive Summary*. Washington, DC: Naval Research Laboratory.
Weinberger, Sharon. 2008. "Heating Up the Heavens." *Nature* 452: 930-32.
Williams, Richard. 1988. "Atmospheric Threat." *Physics and Society* 17(2): 16.
Zickuhr, Clare and Gar Smith. 1994. "Project HAARP: The Military's Plan to Alter the Ionosphere." *Earth Island Journal*, Fall 1994, pp. 21-23.

전서구(Homing Pigeons)

Armas, Genaro C. 1998. "The Homing Pigeons That Didn't." *Seattle Times*, October 9.
Chaudhary, Vivek. 2004. "Phone Masts Blamed for Pigeons' Lost Art." *The Guardian*, January 23.
Elston, Laura. 2004. "Phone Masts 'Knocking Racing Pigeons off Track.'" *The Press Association (UK)*, January 23.
Haughey, Nuala. 1997. "Mobile Phones Blamed for Poor Pigeon Performance." *Irish Times*, July 21.
Hummell, Steve. 2005. "Lost Pigeons Create Flap; Cellphone Signals Responsible for Sending Birds off Course, Racers Say." *Vancouver Sun*, October 3.
Indian Express. 2010. "Cellphone Towers Disorient Homer Pigeons." December 27.
Keeton, William T. 1972. "Effects of Magnets on Pigeon Homing." In: S. R. Galler, K. Schmidt-Koenig, G. J. Jacobs, and R. E. Belleville, eds., *Animal Orientation and Navigation* (Washington, DC: Government Printing Office), NASA SP-262, pp. 579-94.
———. 1979. "Avian Orientation and Navigation: A Brief Overview." *British Birds* 72(10): 451-70.
Keeton, William T., Timothy S. Larkin, and Donald M. Windsor. 1974. "Normal Fluctuations in the Earth's Magnetic Field Influence Pigeon Orientation." *Journal of Comparative Physiology* 95: 95-103.
New York Post. 1998. "2,400 Homing Pigeons Fly the Coop in Race." October 8.
Wee, Eric L. 1998. "Homing Pigeons Race Off to Oblivion." *Washington Post*, October 8.
———. 1998. "Some Birds Lost During Races Are Turning Up at Area Homes, Barns and Feeders." *Washington Post*, October 9.

꿀벌(Honey Bees)

Anderson, John. 1930a. "'Isle of Wight Disease' in Bees. I." *Bee World* 11(4): 37-42.
———. 1930b. "'Isle of Wight Disease' in Bees – II. A Check to the Immunity Hypothesis." *Bee World* 11(5): 50-53.

Bailey, Leslie 1958. "The Epidemiology of the Infestation of the Honeybee, *Apis mellifera* L., by the Mite *Acarapis woodi* Rennie and the Mortality of Infested Bees." *Parasitology* 48(3-4): 493-506.
———. 1964. "The 'Isle of Wight disease': The Origin and Significance of the Myth." *Bee World* 45(1): 32-37, 18.
Bailey, Leslie and D. C. Lee. 1959. "The Effect of Infestation with *Acarapis woodi* (Rennie) on the Mortality of Honey Bees." *Journal of Insect Pathology* 1(1): 15-24.
Bailey, Leslie and Brenda V. Ball. 1991. *Honey Bee Pathology*. London: Academic.
Barrionuevo, Alexei. 2007. "Honeybees, Gone with the Wind, Leave Crops and Keepers in Peril." *New York Times*, February 27, p. A1.
Boecking O. and W. Ritter. 1993. "Grooming and Removal Behaviour of *Apis mellifera intermissa* in Tunisia against *Varroa jacobsoni*." *Journal of Apicultural Research* 32: 127-34.
Borenstein, Seth. 2007. "Honeybee Die-off Threatens Food Supply." *Washington Post*, May 2.
Calderón Rafael A., Natalia Fallas, Luis G. Zamora, Johan W. van Veen, and Luis A. Sánchez. 2009. "Behavior of Varroa Mites in Worker Brood Cells of Africanized Honey Bees." *Experimental and Applied Acarology* 49(4): 329-38.
Carr, Elmer G.. 1918. "An Unusual Disease of Honey Bees." *Journal of Economic Entomology* 11(4): 347-51.
Dahlen, Sage. 2007. "Colony Collapse Disorder." *The Wake*, Summer 2007, p. 15.
Favre, Daniel. 2011. "Mobile Phone-induced Honeybee Worker Piping." *Apidologie* 42: 270-79.
Finley, Jennifer, Scott Camazine, and Maryann Frazier. 1996. "The Epidemic of Honey Bee Colony Losses during the 1995-1996 Season." *American Bee Journal* 136(11): 805-8.
Fries, Ingemar, Anton Imdorf, and Peter Rosenkranz. 2006. "Survival of Mite Infested (*Varroa destructor*) Honey Bee (*Apis mellifera*) Colonies in a Nordic Climate. *Apidologie* 37: 1-7.
Hamzelou, Jessica. 2007. "Where Have All the Bees Gone?" *Lancet* 370: 639.
Henderson, Colin, Jerry Bromenshenk, Larry Tarver, and Dave Plummer. 2007. *National Honey Bee Loss Survey*. Missoula, MT: Bee Alert Technology, Inc.
Imms, Augustus D. 1907. "Report on a Disease of Bees in the Isle of Wight." *Journal of the Board of Agriculture* 14(3): 129-40.
Kauffeld, Norbert M., James H. Everitt, and Edgar A. Taylor. 1976. "Honey Bee Problems in the Rio Grande Valley of Texas." *American Bee Journal* 116: 220, 222, 232.
Kraus, Bernhard and Robert E. Page, Jr. 1995. "Effect of *Varroa jacobsoni* (Mesostigmata: Varroidae) on Feral *Apis mellifera* (Hymenoptera: Apidae) in California." *Environmental Entomology* 24(6): 1474-80.
Kumar, Neelima R., Sonika Sangwan, and Pooja Badotra. 2011. "Exposure to Cell Phone Radiations Produces Biochemical Changes in Worker Honey Bees." *Toxicology International* 18(1): 70-72.

Le Conte, Yves, Marion Ellis, and Wolfgang Ritter. 2010. "*Varroa* Mites and Honey Bee Health: Can *Varroa* Explain Part of the Colony Losses?" *Apidologie* 41(3): 353-63.
Lee, Kathleen V., Nathalie A. Steinhauer, Karen Rennich, Michael E. Wilson, David R. Tarpy, Dewey M. Caron, Robyn Rose, Keith S. Delaplane, Kathy Baylis, Eugene J. Lengerich, Jeffery Pettis, John A. Skinner, James T. Wilkes, Ramesh Sagili, and Dennis vanEngelsdorp. 2015. "A National Survey of Managed Honey Bee 2013-2014 Annual Colony Losses in the USA." *Apidologie* 46: 292-305.
Lindauer, Martin and Herman Martin. 1972. "Magnetic Effect on Dancing Bees." In: Sidney R. Galler, Klaus Schmidt-Koenig, G. J. Jacobs, and Richard E. Belleville, eds., *Animal Orientation and Navigation*, (Washington, DC: Government Printing Office), NASA SP-262, pp. 559-67.
McCarthy, Michael. 2011. "Decline of Honey Bees Now a Global Phenomenon, Says United Nations." *The Independent*, March 10.
O'Hanlon, Kevin. 1997. "Few Honeybees Means Poorer Fruit, Vegetables." *Associated Press*, May 28.
Oldroyd, Benjamin P. 1999. "Coevolution While You Wait: *Varroa jacobsoni*, a New Parasite of Western Honeybees." *Trends in Ecology and Evolution* 14(8): 312-15, 1999.
———. 2007. "What's Killing American Honey Bees?" *PLoS Biology* 5(6): 1195-99.
Page, Robert E. 1998. "Blessing or Curse? Varroa Mite Impacts Africanized Bee Spread and Beekeeping." *California Agriculture* 52(2): 9-13.
Pattazhy, Sainudeen. 2011a. *Impact of Electromagnetic Radiation on the Density of Honeybees: A Case Study*. Saarbrücken, Germany: Lambert Academic.
———. 2011b. "Impact of Mobile Phones on the Density of Honey Bees." *Munis Entomology and Zoology* 6(1): 396-99.
———. 2012. "Electromagnetic Radiation (EMR) Clashes with Honeybees." *Journal of Entomology and Nematology* 4(10): 1-3.
Phillips, Ernest F. 1925. "The Status of Isle of Wight Disease in Various Countries." *Journal of Economic Entomology* 18: 391-95.
Rennie, John, Philip Bruce White, and Elsie J. Harvey. 1921. "Isle of Wight Disease in Hive Bees: The Etiology of the Disease." *Transactions of the Royal Society of Edinburgh*, vol. 52, part 4, no. 29, pp. 737-79.
Rinderer, Thomas E., Lilia I. de Guzman, G. T. Delatte, J. A. Stelzer, V. A. Lancaster, V. Kuznetsov, L. Beaman, R. Watts, and J. W. Harris. 2001. "Resistance to the Parasitic Mite *Varroa destructor* in Honey Bees from Far-Eastern Russia." *Apidologie* 32: 381-94.
Ruzicka, Ferdinand. 2003. "Schäden Durch Elektrosmog." *Bienenwelt* 10: 34-35.
———. 2006. "Schäden an Bienenvölkern." *Diagnose: Funk* 2006.
Sanford, Malcolm T. 2004. "Mite Tolerance in Honey Bees." *Bee Culture* 132(10): 23-26.
Science Daily. 1998. "Where Have All the Honeybees Gone?" July 6.
———. 2010. "Survey Reports Latest Honey Bee Losses." May 3.
Seeley, Thomas D. 2004. "Forest Bees and Varroa Mites." *Bee Culture*, July, pp. 22-23.

———. 2007. "Honey Bees of the Arnot Forest: A Population of Feral Colonies Persisting with *Varroa destructor* in the Northeastern United States." *Apidologie* 38: 19-29.
Sharma, Ved Parkash and Neelima R. Kumar. 2010. "Changes in Honeybee Behaviour and Biology under the Influence of Cellphone Radiations." *Current Science* 98(10): 1376-78.
Spleen, Angela M., Eugene J. Lengerich, Karen Rennich, Dewey Caron, Robyn Rose, Jeffery S. Pettis, Mark Henson, James T. Wilkes, Michael Wilson, Jennie Stitzinger, Kathleen Lee, Michael Andree, Robert Snyder, and Dennis vanEngelsdorp, for the Bee Informed Partnership. 2013. "A National Survey of Managed Honey Bee 2011-12 Winter Losses in the United States: Results from the Bee Informed Partnership." *Journal of Apicultural Research* 52(2): 44-53.
Steinhauer, Nathalie A., Karen Rennich, Michael E. Wilson, Dewey M. Caron, Eugene J. Lengerich, Jeffery S. Pettis, Robyn Rose, John A. Skinner, David R. Tarpy, James T. Wilkes, and Dennis vanEngelsdorp. 2014. "A National Survey of Managed Honey Bee 2012-2013 Annual Colony Losses in the USA: Results from the Bee Informed Partnership. *Journal of Apicultural Research* 53(1): 1-18.
Steinhauer, Nathalie, Karen Rennich, Kathleen Lee, Jeffery Pettis, David R. Tarpy, Juliana Rangel, Dewey Caron, Ramesh Sagili, John A. Skinner, Michael E. Wilson, James T. Wilkes, Keith S. Delaplane, Robyn Rose, and Dennis vanEngelsdorp. 2015. "Colony Loss 2014-2015: Preliminary Results." Bee Informed Partnership, UK.
Svensson, Börje. 2003. "Silent Spring in Northern Europe?" *Bees for Development Journal* 71: 3-4.
United States Dept of Agriculture, National Agricultural Statistics Service. 2010. *Honey*, February.
———. 2011. *Honey*, February.
Underwood, Robyn M. and Dennis vanEngelsdorp. 2007. "Colony Collapse Disorder: Have We Seen This Before?" *Bee Culture* 35(7): 13-18.
vanEngelsdorp, Dennis, Jay D. Evans, Claude Saegerman, Chris Mullin, Eric Haubruge, Bach Kim Nguyen, Maryann Frazier, Jim Frazier, Diana Cox-Foster, Yanping Chen, Robyn Underwood, David R. Tarpy, and Jeffery S. Pettis. 2009. "Colony Collapse Disorder: A Descriptive Study." *PLoS ONE* 4(8): e6481.
Warnke, Ulrich. 1976. "Effects of Electric Charges on Honeybees." *Bee World* 57(2): 50-56.
———. 2009. *Bienen, Vögel und Menschen: Die Zerstörung der Natur durch "Elektrosmog."* Published in English as *Bees, Birds and Mankind: Destroying Nature by "Electrosmog."* Kempten, Germany: Kompetenzinitiative.
Wilson, William T. and Diana M. Menapace. 1979. "Disappearing Disease of Honey Bees: A Survey of the United States." *American Bee Journal*, February, pp. 118-19; March, pp. 184-86, 217.

집 참새(House Sparrows)

ASPO/BirdLife Suisse. 2015. "Oiseau de l'année 2015: Moineau domestique" ("Bird of the Year 2015: House Sparrow").

Balmori, Alfonso and Örjan Hallberg. 2007. "The Urban Decline of the House Sparrow (*Passer domesticus*): A Possible Link with Electromagnetic Radiation." *Electromagnetic Biology and Medicine* 26: 141-51.

Bokotey, Andrei A. and Igor M. Gorban. 2005. "Numbers, Distribution, and Ecology of the House Sparrow in Lvov (Ukraine)." *International Studies on Sparrows* 30: 7-22.

De Laet, Jenny and James Denis Summers-Smith. 2007. "The Status of the Urban House Sparrow *Passer domesticus* in North-western Europe: A Review." *Journal of Ornithology* 148 (suppl. 2): S275-78.

Deccan Herald. 2010. "House Sparrow Listed as an Endangered Species." June 24.

Dott, Harry E. M. and Allan W. Brown. 2000. "A Major Decline in House Sparrows in Central Edinburgh." *Scottish Birds* 21: 61-68.

Eaton, Mark A., Andy F. Brown, David G. Noble, Andy J. Musgrove, Richard D. Hearn, Nicholas J. Aebischer, David W. Gibbons, Andy Evans, and Richard D. Gregory. 2009. "Birds of Conservation Concern 3." *British Birds* 102: 296-341.

Everaert, Joris and Dirk Bauwens. 2007. "A Possible Effect of Electromagnetic Radiation from Mobile Phone Base Stations on the Number of Breeding House Sparrows (*Passer domesticus*)." *Electromagnetic Biology and Medicine* 26: 63-72.

Galbraith, Colin. 2002. "The Population Status of Birds in the U.K: Birds of Conservation Concern: 2002-2007." *Bird Populations* 7: 173-79.

Gregory, Richard D., Nicholas I. Wilkinson, David G. Noble, James A. Robinson, Andrew F. Brown, Julian Hughes, Deborah Procter, David W. Gibbons, and Colin A. Galbraith. 2002. "The Population Status of Birds in the United Kingdom, Channel Islands and Isle of Man: An Analysis of Conservation Concern 2002-2007." *British Birds* 95: 410-48.

Longino, Libby. 2013. "Researchers Stumped over Decline of Sparrow Populations." *USA Today*, October 5.

Pattazhy, Sainudeen. 2012. "Dwindling Number of Sparrows." *Karala Calling*, March, pp. 32-33.

Prowse, Alan. 2002. "The Urban Decline of the House Sparrow." *British Birds* 95: 143-46.

Robinson, Robert A., Gavin M. Siriwardena, and Humphrey Q. P. Crick. 2005. "Size and Trends of the House Sparrow *Passer domesticus* Population in Great Britain." *Ibis* 147(2): 552-62.

Sanderson, Roy F. 1995. "Autumn Bird Counts in Kensington Gardens, 1925-1995." *London Bird Report* 60: 170-76.

Sanderson, Roy F. 2001. "Further Declines in an Urban Population of House Sparrows." *British Birds* 94: 507-8.

Scott, Bob and Adrian Pitches. 2002. "Demise of the Cockney Sparrow." *British Birds* 95: 468-70.
Sen, Benita. 2012. "Calling Back the Sparrow." *Deccan Herald*, November 26.
Sherry, Kate. 2003. "Are Mobile Phones Behind the Decline of House Sparrows?" *Daily Mail*, January 13.
Škorpilová, Jana, Petr Voříšek, and Alena Klvaňová. 2010. "Trends of Common Birds in Europe, 2010 Update." European Bird Census Council.
Summers-Smith, James Denis. 2000. "Decline of House Sparrows in Large Towns." *British Birds* 93: 256-57.
———. 2003. "Decline of the House Sparrow: A Review." *British Birds* 96: 439-46.
———. 2005. "Changes in the House Sparrow Population in Britain." *International Studies on Sparrow* 30: 23-37.
Times of India. 2005. "Even Sparrows Don't Want to Live in Cities Anymore." June 13.
Townsend, Mark. 2003. "Mobile Phones Blamed for Sparrow Deaths." *The Observer*, January 12.

곤충(Insects)

Balmori, Alfonso. 2006. "Efectos de las radiaciones electromagnéticas de la telefonía móvil sobre los insectos." *Ecosistemas* 15(1): 87-95.
Barbassa, Juliana. 2006. "The Plight of the Butterfly." *New Mexican*, May 11, p. D1.
Becker, Günther. 1977. "Communication Between Termites by Biofields." *Biological Cybernetics* 26: 41-44.
Cammaerts, Marie-Claire and Olle Johansson. 2014. "Ants Can Be Used as Bio-indicators to Reveal Biological Effects of Electromagnetic Waves from Some Wireless Apparatus." *Electromagnetic Biology and Medicine* 33(4): 282-88.
Evans, Elaine, Robbin Thorp, Sarina Jepsen, and Scott Hoffman Black. 2008. *Status Review of Three Formerly Common Species of Bumble Bee in the Subgenus* Bombus. Portland, OR: Xerces Society for Invertebrate Conservation.
Kluser, Stéphane and Pascal Peduzzi. 2007. *Global Pollinator Decline: A Literature Review*. Geneva: United Nations Environment Programme/GRID-Europe.
Margaritis, Lukas H., Areti K. Manta, Konstantinos D. Kokkaliaris, Dimitra Schiza, Konstantinos Alimisis, Georgios Barkas, Eleana Georgiou, Olympia Giannakopoulou, Ioanna Kollia, Georgia Kontogianni, Angeliki Kourouzidou, Angeliki Myari, Fani Roumelioti, Aikaterini Skouroliakou, Vasia Sykioti, Georgia Varda, Konstantinos Xenos, and Konstantinos Ziomas. 2014. "Drosophila Oogenesis as a Bio-marker Responding to EMF Sources." *Electromagnetic Biology and Medicine* 33(3): 165-89.
Massachusetts Division of Fisheries and Wildlife, Department of Fish and Game. 2015. *Massachusetts List of Endangered, Threatened and Special Concern Species*. Westborough, MA.

Ministry of Environment and Forests. 2011. *Report on Possible Impacts of Communication Towers on Wildlife Including Birds and Bees*. New Delhi.
National Research Council, Committee on the Status of Pollinators in North America. 2007. *Status of Pollinators in North America*. Washington, DC: National Academies Press.
Panagopoulos, Dimitris J. 2011. "Analyzing the Health Impacts of Modern Telecommunications Microwaves." *Advances in Medicine and Biology* 17: 1-55.
———. 2012a. "Effect of Microwave Exposure on the Ovarian Development of *Drosophila melanogaster*." *Cell Biochemistry and Biophysics* 63: 121-32.
———. 2012b. "Gametogenesis, Embryonic and Post-Embryonic Development of Drosophila Melanogaster, as a Model System for the Assessment of Radiation and Environmental Genotoxicity." In: M. Spindler-Barth, ed., *Drosophila Melanogaster: Life Cycle, Genetics, and Development* (New York: Nova Science), pp. 1-38.
Panagopoulos, Dimitris J., Evangelia D. Chavdoula, Andreas Karabarbounis, and Lukas H. Margaritis. 2007. "Comparison of Bioactivity between GSM 900 MHz and DCS 1800 MHz Mobile Telephony Radiation." *Electromagnetic Biology and Medicine* 26: 33-44.
Panagopoulos, Dimitris J., Evangelia D. Chavdoula, and Lukas H. Margaritis. 2010. "Bioeffects of Mobile Telephony Radiation in Relation to Its Intensity or Distance from the Antenna." *International Journal of Radiation Biology* 86(5): 345-57.
Panagopoulos, Dimitris J., Evangelia D. Chavdoula, Ioannis P. Nezis, and Lukas H. Margaritis. 2007. "Cell Death Induced by GSM 900-MHz and DCS 1800-MHz Mobile Telephony Radiation." *Mutation Research* 626: 69-78.
Panagopoulos, Dimitris J., Andreas Karabarbounis, and Lukas H. Margaritis. 2004. "Effect of GSM 900-MHz Mobile Phone Radiation on the Reproductive Capacity of *Drosophila melanogaster*." *Electromagnetic Biology and Medicine* 23(1): 29-43.
Panagopoulos, Dimitris J. and Lukas H. Margaritis. 2008. "Mobile Telephony Radiation Effects on Living Organisms." In: A. C. Harper and R. V. Buress, eds., *Mobile Telephones, Networks, Applications, and Performance* (New York: Nova Science), pp. 107-49.
———. 2010. "The Identification of an Intensity 'Window' on the Bioeffects of Mobile Telephony Radiation." *International Journal of Radiation Biology* 86(5): 358-66.
Serant, Claire. 2004. "A Human Science Experiment." *New York Newsday*, May 10.
Warnke, Ulrich. 1989. "Information Transmission by Means of Electrical Biofields." In: Fritz Albert Popp, Ulrich Warnke, Herbert L. König, and Walter Peschka, eds., *Electromagnetic Bio-Information* (München: Urban & Schwarzenberg), pp. 74-101.
Williams, Paul H., Miguel B Araújo, and Pierre Rasmont. 2007. "Can Vulnerability among British Bumblebee (*Bombus*) Species be Explained by Niche Position and Breadth?" *Biological Conservation* 138: 493-505.
Xerces Society for Invertebrate Conservation. 2015. *Red List of Bees: Native Bees in Decline*. Portland, OR.
———. 2015. *Red List of Butterflies and Moths*. Portland, OR.

콘스탄티노우(Konstantynów)

Flakiewicz, Wiesław and Antonina Cebulska-Wasilewska. 1992. "Biological Effects of EM Field on Randomly Selected Human Population Residing Permanently Close to the High Power, Long Wave Radio Transmitter, and Tradescantia Plant Model System In Situ." *EMC 92, Eleventh International Wrocław Symposium and Exhibition on Electromagnetic Compatibility, September 2-4, 1992*, pp. 72-76.

포유류(Mammals)

Balmori, Alfonso. 2009. "Electromagnetic Pollution from Phone Masts. Effects on Wildlife." *Pathophysiology* 16(2-3): 191-99.

———. 2010. "The Incidence of Electromagnetic Pollution on Wild Mammals: A New 'Poison' with a Slow Effect on Nature?" *Environmentalist* 30: 90-97.

Magras, Ioannis N. and Thomas D. Xenos. 1997. "RF Radiation-Induced Changes in the Prenatal Development of Mice." *Bioelectromagnetics* 18: 455-61.

무선통신칩 장착 동물(Radio Tagging Animals)

Altonn, Helen. 2002. "High-tech Tags Give Scientists Tools to Track Sea Animal Movement." *Honolulu Star-Bulletin*, Feb 18.

Balmori, Alfonso. 2016. "Radiotelemetry and Wildlife: Highlighting a Gap in the Knowledge on Radiofrequency Radiation Effects." *Science of the Total Environment* 543: 662-69.

Burrows, Roger, Heribert Hofer, and Marion L. East. 1994. "Demography, Extinction and n a Small Population: the Case of the Serengeti Wild Dogs." *Proceedings of the Royal Society of London B* 256: 281-92.

———. 1995. "Population Dynamics, Intervention and Survival in African Wild Dogs (*Lycaon pictus*)." *Proceedings of the Royal Society of London B*: 235-45.

Caldwell, Mark. 1997. "The Wired Butterfly." *Discover Magazine*, February 1.

Godfrey, Jason D. and David M. Bryant. 2003. "Effects of Radio Transmitters: Review of Recent Radio-tracking Studies." In: Williams, M., ed., *Conservation Applications of Measuring Energy Expenditure of New Zealand Birds: Assessing Habitat Quality and Costs of Carrying Radio Transmitters* (Wellington, New Zealand: Dept. of Conservation), pp. 83-95.

Mech, L. David and Shannon M. Barber. 2002. *A Critique of Wildlife Radio-Tracking and Its Use in National Parks*. Jamestown, ND: U.S. Geological Survey, Northern Prairie Wildlife Research Center.

Moorhouse, Tom P. and David W. Macdonald. 2005. "Indirect Negative Impacts of Radio-collaring: Sex Ratio Variation in Water Voles." *Journal of Applied Ecology* 42: 91-98.

Roberts, Greg. 2000. "Sick as a Parrot: Deaths Halt DNA Program." *The Age*, February 8.

Swenson, Jon E., Kjell Wallin, Göran Ericsson, Göran Cederlund, and Finn Sandegren. 1999. "Effects of Ear-tagging with Radiotransmitters on Survival of Moose Calves." *Journal of Wildlife Management* 63(1): 354-58.

Reader's Digest. 1998. "The Snow Tiger's Last Stand." November.
Webster, A. Bruce and Ronald J. Brooks. 1980. "Effects of Radiotransmitters on the Meadow Vole, *Microtus pennsylvanicus*." *Canadian Journal of Zoology* 58: 997-1001.
Withey, John C., Thomas D. Bloxton, and John M. Marzluff. 2001. "Effects of Tagging and Location Error in Wildlife Radiotelemetry Studies." In: Joshua J. Millspaugh and John M. Marzluff, eds., *Radio Tracking and Animal Populations* (San Diego: Academic), pp. 43-75.

슈바르첸부르크(Schwarzenburg)

Abelin, Theodor, Ekkehardt Altpeter, and Martin Röösli. 2005. "Sleep Disturbances in the Vicinity of the Short-Wave Broadcast Transmitter Schwarzenburg." *Somnologie* 9: 203-9.
Altpeter, Ekkehardt-Siegfried, Katharina Sprenger, Katrin Madarasz, and Theodor Abelin. 1997. "Do Radiofrequency Electromagnetic Fields Cause Sleep Disorders?" European Regional Meeting of the International Epidemiological Association, Münster, Germany, September. Abstract no. 351.
Altpeter, Ekkehardt-Siegfried, Martin Röösli. Markus Battaglia, Dominik H. Pfluger, Christoph E. Minder, and Theodor Abelin. 2006. "Effect of Short-Wave (6-22 MHz) Magnetic Fields on Sleep Quality and Melatonin Cycle in Humans: The Schwarzenburg Shut-Down Study." *Bioelectromagnetics* 27: 142-50.
Altpeter, Ekkehardt-Siegfried, Thomas Krebs, Dominik H. Pfluger, J. von Känel, R. Blattmann, D. Emmenegger, B. Cloetta, U. Rogger, H. Gerber, Bernhard Manz, R. Coray, R. Baumann, Katharina Staerk, Christian Griot, and Theodor Abelin. 1995. *Study on Health Effects of the Shortwave Transmitter Station of Schwarzenburg, Berne, Switzerland*. BEW Publication Series, Study no. 55. Federal Office of Energy, August 1995.
Jakob, Hans-U. 2006. "Schwarzenburg – Nach 8 Jahren Geheimhaltung." Basel: Diagnose-Funk, June 25.
———. 2000. "State of Health after Shutdown of the Schwarzenburg Transmitter." *No Place To Hide* 2(4): 21-22.
Roch, Phillippe. 1996. "Health Effects of the Schwarzenburg Shortwave Transmitter," Letter of May 29, 1996, Bern: Federal Office of Environment, Forests and Landscape. English translation in *No Place To Hide* 1(3): 7-8.
Stärk, Katharina D. C., Thomas Krebs, Ekkehardt Altpeter, Bernhard Manz, Christian Griot, and Theodor Abelin. 1997. "Absence of Chronic Effect of Exposure to Shortwave Radio Broadcast Signal on Salivary Melatonin Concentrations in Dairy Cattle." *Journal of Pineal Research* 22: 171-76.

스쿠룬다(Skrunda)

Balode, Zanda. 1996. "Assessment of Radio-Frequency Radiation by the Micronucleus Test in Bovine Peripheral Erythrocytes." *Science of the Total Environment* 180: 81-85.

Balodis, Valdis, Guntis Brūmelis, Kārlis Kalviškis, Oļģerts Nikodemus, Didzis Tjarve, and Vija Znotiņa. 1996. "Does the Skrunda Radio Location Station Diminish the Radial Growth of Pine Trees?" *Science of the Total Environment* 180: 57-64.

Brūmelis, Guntis, Valdis Balodis, and Zanda Balode. 1996. "Radio-frequency Electromagnetic Fields: The Skrunda Radio Location Station Case." *Science of the Total Environment* 180: 49-50.

Goldsmith, John R. 1995. "Epidemiologic Evidence of Radiofrequency Radiation (Microwave) Effects on Health in Military, Broadcasting, and Occupational Studies." *International Journal of Occupational and Environmental Health* 1: 47-57.

Kalniņs, T., R. Križbergs, and A. Romančuks. 1996. "Measurement of the Intensity of Electromagnetic Radiation from the Skrunda Radio Location Station, Latvia." *Science of the Total Environment* 180: 51-56.

Kolodynski, Anton and Valda Kolodynska. 1996. "Motor and Psychological Functions of School Children Living in the Area of the Skrunda Radio Location Station in Latvia." *Science of the Total Environment* 180: 87-93.

Liepa, V. and Valdis Balodis. 1994. "Monitoring of Bird Breeding near a Powerful Radar Station." *The Ring* 16(1-2): 100. Abstract.

Magone, I. 1996. "The Effect of Electromagnetic Radiation from the Skrunda Radio Location Station on *Spirodela polyrhiza* (L.) Cultures." *Science of the Total Environment* 180: 75-80.

Microwave News. 1994. "Latvia's Russian Radar May Yield Clues to RF Health Risks." September/October, pp. 12-13.

Science of the Total Environment. 1996. "Special Issue: Effects of RF Electromagnetic Radiation on Organisms. A Collection of Papers Presented at The International Conference on the Effect of Radio Frequency Electromagnetic Radiation on Organisms, Skrunda, Latvia, June 17-21, 1994." 180: 277-78.

Selga, Turs and Maija Selga. 1996. "Response of *Pinus sylvestris L.* needles to Electromagnetic Fields: Cytological and Ultrastructural Aspects." *Science of the Total Environment* 180: 65-73.

찾아보기

ㅈ

B

C

J

K

L

M

N

O

P

Q

R

X

Y

Z

보이지 않는 무지개(상)

지구 생명의 전기 현상과 환경 위기

초판 1쇄 발행일 2020년 07월 31일

지은이 아서 퍼스텐버그
옮긴이 박석순
펴낸이 박영희
편집 박은지
디자인 최민형
마케팅 김유미
인쇄·제본 AP프린팅
펴낸곳 도서출판 어문학사
서울특별시 도봉구 해등로 357 나너울 카운티 1층
대표전화: 02-998-0094/편집부1: 02-998-2267, 편집부2: 02-998-2269
홈페이지: www.amhbook.com
트위터: @with_amhbook
블로그: 네이버 http://blog.naver.com/amhbook
다음 http://blog.daum.net/amhbook
e-mail: am@amhbook.com
등록: 2004년 7월 26일 제2009-2호

ISBN 978-89-6184-955-5 04560
ISBN 978-89-6184-954-8 (세트)
정가 20,000원

이 도서의 국립중앙도서관 출판시도서목록(CIP)은 e-CIP홈페이지(http://www.nl.go.kr/ecip)와
국가자료공동목록시스템(http://www.nl.go.kr/kolisnet)에서 이용하실 수 있습니다.
(CIP제어번호: CIP2020027559)